电力系统继电保护整定计算原理与算例

陈根永　郭彦勋　主编

第三版

U0390110

化学工业出版社

·北京·

内 容 简 介

本书介绍了电力系统继电保护的整定计算原理，并结合计算原理给出了典型算例。书中较为详细地讲述了输电线路、变压器、发电机、电容器、母线保护的整定计算原则和整定计算方法，对线路的电流保护、相间距离保护、接地距离保护、高频保护、电力变压器保护、发电机的保护以及电力电容器保护进行了具体的算例分析，增加了传统直流输电系统保护和柔性直流输电系统保护及算例的相关内容。附录中还提供了两套继电保护模拟试题与参考答案。

本书既可供从事电力系统继电保护设计、整定和调试的工程技术人员学习参考，也可作为高等院校电气工程以及相关专业的教材。

图书在版编目（CIP）数据

电力系统继电保护整定计算原理与算例/陈根永，郭彦勋主编. —3 版. —北京：化学工业出版社，2022.7（2023.9 重印）

ISBN 978-7-122-41175-4

Ⅰ.①电… Ⅱ.①陈… ②郭… Ⅲ.①电力系统-继电保护-电力系统计算 Ⅳ.①TM77

中国版本图书馆 CIP 数据核字（2022）第 059539 号

责任编辑：高墨荣　　装帧设计：刘丽华
责任校对：杜杏然

出版发行：化学工业出版社（北京市东城区青年湖南街 13 号　邮政编码 100011）
印　　装：北京科印技术咨询服务有限公司数码印刷分部
710mm×1000mm　1/16　印张 18¾　字数 340 千字
2023 年 9 月北京第 3 版第 2 次印刷

购书咨询：010-64518888　　售后服务：010-64518899
网　　址：http://www.cip.com.cn
凡购买本书，如有缺损质量问题，本社销售中心负责调换。

定　　价：56.00 元

编写人员名单

主　编　陈根永　郭彦勋

副主编　李忠文　王文涛

参　编　吕彦鹏　葛国伟　王赛爽

　　　　聂　贞　丁义轩　吴　娟

前言

电力系统继电保护是电力系统安全运行的重要保证，近年来，继电保护产品生产厂家和类型众多，原理不断有所突破，尤其是微机保护（数字保护）的采用，实现了继电保护行业的革命，随之而来的网络技术又为继电保护技术的发展提供了新的手段。显然继电保护技术已经呈现计算机化，网络化，智能化，保护、控制、测量和数据通信一体化的发展趋势。随着计算机技术以及网络技术的快速发展，新的控制原理和方法以及网络技术被不断应用于微机继电保护中，以期取得更好的效果。

继电保护的整定计算是保证保护装置正确可靠工作的基础，因此掌握整定计算的基本原则和方法对运行和整定计算人员非常重要。本书以《电力系统继电保护装置运行整定规程》为依据，结合电力系统实际需要并兼顾本科继电保护课程教学，介绍了电网和主要电力设备整定计算的基本原理和方法，并进行了各种保护的具体算例分析。本书第一版、第二版出版后，深受读者欢迎，根据读者的建议和电网同行指出的问题对本书进行了修订，在保留第二版主要内容的基础上，第三版结合直流输电技术的发展，增加了直流输电系统保护的相关内容。

全书主要内容包括继电保护整定计算的目的和基本要求，线路电流、电压保护的整定计算，线路距离保护的整定计算，输电线路纵联保护的整定计算，电力变压器保护的整定计算，发电机保护的整定计算，电力电容器保护的整定计算，母线保护的整定计算，微机型线路保护的整定计算，微机型变压器保护的整定计算，重点增加了传统直流输电系统保护和柔性直流输电系统保护的内容。

本书由郑州大学陈根永、郭彦勋任主编，郑州大学李忠文、国网河南省电力公司检修公司王文涛任副主编。郑州大学吕彦鹏、葛国伟和华北水利水电大学王赛爽、河南工学院聂贞也参加了本书的编写。国网河南省电力公司检修公司丁义轩、周口电力规划设计有限公司吴娟提供部分实际算例及计算校核。全书由陈根永统稿。

本书在编写过程中得到国网河南省电力公司直流运检分公司郑志坤的大力支持，在此深表谢意。

由于水平有限，书中不足之处在所难免，敬请广大读者批评指正。

编者

目录

第一章　绪　论 / 001

第一节　继电保护的作用 / **002**

一、电力系统的运行状态 / 002

二、继电保护的作用 / 003

第二节　继电保护基本原理及构成方式 / **003**

一、继电保护的基本原理 / 003

二、继电保护装置的用途 / 005

三、继电保护的分类 / 005

第三节　对继电保护的基本要求 / **006**

一、选择性 / 006

二、速动性 / 007

三、灵敏性 / 008

四、可靠性 / 008

第二章　继电保护整定计算的目的和基本要求 / 009

第一节　继电保护整定计算的目的和任务 / **009**

一、继电保护整定计算的目的 / 009

二、继电保护整定计算的任务 / 009

第二节　继电保护整定计算的准备工作 / **010**

一、建立电力系统及有关设备参数库 / 010

二、绘制阻抗图 / 010

三、确定电力系统的运行方式 / 010

四、掌握继电保护装置的基本情况 / 011

第三节　整定计算的步骤 / **011**

第四节　继电保护整定配合的基本原则 / **012**

一、差动原理保护的整定 / 012

二、阶段式保护的整定 / 013
三、保护定时限时间级差的选择 / 013
第五节 运行方式的选择原则 / **014**
一、发电机、变压器运行方式选择原则 / 014
二、变压器中性点接地选择原则 / 015
三、线路运行方式选择原则 / 015
四、流过保护的最大、最小短路电流计算方式的选择 / 015
五、选取流过保护的最大负荷电流的原则 / 016
第六节 整定计算中的各种整定系数分析 / **016**
一、可靠系数 K_{rel} / 016
二、返回系数 K_{re} / 018
三、分支系数 K_{b} / 018
四、灵敏系数 K_{sen} / 019
五、自启动系数 K_{ss} / 021
六、非周期分量系数 K_{unp} / 021
第三章 线路电流、电压保护的整定计算 / 023
第一节 阶段式电流保护的整定计算原则 / **023**
一、短路计算 / 023
二、电流速断保护 / 023
三、限时电流速断保护 / 025
四、定时限过流保护 / 027
五、电流保护的接线方式 / 029
六、电网相间短路的方向性电流保护 / 031
第二节 阶段式相间电流保护的整定计算算例 / **032**
第三节 阶段式电流、电压联锁保护的整定计算原则 / **050**
一、工作原理及适用范围 / 050
二、电流、电压联锁速断保护的整定计算原则 / 051
三、限时电流、电压联锁速断保护整定计算原则 / 054
四、电流电压联锁保护的后备段保护整定原则 / 055

第四节　电流电压联锁保护的整定计算算例 / **056**

第五节　线路零序电流保护的整定计算原理 / **064**

一、中性点直接接地电网中接地短路的零序电流保护 / 064

二、中性点直接接地电网的方向性零序电流保护 / 066

三、中性点非直接接地电网的单相接地保护 / 067

四、零序电流保护和零序功率方向保护 / 069

第六节　电网零序电流保护的整定计算算例 / **070**

一、中性点直接接地电网 / 070

二、中性点非直接接地电网 / 076

第四章　线路距离保护的整定计算 / 078

第一节　距离保护的作用原理 / **078**

一、距离保护的基本概念 / 078

二、阻抗继电器的动作特性 / 078

三、圆特性阻抗继电器 / 079

第二节　距离保护中几个阻抗的意义和区别 / **081**

一、几个阻抗的定义 / 081

二、一次阻抗与二次阻抗 / 081

第三节　相间短路距离保护的整定计算原则 / **082**

一、相间短路距离保护的接线方式 / 082

二、相间短路距离保护的整定计算原则 / 082

第四节　接地距离保护的整定计算原则 / **086**

一、接地距离保护的接线方式 / 086

二、接地距离保护的整定计算原则 / 087

三、接地距离保护的补偿系数及分支系数的确定 / 089

第五节　距离保护的整定计算算例 / **091**

第五章　输电线路纵联保护的整定计算 / 105

第一节　输电线路纵联保护原理 / **105**

一、输电线路纵联保护概述 / 105
二、输电线路纵联保护工作原理 / 105
三、输电线路纵联保护分类 / 107

第二节 输电线路纵联保护的整定计算 / **108**
一、高频闭锁方向保护整定计算 / 108
二、高频闭锁距离、零序保护整定计算 / 111
三、相差动高频保护整定计算 / 113

第三节 输电线路纵联保护整定的计算算例 / **119**

第六章 电力变压器保护的整定计算 / 122

第一节 电力变压器的主要保护方式 / **122**

第二节 变压器纵联差动保护的整定计算 / **124**
一、变压器纵联差动保护基本原理 / 124
二、变压器纵联差动保护的不平衡电流 / 125
三、由 BCH-2 型继电器构成的差动保护整定计算 / 128
四、由 BCH-1 型继电器构成的差动保护整定计算 / 131
五、鉴别涌流间断角的差动保护整定计算 / 133
六、二次谐波制动的差动保护的整定计算 / 135

第三节 变压器的后备保护整定计算 / **136**
一、概述 / 136
二、变压器相间短路的后备保护 / 137
三、变压器零序电流的保护整定 / 140

第四节 变压器保护的整定计算算例 / **142**

第七章 发电机保护的整定计算 / 150

第一节 发电机的主要保护方式 / **150**

第二节 发电机纵联差动保护 / **151**
一、保护工作原理 / 151
二、发电机纵联差动保护的灵敏接线方式 / 152

三、发电机比率制动式纵联差动保护 / 154
四、发电机标积制动式完全纵联差动保护 / 157
第三节 反映定子绕组匝间故障的保护 / **158**
一、单元件横差保护基本工作原理 / 158
二、整定计算原则 / 158
第四节 发电机定子接地保护 / **159**
一、发电机定子接地故障 / 159
二、基波零序电流保护 / 160
三、基波零序电压保护 / 160
第五节 发电机失磁保护 / **162**
一、发电机失磁运行 / 162
二、失磁保护的构成 / 165
三、失磁保护整定计算 / 166
第六节 发电机保护的整定计算算例 / **168**

第八章 电力电容器保护的整定计算 / 176
第一节 电容器常见故障及保护方式 / **176**
一、电容器常见故障及异常 / 176
二、保护方式 / 176
第二节 电容器保护的整定计算 / **177**
一、微机型电容器保护整定 / 177
二、常规电容器保护整定 / 180
第三节 电容器保护的整定计算算例 / **182**

第九章 母线保护的整定计算 / 185
第一节 对母线保护的基本要求 / **185**
第二节 母线保护的工作原理 / **186**
一、完全电流差动母线保护 / 186
二、电流比相式母线保护 / 187

第三节　专用母线保护的相关规定 / **187**

第四节　母线保护的整定计算 / **188**

一、单母线电流差动保护整定计算 / 188

二、双母线固定连接的电流差动保护整定计算 / 189

三、电流比相式母线差动保护整定计算 / 190

第十章　微机型线路保护的整定计算 / 191

第一节　整定计算原则 / **191**

一、接地距离Ⅰ段 / 191

二、接地距离Ⅱ段 / 191

三、接地距离Ⅲ段 / 193

第二节　距离保护的整定计算算例 / **194**

一、定值清单 / 194

二、各定值项整定计算的实现 / 197

第十一章　微机型变压器保护的整定计算 / 200

第一节　保护整定原理 / **200**

一、比率制动特性的变压器纵差保护 / 200

二、微机变压器保护整定计算步骤 / 201

第二节　微机变压器保护的整定计算算例 / **204**

第十二章　传统直流输电系统保护的整定计算 / 220

第一节　传统直流输电系统的构成及常见故障 / **220**

一、直流输电系统概述 / 220

二、传统直流输电系统的基本结构与控制模式 / 221

三、传统直流输电系统的常见故障 / 226

第二节　传统直流输电系统的保护方式 / **229**

一、换流器保护区 / 229

二、直流滤波器保护区 / 232

三、直流母线保护区 / 233

四、接地极保护区 / 234
五、直流线路保护区 / 235
第三节 传统直流输电系统保护的整定计算算例 / **238**
一、算例 / 238
二、工程定值清单 / 238

第十三章 柔性直流输电系统保护的整定计算 / 251

第一节 柔性直流输电系统的基本原理 / **251**
一、柔性直流输电系统的关键设备 / 251
二、柔性直流输电系统的基本结构 / 257
第二节 柔性直流输电系统的常见故障与保护方式 / **263**
一、柔性直流输电系统的故障分类与保护配置 / 263
二、柔性直流输电系统的直流线路故障特性与故障清除策略 / 265
三、柔性直流输电系统的直流线路保护原理 / 268
第三节 柔性直流输电系统保护的整定计算算例 / **271**
一、算例 / 271
二、工程定值清单 / 272

附 录 模拟试题与参考答案 / 275

电力系统继电保护原理模拟试题 1 / **275**
电力系统继电保护原理模拟试题 1 参考答案 / **278**
电力系统继电保护原理模拟试题 2 / **280**
电力系统继电保护原理模拟试题 2 参考答案 / **283**

参考文献 / 286

第一章 绪 论

我们一般把电力系统中用于电能的生产、变换、传输、分配以及使用的电气设备称为一次设备。一次设备包括发电机、变压器、调相机、电容器、电抗器、电动机、母线、电力线路（电缆）、开关设备以及用户的其他用电设备等，这些电气设备在运行和使用过程中，由于设备老化、设计安装缺陷、外力作用或自然灾害等，不可避免地会出现各种短路或断线故障以及各种不正常运行状态，从而影响电力系统的正常运行和电力用户的正常用电，甚至影响电网的安全稳定并导致严重的事故。

电气设备发生短路故障后，在故障元件和相邻设备中都会流过很大的短路电流，如不及时切除故障将会造成设备损坏甚至报废，例如大容量的发电机内部相间短路和匝间短路将会出现很大的短路电流，在发电机内部产生电弧，如不及时切除故障，将会烧毁定子铁芯，甚至导致发电机的严重损坏，导致发电机停机维修、少供电量，造成极为严重的经济损失。发生故障后处理的速度越快，故障电气设备受到的损伤就越小，经济损失就越小。而快速及时地切除故障，保证电力系统的安全稳定运行必须依靠继电保护装置，因此在各类电气设备上均应装设相应的继电保护装置，在电气设备故障或出现不正常状态时继电保护装置能及时做出反应，保证设备安全。

通常把电力系统中对一次设备进行控制、测量、保护、数据通信的设备称为二次设备。二次设备是电力系统不可缺少的重要组成部分，而且随着电力系统向大容量、高电压、长距离发展，二次部分的重要性与日俱增，继电保护是二次设备的重要组成部分。随着自动化程度的提高以及现代计算机技术的发展，二次系统中新技术、新设备的发展日新月异，设备更新周期加快，这在为电力系统带来安全稳定的同时，也使继电保护工作者不断面对新设备、新技术、新原理，使继电保护的各项日常工作面临新的挑战。

提高保护设备性能、采用先进设备、加强日常维护管理、研究新原理的保护是保证继电保护正确动作的重要方面，而准确合理地对设备进行整定计算则是保证继电保护正常工作的关键。

第一节 继电保护的作用

一、电力系统的运行状态

电力系统的运行状态分为正常运行状态、不正常运行状态、故障和事故。

（1）正常运行状态

电力系统各母线电压在允许偏差范围内、频率波动在允许范围内，系统的发电输电以及用电设备有一定的备用容量。

电力设备的负载在额定负荷以内保持正常运行。

（2）不正常运行状态

不正常运行状态是指电力系统或电力设备的正常运行状态受到改变但还没有达到故障状态。常见的不正常运行状态有：电力设备的实际负荷超过额定值长期运行、外部短路引起的设备过电流、系统中由于调压手段不足导致母线电压长期低于或高于允许值、有功不足引起的系统频率下降、电力系统振荡等。

处于不正常运行状态的电力系统或电气设备一般来说可以继续运行或继续运行一段时间，但是不正常运行状态对电力系统和电力用户都会带来不利影响，甚至导致电力系统或电气设备故障，严重的可能引起事故，例如电气设备长期过负荷运行将会使设备绝缘老化，进而造成短路故障。

（3）故障

电力系统故障是指电力设备或电力线路出现短路或断线。为了安全和避免经济损失，发生故障后相应设备必须退出运行。

电力系统中最常见也最危险的故障是各种类型的短路，包括三相短路、两相短路、两相接地短路、单相接地短路。短路时出现的短路电流将会使故障设备受到严重损坏；相邻设备由于通过较大电流而不能正常运行；母线电压降低导致电力用户不能正常生产或者影响日常生活；严重的故障如不及时切除将会影响系统并列运行的稳定性。

（4）事故

所谓事故是指系统或其一部分的正常工作遭到破坏，并造成对用户少送电、电能质量变坏到不能容许的程度、甚至人身伤亡和设备损坏以及大面积的停电等。

造成事故的原因可能是自然因素（雷雨、大风、覆冰等），也可能是设备制造缺陷、设计和安装的错误、运行维护不当、检修质量不高等因素，而电力系统的大部分事故往往是由于故障设备切除的速度过慢或保护拒绝动作或者设备被错误地切除引起的。

因此避免事故发生的关键是把事故消灭在发生前，当然我们可以通过改进设备性能、加强运行维护、提高检修质量等措施，尽可能减少设备故障发生的概率，但设备的故障是难以避免的。故障发生后，借助继电保护装置迅速且有选择性地切除故障可以避免故障发展成事故或减小事故的范围。

二、继电保护的作用

继电保护装置是反映电力系统中电气元件或设备的故障和不正常运行状态，并动作于跳闸或发出信号的一种自动装置。

继电保护装置的基本任务是：

① 自动、迅速、有选择地将故障元件从电力系统中切除，使故障元件免遭破坏，保证其他无故障部分迅速恢复正常运行；

② 反映电力系统的不正常运行状态，并根据运行维护的条件，动作于发信号、减负荷或断路器跳闸。

第二节 继电保护基本原理及构成方式

一、继电保护的基本原理

电力系统继电保护是按照断路器配置装设的，保护装置动作以后作用于相应的断路器。要完成继电保护的基本任务，继电保护装置首先应能够区分电力系统的正常运行状态、不正常运行状态和故障状态，这种区分主要通过对电气量的测量和比较来实现，也可以通过测量或反映非电气量（如温度、压力等）来实现。

根据反映电气量的不同或测量比较方式的不同，可以构成不同动作原理的继电保护。以图 1-1 单侧电源网络为例，在正常运行情况下电气量有以下主要特点：

① 线路中流过负荷电流，其值较小；

② 各母线电压保持在额定值附近，偏差在标准限值以内［根据电压等级的不同，误差在额定电压的±(5%～10%) 范围内变化］；

③ 反映电压与电流之比的测量阻抗为线路的综合测量阻抗（包括线路阻抗和等值负荷阻抗），其值较大；由于要求供电线路的功率因数在 0.85（高压输电线甚至 0.95）以上，正常时测量阻抗角具有较小值（对应功率因数 0.85～0.95 的测量阻抗角为 31.8°～18.2°）；

④ 系统处于三相对称运行状态，母线或线路没有负序电压、负序电流、零序电压、零序电流。

当线路上发生短路故障时，如图 1-1(b) 中 k 点短路。电气量有如下特点：

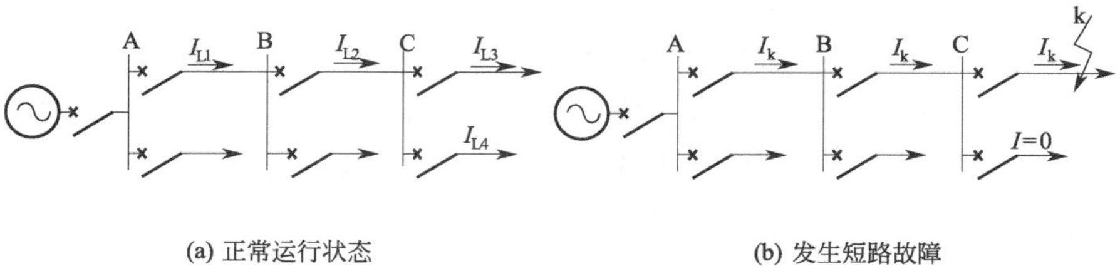

图 1-1　单侧电源网络示意图

① 电源到短路点之间的线路中流过很大的短路电流。

② 系统各母线电压均有不同程度下降，距离故障点越近，母线电压越低；当保护安装处短路时，所在母线测量电压将降为零。

③ 反映电压与电流之比的测量阻抗为线路的短路阻抗，其值较小；短路点距测量位置（保护安装处）越近，测量阻抗值越小；距离越远，测量阻抗越大。短路时测量阻抗角为线路的等值阻抗角，没有线路串联补偿电容的情况下，约为60°～80°。

④ 发生对称故障时没有负序和零序分量，若发生不对称故障，故障点或母线处将会出现较大的负序和零序分量。

根据以上故障与正常运行的区别，在单侧电源网络中可以采用以下原理的保护：

① 反映短路故障后电流增大而动作的过电流保护；

② 反映短路故障后母线电压降低而动作的低电压保护；

③ 反映短路故障后测量阻抗减小而动作的距离（阻抗）保护。

实际上电网发生故障时，总是会出现或短时出现不对称运行状态，从而出现负序和零序分量，而正常运行时这些量很小甚至为零，因此利用负序或零序分量构成保护能够更有效地判断线路或元件是否发生故障，并提高保护的选择性、灵敏性和动作速度。

以上原理的保护都是在线路靠近电源一侧进行电气量的测量，仅反映单端电气量的变化。对多侧电源网络，可以通过在被保护线路两侧进行电气量的测量比较以构成差动原理的保护。利用两侧电流相位（或功率方向）的差别，可构成电流差动保护、相差动高频保护、方向高频保护等。理论上差动原理的保护可以明确区分元件或线路的内部故障和外部故障，具有绝对的选择性。

以上保护是通过比较故障和正常运行时电气量的大小变化来实现的，由于系统正常运行的范围很宽，运行方式变化很大，负荷电流的大小变化范围也很大，使得依靠测量值来区分故障和正常运行状态十分困难，即便是差动原理的保护。因此各种类型继电保护装置的整定值很难确定，使得保护很难满足复杂运行方式下的要求。

二、继电保护装置的用途

传统的继电保护装置是由单个继电器或继电器及其附属设备的组合构成的，微机保护中继电保护装置则是由各种功能模块及相应接口组成，由对应的程序来实现。各种保护装置都是由测量比较元件、逻辑判断元件、执行输出元件三部分组成，如图 1-2 所示。

图 1-2 继电保护装置组成框图

（1）测量比较元件

测量比较元件用于测量由被保护设备输入的有关电气量（或部分非电气量）并与整定值进行比较，根据比较结果给出相应的逻辑信号，从而判断保护装置是否启动。根据保护的实际需要，每套保护装置的测量比较元件可以有一个，也可有多个。例如测量比较并反映电气量升高而动作的过量继电器，典型的是：过电流继电器；反映电气量降低而动作的欠量继电器；反映电流电压相位关系的功率方向继电器等。

（2）逻辑判断元件

逻辑判断元件根据测量比较元件输出逻辑信号的性质、先后顺序、持续时间等，使保护装置按照一定的逻辑关系判断故障的类型和故障位置，最后确定是否应该使断路器跳闸、发出相应信号或不动作，并将相应的指令传送给执行输出部分。

（3）执行输出元件

执行输出元件根据逻辑判断部分的指令，发出跳开断路器的跳闸脉冲及相应的动作信息、发出警告信号或不动作。

三、继电保护的分类

电力设备和线路装设的短路故障的保护应有主保护和后备保护，必要时可增设辅助保护。

（1）主保护

主保护是满足系统稳定和设备安全要求，能以最快速度有选择地切除被保护设备和线路故障的保护。

（2）后备保护

后备保护是主保护或断路器拒动时，用于切除故障的保护。后备保护可分为远后备和近后备两种方式。

① 远后备是当主保护或断路器拒动时，由相邻电力设备或线路的保护实现后备。

② 近后备是当主保护拒动时，由该电力设备或线路的另一套保护实现后备的保护；当断路器拒动时，由断路器失灵保护来实现后备保护。

（3）辅助保护

辅助保护是为补充主保护和后备保护的性能或当主保护和后备保护退出运行而增设的简单保护。

（4）异常运行保护

异常运行保护是反映被保护电力设备或线路异常运行状态的保护。

第三节 对继电保护的基本要求

对动作于跳闸的保护装置应该满足选择性、速动性、灵敏性和可靠性四个基本要求，四个要求之间相互制约，对立统一，在继电保护的各个环节都应根据运行的需要协调四者之间的关系。

当确定保护装置的配置和构成方案时，应综合考虑以下几个方面，并结合具体情况，处理好上述四性的关系：

① 电力设备和电力网的结构特点和运行特点；

② 故障出现的概率和可能造成的后果；

③ 电力系统的近期发展规划；

④ 相关专业的技术发展状况；

⑤ 经济上的合理性；

⑥ 国内和国外的经验。

一、选择性

继电保护的选择性是指保护装置动作时，仅将故障元件或设备从系统中切除，使停电范围尽可能缩小，保证系统无故障部分继续正常安全运行。实际应用中为了保证尽可能缩小停电范围，还应考虑保护装置和断路器拒动的可能性，通过近后备和远后备保护的方式来实现保护的协调动作，确保故障的切除。

在如图 1-3 所示的网络中，当线路 A-B 上 k1 点发生短路时，根据选择性要求应由距离故障点最近的保护动作跳开断路器 1 和断路器 2，从而切除故障。线路 C-D 上 k3 点短路时，应由 C-D 线路上所装保护动作使断路器 7 跳闸，此时只有 D 母线停电，使停电范围最小。然而由于保护或断路器可能会拒绝动作，同样是图 1-3 中的 k3 点故障，若线路 C-D 所装保护拒绝动作或保护发出动作命令而断路器 7 拒绝跳闸，则应由最邻近的线路 B-C 的保护动作跳开断路器 5，尽可能使得停电范围相对最小。同样 k2 点故障时，应由最近的线路保护动作跳开断路器 5，若线路 B-C 保护拒绝动作或保护发出动作命令而断路器 5 拒绝跳闸，则应由上一级的线路保护动作切除故障，图 1-3 中应由断路器 1 和 3 动作跳闸切除故障。

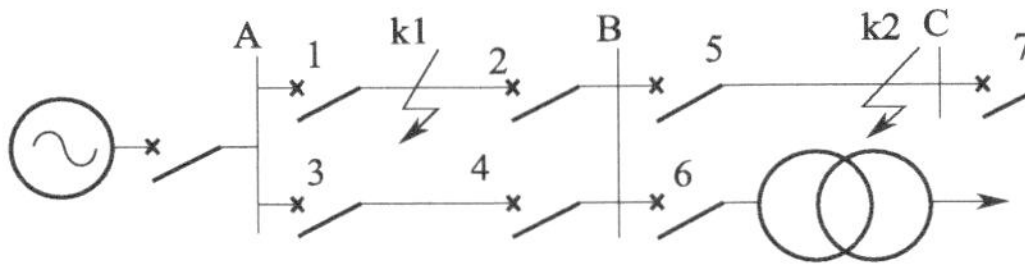

图 1-3 保护动作选择性说明图

当线路上所装一套（或一种）保护装置拒动，而由同一安装地点另一套（或另一种）保护装置动作切除故障时，这种后备保护方式称为近后备。当本线路保护拒动或断路器拒动，而由相邻元件的保护和断路器动作切除故障的后备保护方式称为远后备。

实际运行表明，远后备的性能是比较完善的，也是电网不可缺少的一种保护配合方式，它对相邻元件的保护装置、断路器、二次回路和直流操作回路所引起的拒绝动作，均能起到后备保护的作用，而近后备对断路器、二次回路和直流系统故障引起的拒动则无能为力。由于远后备实现简单、经济，应优先采用，只有当远后备不能满足要求时，才考虑采用近后备的方式。

单侧电源网络中要保证这种选择性，除利用一定的延时使本线路的后备保护与主保护正确配合外，还必须注意相邻元件之间后备保护的正确配合。首先要求当线路同一地点发生短路故障时，上一级元件后备保护的灵敏度要低于下一级元件后备保护的灵敏度；其次要求上级元件后备保护的动作时间要大于下级元件后备保护的动作时间。

二、速动性

继电保护的速动性是指保护应尽可能快地动作于断路器跳闸，以切除故障或中止异常状态发展。继电保护的快速动作可以减轻故障元件的损坏程度，提高线路故障后自动重合闸的成功率，并特别有利于提高该故障后电力系统并列运行的稳定性。快速切除线路与母线的短路故障，是提高电力系统暂态稳定的最重要手段。然而速动性应以正确区别故障和正常运行状态为前提，即要以保证动作选择性为前提，这需要通过对元件中的电气量进行测量比较做出判断，需要一定的时间，因而两者之间是有矛盾的。动作迅速而且满足选择性要求的保护装置，一般都结构复杂、价格昂贵。在实际应用中，对速动性的要求应根据系统接线和被保护元件的具体情况、重要程度，经技术经济比较后确定。

故障切除时间等于保护装置和断路器动作时间的总和，一般快速保护的动作时间为0.06～0.12s，最快的可达到0.01～0.04s，一般断路器的动作时间为0.06～0.15s，最快的可达到0.02～0.06s。故在没有时间元件设定延时的情况下，最快故障切除时间可以达到0.1s。

三、灵敏性

继电保护的灵敏性，是指对于保护范围内发生故障或不正常运行状态的反应能力。满足灵敏性要求的保护装置应该在规定的保护范围内故障时，在系统任意的运行条件下，无论短路点的位置、短路的类型如何、是否有过渡电阻，都能灵敏、正确地反应。灵敏性通常用灵敏系数来衡量。

对过量继电器，灵敏系数为故障量与整定动作量的比；对欠量继电器，灵敏系数为整定动作量与故障量的比。在一般的继电保护设计与运行规程中，对各种保护装置的灵敏度都有具体的要求。显然继电保护越灵敏，越能可靠地反映要求动作的故障或异常状态；但同时也易于在不需要动作的其他情况下出现误动作，因而灵敏性与选择性也有矛盾，需要协调处理。

四、可靠性

继电保护的可靠性是对电力系统继电保护的最基本的性能要求，它又分为两个方面，即可信赖性和安全性。所谓可信赖性是指继电保护在电力系统出现设计要求它动作的异常或故障状态时，能够准确地完成动作，即不拒动；而安全性则要求继电保护在设计要求它动作以外的其他所有情况下，能够可靠地不动作，即不误动。

继电保护拒动和误动都会给电力系统及国民经济带来严重的危害或损失，因此可信赖性与安全性，都是继电保护必备的性能，但两者相互矛盾。在设计与选用继电保护时，需要依据被保护对象的具体情况，对这两方面的性能要求适当地予以协调。例如，对于传送大功率的输电线路保护，一般宜于强调安全性；而对于其他线路保护以及备用容量充足的电力系统，则往往宜于强调可信赖性。至于大型发电机组的继电保护，无论它的拒绝动作或误动作跳闸，都会引起巨大的经济损失，需要通过精心设计和装置配置，兼顾这两方面的要求。

提高继电保护安全性的办法，主要是采用经过全面分析论证、有实际运行经验或者经试验确证技术性能满足要求、元件工艺质量优良的装置；而提高继电保护的可信赖性，除了选用高可靠性的装置外，重要的设备还可采取保护装置双重化，例如大容量的发电机-变压器组接线、重要的高压输电线路等，实现“二中取一”的跳闸方式。

第二章　继电保护整定计算的目的和基本要求

第一节　继电保护整定计算的目的和任务

一、继电保护整定计算的目的

继电保护装置是电力系统的重要组成部分。它对电力系统的安全稳定运行起着极为重要的作用。随着全国电网向着长距离、大容量、超高压甚至特高压的方向发展，对继电保护提出了更高的要求，电力系统一刻也离不开继电保护，没有继电保护的电力系统是无法运行的。

继电保护整定计算是继电保护各项工作中十分重要的一环，没有进行整定计算并确定适当整定值的继电保护装置接入系统是毫无意义的。在电力工程设计和电力生产运行中，继电保护整定计算是一项必不可少的工作。各部门进行整定计算的目的不尽相同。对电力系统的各级调度部门，其整定计算的目的是对电力系统中已经配置好的各种保护按照系统的具体参数和运行要求，通过计算分析给出所需的各项定值，实现整个系统各种继电保护的有机协调配合，正确发挥各自的作用。对电力工程设计部门，其整定计算的目的是对设计的电力系统或发电厂进行计算分析，提出继电保护配置和选型的正确方案或最佳方案，并最后确定其技术规范等。

二、继电保护整定计算的任务

继电保护整定计算的基本任务，就是对被保护设备或元件，确定保护整定方案，根据各元件的保护配合关系以及同一元件不同保护之间的协调配合关系，最终通过计算给出具体的定值，列出定值清单。整定方案可以按照电力系统的电压等级或被保护的设备来编制，也可按照继电保护的功能划分成小的方案分别进行。例如对一台发电机可以确定其整体的保护配置方案以及相应的保护整定方案；对一个 220kV 电网的保护整定方案，可分为相间距离保护方案、接地（距离）零序电流保护方案、重合闸方案、高频保护方案等，这些方案之间既有相对独立性，又有一定的协调配合关系。

由于电网日益复杂、运行方式变化多样，各种保护装置及其定值很难适应所有的运行方式，因此继电保护整定方案也不是一成不变的。随着运行方式和电网接线的变化，当保护定值超出预定的适应范围时，就需要对不适应部分重新计算调整，并变更整定计算方案，确定新的定值，以满足电网运行的要求。

一个整定方案由于整定配合的方法不同，会有不同的保护效果，因此如何获得一个最佳的整定方案，是从事继电保护整定计算工作的技术人员的重要研究课题。实际应用中需要不断摸索，积累经验，若能熟练应用各种整定计算原则和熟知被保护设备或系统的特征就能做出比较满意的整定方案。

此外随着新技术尤其是计算机技术在继电保护中的应用，保护装置的更新速度越来越快，整定计算人员还应掌握最新的保护原理和熟悉各种保护设备的功能，熟悉新装置的整定计算要求，以充分利用新设备具有的功能，更好地实现保护的配合。

第二节　继电保护整定计算的准备工作

继电保护整定计算涉及多方面的准备工作，包括对被保护设备和系统的基本情况的掌握、各种运行方式的分析、保护装置具有的功能特点等。

一、建立电力系统及有关设备参数库

① 绘制电力系统接线图。
② 了解电网的接线方式、运行方式、电源特点。
③ 建立各种电气设备的技术档案，包括发电机、变压器、线路等设备参数。
④ 调查电网重要负荷的特性及要求。
⑤ 建立继电保护用电流互感器、电压互感器的技术档案。

二、绘制阻抗图

阻抗图是短路计算的基础，包括短路电流以及故障残压的计算都离不开等值阻抗图，完整的阻抗图包括正序阻抗图、负序阻抗图、零序阻抗图三部分，有时整定计算可能仅需要正序等值阻抗图。实际中为了简化计算，近似取正、负序阻抗值相同。阻抗图中的阻抗值可用标幺值也可采用有名值。

三、确定电力系统的运行方式

系统或保护的运行方式是影响继电保护正常可靠工作的关键因素，因此无论

是电流保护、电压保护或阻抗保护均需确定运行方式，运行方式还可分为系统的运行方式和保护的运行方式，主要内容有如下几点：

① 电力系统可能出现的最大、最小运行方式，包括发电厂的开机方式、线路的投退、变电站多台变压器的运行方式、中性点接地方式等；

② 对环网内的保护装置，还要考虑保护装置的最大、最小运行方式；

③ 电力系统潮流分布情况、线路的最大负荷电流；

④ 电力系统稳定极限功率、故障的允许切除时间；

⑤ 安全自动装置的使用方式等。

四、掌握继电保护装置的基本情况

随着知识产权保护相关法律的完善，目前众多继电保护装置生产厂家独立研发产品，众多继电保护产品缺乏详细的产品技术规范和统一的标准；加上国产和进口产品差异较大、新装置不断推出、微机保护大量采用且技术保密等因素，改变了原来电磁型、机电型产品技术及性能确定而且透明的状态，各个生产厂家的产品具有很大差异，使得继电保护整定计算和调试人员难以准确掌握保护装置的功能和特点。

此外随着近年电网改造的进行，资金投入增加，电网（尤其是在配电网中）新型保护装置更新速度加快，整定计算工作人员的继电保护专业水平难以适应这些变化。

因此要求在整定计算前，有关人员必须掌握采用的保护装置的特点和具有的基本功能以及厂家给出的整定要求，认真阅读产品说明书。了解保护的屏面布置图、二次回路接线图、保护原理图等图纸资料。

第三节 整定计算的步骤

继电保护整定是一项十分复杂的工作，整定工作能否完成，关键在于保护装置的整定值是否满足选择性、速动性、灵敏性和可靠性的要求，各断路器之间的保护定值能否相互配合。整定计算包括以下步骤。

① 根据继电保护装置的类型以及被保护对象的需要拟定短路计算的运行方式，选择短路类型，确定分支系数。

② 根据整定项目的需要进行短路计算，求出各点的最大、最小短路电流，零序电流，母线残压等，输出计算结果或以表格的形式给出计算结果。

③ 根据保护的功能类型进行保护整定计算，并校核是否满足选择性、灵敏性、速动性等相互配合关系。

④ 对整定计算结果进行分析比较、修改，以选出最佳保护方案，提出存在

的问题以及运行要求。

⑤ 给出继电保护定值清单或定值说明图。

⑥ 编写整定方案说明书，说明书的内容为：

a. 整定计算的时间、电力系统概况。

b. 整定计算中运行方式的选择原则。

c. 本保护方案主要的整定计算原则，针对被保护对象和具体电力系统的特点，本方案考虑的特殊整定原则。

d. 继电保护的运行规定，包括保护的投、退、停运，保护定值的更改以及运行方式的限制要求等。

e. 保护方案的评价，方案存在的问题及对策，对运行人员的建议等。

必须强调的是，继电保护定值并非一成不变，需要根据电网的变化进行适当调整，尤其是近年来随着电网结构日趋复杂以及电网建设步伐的加快，保护定值的调整可能更加频繁，用户可借助市场上通用的保护整定计算软件来进行定值调整工作。

第四节　继电保护整定配合的基本原则

电力系统中的继电保护是按断路器配置装设的，因此继电保护必须按断路器进行整定。继电保护整定计算的一部分工作就是确定相邻保护之间的配合关系。在单侧电源电网中由于断路器装设在线路的电源侧，应按照由末端向电源端的顺序进行整定配合，但下级保护还应服从上级保护的要求；在复杂电网中，保护的分级是按保护的正方向来划分的，要求按保护的正方向在相邻的上、下级保护之间实现协调配合，以保证选择性。

继电保护的整定计算方法按保护构成原理分为两种。一种是以差动为基本原理的保护，例如横联差动保护、纵联差动保护、高频保护等，包括比较电流幅值和相位的电流差动以及比较两侧功率方向的差动保护。差动原理的保护本身具备区分内、外部故障的能力，保护范围固定不变，其整定值和动作时限不需要考虑与相邻保护的配合，可以瞬时动作，保护的整定计算相对比较简单。另一种是阶段式保护，包括阶段式电流保护、零序电流保护、距离保护等，阶段式保护的整定值（动作值和动作时限）在上、下级保护之间应严格配合，其保护范围随系统运行方式的变化而变化，阶段式保护整定计算相对比较复杂。

一、差动原理保护的整定

差动原理保护的整定计算可以单独进行，不需要考虑与其他保护的配合关系，其动作值应保证保护范围外部故障时不会发生误动作，在保护范围内部故障时应有足够的灵敏度，适应运行方式的变化。

二、阶段式保护的整定

对阶段式保护，各断路器之间的配合一般把选择性放在首位，保证选择性体现在三个方面：

① 由于阶段式电流保护、零序电流保护和距离保护的瞬时动作段（Ⅰ段）的测量元件不能区别本线路末端和下条线路始端的短路，要保证选择性动作，保护装置的动作值必须躲过线路末端的短路，因此有选择性的Ⅰ段保护不能保护线路全长；

② 限时段保护（Ⅱ段）应保护线路全长并可作为Ⅰ段的后备，由于其保护范围延伸至下一条线路，需采用延时与相邻线路保护配合，以保证选择性；

③ 对两端电源的电网，反方向短路时为防止保护误动，需采用方向保护，例如功率方向继电器或方向阻抗保护，采用方向保护后，可将系统看成两个单侧电源网络，相同方向的保护之间进行整定配合。

显然以上三个方面分别体现了保证选择性的三个途径和优先顺序，即首先是保护动作值的选择，然后是动作时限的配合，第三才是选择采用方向元件。

此外，阶段式保护还要满足其他配合关系。

① 相邻上、下级保护之间的配合：

a. 在时间上应配合，阶梯形时限特性；

b. 在保护范围上配合；

c. 后备保护（如：过电流保护）进行上、下级保护的配合时还应满足灵敏度相互配合的要求。

② 多段保护的整定应按保护段分段进行。

③ 一个保护与相邻的几个下一级保护整定配合或同时应满足几个条件进行整定时，整定值应取最严重的情况，以确保选择性。

④ 多段式保护的整定，应以改善和提高保护性能为主，兼顾后备性。

⑤ 整个电网中，阶段式保护的整定方法是首先对电网中所有线路的第一段保护进行整定计算，再依次进行第二段保护整定计算，直至全网保护全部整定完毕。

⑥ 判定电流保护是否使用方向元件。

此外，保护之间进行整定配合时，具有相同功能的保护之间应进行配合。例如相间保护与相间保护配合、接地保护与接地保护之间进行配合。

三、保护定时限时间级差的选择

阶段式保护中各段保护之间通过时间延迟配合工作以保证动作的选择性，定时限时间级差 Δt 应根据时间继电器的精度选择。

在确定保护动作时间和时间级差时必须考虑以下因素的影响。

① 本级线路保护的动作时间出现负误差，即实际动作时间比整定动作时间短。

② 相邻下级保护的时间元件可能有正误差，即实际动作时间比整定动作时间长。

③ 故障线路断路器切除时间。从发出跳闸命令到故障断开，且电弧熄灭需要一定时间，然后继电器才能返回，故需考虑断路器的动作时间。

④ 本保护测量元件在相邻线路断路器动作切除故障后，由于惯性作用经过一定时间才能返回。

⑤ 留有一定的时间裕度。

考虑上述因素的影响，对传统的电磁型时间继电器，其误差较大，宜选用较大级差，一般取 0.5s 左右；集成电路型和微机型保护具有较高精度，其时间整定误差较小，可选较小时间级差，一般取 0.3s 左右，特殊的可达 0.2s 左右，当时间继电器的整定范围较大时，继电器的误差也相应增大，此时时间级差应选较大值。

第五节　运行方式的选择原则

在各种保护装置的整定计算中，运行方式的选择决定了保护的整定值是否合理，从而直接影响到继电保护能否正确地工作，影响到各保护之间的动作配合关系，因此系统和保护装置运行方式的确定非常重要。

在电流保护中确定保护整定值需要用到最大运行方式，而在校核保护动作灵敏性时需要用到最小运行方式；对电流电压联锁保护，需要综合考虑最大和最小运行方式以便确定电流和电压元件的动作值及灵敏度；对电网的距离保护，距离Ⅰ段的整定值、保护范围与运行方式变化无关，但距离Ⅱ段由于分支系数的影响其整定值与运行方式变化密切相关，距离Ⅲ段在与相邻保护配合或计算灵敏度时也需要考虑系统的最大运行方式和最小运行方式。

此外电网还存在一些因为故障或其他原因而出现的特殊运行方式，这些在选择时都要适当给以考虑，但可不考虑极少见的特殊运行方式，必要时可采取特殊措施加以解决。

一、发电机、变压器运行方式选择原则

(1) 最大运行方式

发电厂所有机组投入，且运行在额定状态，变电站所有主变投入运行。

(2) 最小运行方式

发电厂有两台发电机组时，一般应考虑全停方式，一台检修，另一台故障。

当有三台以上机组时，则选择其中两台容量较大机组同时停运的方式。对水电厂，还应根据水库调节和运行方式来选择。

发电厂、变电站的母线上无论有几台变压器，一般应考虑其中容量最大的一台停运。

二、变压器中性点接地选择原则

对系统中变压器中性点有接地装置的，按照下述原则确定系统最大、最小运行方式。

(1) 最大运行方式

发电厂、变电站低压侧有电源的变压器，中性点均要接地。

自耦型和有绝缘要求的其他变压器，其中性点必须接地。

(2) 最小运行方式

变电站只有一台中性点接地变压器时，变压器应采用接地运行方式。有两台以上中性点接地变压器时，按一台变压器中性点接地考虑。

三、线路运行方式选择原则

(1) 最大运行方式

电网所有线路投入运行，环网处于闭环运行状态。

(2) 最小运行方式

发电厂、变电所母线上接有多条线路时，一般考虑选择一条线路检修，另一条线路又故障的方式。

双回线路考虑一回停运或检修。

四、流过保护的最大、最小短路电流计算方式的选择

保护装置的运行方式与电力系统的运行方式在一般情况下是一致的，但在环网内，两者是有区别的，尤其对电流、电压保护。此外，对保护装置本身还有一些需要特别考虑的问题，例如对零序电流、电压保护，还必须考虑变压器中性点是否接地运行以及接地变压器的数量等。

(1) 相间短路

对单侧电源的辐射形网络，流过保护的最大短路电流为系统最大运行方式下的三相短路电流；而最小短路电流则为系统最小运行方式下的两相短路电流。

对于双侧电源的网络，由于线路两端均装设电流保护，电流保护按照方向性配合工作，流过本侧保护的电流一般与对侧电源的运行方式无关，可按单侧电源的方法选择。

对于环网中的线路电流保护，流过保护的最大短路电流应选系统的最大运行

方式且环网开环运行，开环点应选在所整定保护线路的相邻下一级线路上；流过保护的最小短路电流，则应选系统最小运行方式且环网闭环运行。对单电源环网，还应对环网末级保护具体进行分析，确定计算的最小运行方式。

(2) 接地短路

对于单侧电源的辐射形网络，发生接地故障时，采用零序电流保护，流过保护的最大零序电流与最小零序电流的选择方法可参照相间短路，只需要注意变压器接地点的变化。

对于双侧电源网络及环状网络，同样参照相间短路运行方式的选择。其重点是考虑变压器接地点的变化，以及分支线路对保护定值的影响。

五、选取流过保护的最大负荷电流的原则

最大负荷电流的确定不仅考虑正常运行的最大负荷值，还应该考虑异常状态（非故障）下流过保护的最大负荷电流，原则如下。

① 备用电源自动投入引起的负荷电流增加。

② 并联运行线路减少造成负荷的转移。

③ 并列运行变压器故障，使得没有故障的主变承担的负荷增加。变压器最大负荷电流不能确定的按照额定电流计算。

④ 环状网络的开环运行，负荷的转移。

⑤ 对于双侧电源的线路，当一侧电源突然切除发电机，引起另一侧负荷增加。

第六节　整定计算中的各种整定系数分析

为了保证继电保护能够区别正常状态和故障状态，达到正确动作的目的，实现保护动作的选择性、速动性和灵敏性，整定计算中需要引入各种整定系数，如可靠系数、返回系数、分支系数等。由于保护装置不同以及被保护设备的不同，整定系数的选择范围有较大差别，因此应根据保护装置的构成原理、检测精度、动作速度、整定配合条件以及电力系统运行特性等因素来选择。

一、可靠系数 K_{rel}

由于计算、测量、调试及继电器等各项误差的影响，为了保证保护不发生误动作，需在整定计算中引入可靠系数，用 K_{rel} 表示。对后备保护，其定值还要考虑与相邻后备保护之间的配合关系，也称为配合系数。

可靠系数的取值与保护类型以及保护的不同分段有关，对各种过量保护，可靠系数大于1；对各种欠量保护，可靠系数小于1。可靠系数选取详见表2-1。

表 2-1　各种保护整定配合系数

保护类型	保护段	整定配合条件		定时限保护 K_{rel}
电流(电压)速断保护	瞬时段	按不伸出变压器差动保护范围整定		1.3～1.4
		按躲过线路末端短路或反方向母线短路整定		1.25～1.3
		与相邻电流速动保护配合(前加速)整定		1.1～1.15
		按躲过振荡电流或残压整定		1.1～1.2
电流(电压)限时速断保护	延时段	按不伸出变压器差动保护范围整定		1.2～1.3
		与相邻同类型电流(电压)保护配合整定		1.1～1.15
		与相邻不同类型电流(电压)保护配合整定		1.2～1.3
		与相邻距离保护配合整定		1.2～1.3
电流闭锁电压速断	瞬时段	按电流元件灵敏度整定,或按电流(电压)灵敏度相等整定,均取同一系数		1.25～1.3
	延时段	与相邻同类型电流(电压)保护配合整定,不论按电压元件或电流元件配合整定,均取同一系数		1.1～1.3
		与相邻不同类型电流(电压)保护配合整定,不论按电流元件或电压元件配合整定,均取同一系数		1.2～1.3
过电流保护	延时段	带低电压(复合电压)闭锁,按额定(负荷)电流整定	电流元件	1.15～1.25
			电压元件	1.1～1.15
		不带低压闭锁,按电动机自启动整定		1.2～1.3
		与相邻保护(同类或不同类)配合整定		1.1～1.2
距离保护	Ⅰ段	按躲过线路末端故障整定	相间保护	0.8～0.85
			接地保护	0.7
		按不伸出变压器差动保护范围整定	相间保护	0.7～0.75
			接地保护	0.7
	Ⅱ段	与相邻距离Ⅰ、Ⅱ段配合整定	本线路部分	0.85
			相邻线路	0.8
		与相邻电流(电压)保护配合整定	本线路部分	0.85
			相邻线路	0.7～0.75
		按不伸出变压器差动保护范围整定	本线路部分	0.85
			相邻线路	0.7～0.75
	Ⅲ段	与相邻距离保护Ⅱ、Ⅲ段配合整定	本线路部分	0.85
			相邻线路	0.8
		与相邻电流(电压)保护配合整定	本线路部分	0.85
			相邻线路	0.75～0.85
		按躲过负荷阻抗整定		0.7～0.8
元件(设备)差动保护	瞬时段	按躲过电流互感器二次断线时的额定电流整定		1.3
		按躲过励磁涌流整定(变压器保护)	有躲非周期分量特性	1.3
			无躲非周期分量特性	3～5
		按躲过外部故障的不平衡电流整定		1.3
母线差动保护	瞬时段	按躲过电流互感器二次断线时的额定电流整定		1.3～1.5
		按躲过外部故障的不平衡电流整定		1.3～1.5

可靠系数的确定，需要考虑以下因素。

① 保护动作速度较快时，应选用较大的系数，如：无时限电流速断保护。

② 运行中设备参数有变化或难以准确计算时，应选用较大的系数。

③ 在短路计算中，当有零序互感时，因难以精确计算，故应选用较大的系数。

④ 整定计算中有误差因素时，应选用较大的系数。

⑤ 按与相邻保护的定值配合整定时，应选取较小的可靠系数。

⑥ 不同原理或不同类型的保护之间整定配合时，应选用较大的系数。

二、返回系数 K_{re}

按正常运行条件整定的保护，如电流和距离保护的后备段通常按照躲过正常运行状态整定。被保护设备故障，后备保护启动，由于其动作值接近正常状态的电气量值，当故障消失后保护可能不能返回到正常位置而发生误动作。因此，整定计算公式中引入返回系数，返回系数用 K_{re} 表示。

返回系数定义为保护的返回量与动作量之比，对过量动作的继电器 $K_{re}<1$，欠量动作的继电器 $K_{re}>1$。

返回系数的高低与继电器类型有关。电磁型继电器的返回系数约为 0.85；微机保护的返回系数较高，为 0.9～0.95；而带有助磁特性的继电器返回系数较低，为 0.5～0.6。

三、分支系数 K_b

随着电网接线的日趋复杂，相邻保护之间进行整定配合时，需要考虑分支电源的影响。分支电源的存在，将导致进行配合的上一级保护范围缩短或伸长，从而影响保护之间的整定配合，因此整定计算中需要引入分支系数，分支系数用 K_b 表示。

（1）电流保护

如图 2-1 所示电网接线中，保护 2 的整定值需要与相邻线路保护 1 的整定值配合，当没有分支电源时，流过保护 1 和保护 2 的电流是相同的，由于保护 1 和 2 之间存在电源，使得两个保护中流过的电流不相等，差别的大小，决定于电源的容量和运行方式。

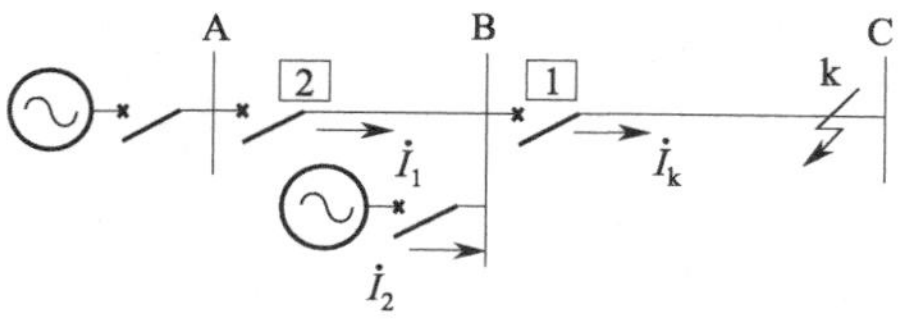

图 2-1 计算分支系数接线图

电流分支系数的定义，是指在相邻线路短路时，流过本线路的短路电流占流过相邻线路短路电流的比例。电流保护整定配合中应选取可能出现的最大分支系数。

如图 2-1 所示，在 k 点发生短路，则

有如下关系

$$K_{b}=I_{1}/I_{k} \tag{2-1}$$

当保护 2 与保护 1 进行选择性配合时，保护 2 的动作电流计算值为

$$I_{set2}=K_{rel}K_{b}I_{set1} \tag{2-2}$$

（2）距离保护

在距离保护Ⅱ段的整定计算中，同样需要与相邻线路Ⅰ段配合，其分支系数分为助增和汲出两种情况。

距离保护的助增系数等于上述电流保护分支系数的倒数。助增系数将使距离保护的测量阻抗增大，保护范围缩短。在整定配合上应选取可能出现的最小助增系数。

当相邻线路有平行线路时，距离保护的测量阻抗比单回线路小，引入汲出系数表示。在整定配合上应选取可能出现的最小汲出系数。

在单电源的辐射形电网中，分支系数的数值与选取的短路点位置无关；但对环状电网及双回线路的情况，分支系数值随着短路点的改变而改变。因此，分支系数计算选用的短路点，一般应选择不利的运行方式下，相邻线路需配合的各段保护范围的末端。

应当指出，分支负荷电流产生的分支系数与短路电流的作用相反，在应用时应予以注意。但是因为负荷电流分量相对于短路电流来说比重较小，通常可以忽略不计。另外，分支系数是个复数值，为简化计算，一般取绝对值。

四、灵敏系数 K_{sen}

保护装置对保护范围内发生故障的反应能力称为灵敏度，通常用灵敏系数 K_{sen} 表示。灵敏系数指在被保护对象的某一指定点发生故障时，故障量与整定值之比（对反映电气量增大而动作的过量保护，如过电流保护），或整定值与故障量之比（对反映电气量减小而动作的欠量保护，如低电压保护）。

灵敏系数在保证安全性的前提下，一般愈大愈好，但在保证可靠动作的基础上规定了下限值作为衡量的标准。灵敏系数可分为主保护灵敏系数和后备保护灵敏系数两种，前者是对被保护设备的全部范围而言，后者则包括被保护对象以及相邻保护对象的全部范围。各种短路保护的最小灵敏系数见表 2-2。

校验灵敏度时应注意以下几个问题。

① 计算灵敏系数，一般以金属性短路为计算条件。当特殊需要时才考虑过渡电阻的影响。

② 选取最不利的短路类型。

表 2-2 短路保护的最小灵敏系数

保护分类	保护类型	组成元件		灵敏系数	备注
主保护	带方向和不带方向的电流保护和电压保护	电流元件和电压元件		1.3～1.5	200km 以上线路不小于 1.3；50～200km 线路不小于 1.4；50km 以下线路不小于 1.5
		零序或负序方向元件		2.0	
	距离保护	启动元件	负序和零序增量或负序分量元件	4	距离保护第三段动作区末端故障灵敏系数大于 1.5
			电流和阻抗元件	1.5	线路末端短路电流应为阻抗元件精确工作电流 1.5 倍以上。200km 以上线路不小于 1.3；50～200km 线路不小于 1.4；50km 以下线路不小于 1.5。整定时间不超过 1.5s
		距离元件		1.3～1.5	
	平行线路的横联差动方向保护和电流平衡保护	电流和电压启动元件		2.0	线路两侧均未断开前，其中一侧保护按线路中点短路计算
				1.5	线路一侧断开后，另一侧保护按对侧短路计算
		零序方向元件		4.0	线路两侧均未断开前，其中一侧保护按线路中点短路计算
				2.5	线路一侧断开后，另一侧保护按对侧短路计算
	高频方向保护	跳闸回路中的方向元件		3.0	
		跳闸回路中的电流和电压元件		2.0	
		跳闸回路中的阻抗元件		1.5	个别情况下为 1.3
	高频相差保护	跳闸回路中的电流和电压元件		2.0	
		跳闸回路中的阻抗元件		1.5	
	发电机、变压器、线路和电动机的纵联差动保护	差电流元件		2.0	
	母线的完全电流差动保护	差电流元件		2.0	
	母线不完全电流差动保护	差电流元件		1.5	
	发电机、变压器、线路和电动机的电流速断保护	电流元件		2.0	按保护安装处短路计算

续表

<table>
<tr><th>保护分类</th><th>保护类型</th><th>组成元件</th><th>灵敏系数</th><th>备　　注</th></tr>
<tr><td rowspan="4">后备保护</td><td rowspan="2">远后备保护</td><td>电流电压及阻抗元件</td><td>1.2</td><td rowspan="2">按相邻电力设备和线路末端短路计算(短路电流为阻抗元件精确工作电流 1.5 倍以上)可考虑相继动作</td></tr>
<tr><td>零序或负序方向元件</td><td>1.5</td></tr>
<tr><td rowspan="2">近后备保护</td><td>电流、电压及阻抗元件</td><td>1.3</td><td rowspan="2">按线路末端短路计算</td></tr>
<tr><td>负序或零序方向元件</td><td>2.0</td></tr>
<tr><td>辅助保护</td><td>电流速断保护</td><td></td><td>1.2</td><td>按正常运行方式下保护安装处短路计算</td></tr>
</table>

注：1. 主保护的灵敏系数除表中注出者外，均按被保护线路（设备）末端短路计算。

2. 保护装置如反映故障时增长的量，其灵敏系数为金属性短路计算值与保护整定值之比；如反映故障时减少的量，则为保护整定值与金属性短路计算值之比。

3. 各种类型的保护中，接于全电流和全电压的方向元件的灵敏系数不做规定。

4. 本表内未包括的其他类型的保护，其灵敏系数另做规定。

③ 对动作时间较长的保护，应计及短路电流的衰减。

④ 对于两侧电源线路的保护，应考虑保护相继动作的影响。

⑤ 经 Yd 接线变压器之后的不对称短路，各相中短路电流分布将发生变化。接于不同相别、不同相数的保护，其灵敏度也不同。

⑥ 在保护动作的全过程中，灵敏系数均需满足规定的要求。

五、自启动系数 K_{ss}

按负荷电流整定的保护，须考虑电动机自启动状态的影响，引入自启动系数，例如过电流保护和距离保护的第三段。当系统发生故障并被切除后，电动机将会进行自启动，此时电流可达正常负荷电流的数倍。单台电动机在满载全电压下启动，一般自启动系数 K_{ss} 为 4～8，综合负荷自启动系数为 1.5～2.5，纯动力负荷的自启动系数为 2～3。自启动系数等于自启动电流与额定负荷电流之比，选择自启动系数应注意以下两点：

① 动力负荷比重大时，应选用较大的系数；

② 电气距离较远（即经过多级变压或线路较长）的动力负荷，应选用较小的系数。

六、非周期分量系数 K_{unp}

在电力系统短路的暂态过程中，短路电流含有非周期分量，其特征为偏于时间轴的一侧，并随着时间的延长而衰减，非周期分量对保护的正确工作有很大影响，反映在电流上增大了电流的有效值，加上其中直流分量比重较大，导致电流互感器容易达到饱和状态，使得保护产生测量误差，对差动类型的保护，将会增大其不平衡电流；对距离保护，可能导致各保护不能很好配合工作甚至导致保护误动。为消除它的影响，除在保护装置原理中采取措施外，在整定计算中还需采取加大定值的措施，例如在整定计算中引入非周期分量系数。

非周期分量系数等于含有非周期分量的全电流有效值与周期分量电流有效值之比，非周期分量系数用 K_{unp} 表示。

对有躲非周期分量特性的差动保护，其非周期分量系数 $K_{unp}=1.3$，对没有躲非周期分量特性的差动保护，其非周期分量系数 K_{unp} 取 1.5～2.0。

对电流速断保护，其非周期分量系数一般在可靠系数中加以考虑。

第三章　线路电流、电压保护的整定计算

第一节　阶段式电流保护的整定计算原则

一、短路计算

短路计算是电流、电压保护整定计算的基础，包括短路电流计算、故障残压计算。对对称分量保护根据需要计算各序的故障量。根据电力系统短路的分析，系统发生三相短路时的短路电流可表示为

$$I_k^{(3)}=\frac{E_\phi}{Z_\Sigma}=\frac{E_\phi}{Z_s+Z_k} \tag{3-1}$$

式中　E_ϕ——系统等效电源的相电势；

Z_k——短路点至保护安装处之间的阻抗；

Z_s——保护安装处到系统等效电源之间的阻抗。

在一定的系统运行方式下，短路电流将随短路点位置的变化而变化，故障点距离电源越远，短路电流越小。可以通过计算绘出短路电流随短路点位置变化的曲线即 $I_k=f(l)$，如图 3-1 所示。当系统运行方式及故障类型改变时，I_k 都将随之变化。在继电保护整定计算中，需要确定可能的最大短路电流和最小短路电流。对保护装置而言，流过保护安装处短路电流最大的方式称为系统最大运行方式；流过保护安装处短路电流最小的方式称为系统最小运行方式，图 3-1 中上面的一条曲线为最大运行方式下三相短路电流，下面的一条曲线为最小运行方式下的三相短路电流，而系统所有其他运行方式下流过保护装置的短路电流都在这两条曲线之间。

二、电流速断保护

（1）电流速断保护的工作原理

根据对继电保护速动性的要求，保护装置动作切除故障的时间，必须满足系

统稳定和保证重要用户供电可靠性的要求。在简单、可靠和保证选择性的前提下，原则上总是越快越好。因此，在各种电气元件上，应力求装设快速动作的继电保护。对于反映电流增大而瞬间动作的电流保护，称为电流速断保护。

电流速断保护的分析见图 3-1。由图可知这种保护既要保证动作的瞬时性，又要保证动作的选择性，为了解决这一矛盾，其方法有两种：

① 从保护装置启动参数的整定上保证下一条线路出口处短路时不启动，即按躲开下一条线路出口处短路的条件整定；

② 在个别情况下，当快速切除故障是首要条件时，可采用无选择性的速断保护，而以自动重合闸来纠正这种无选择性动作。

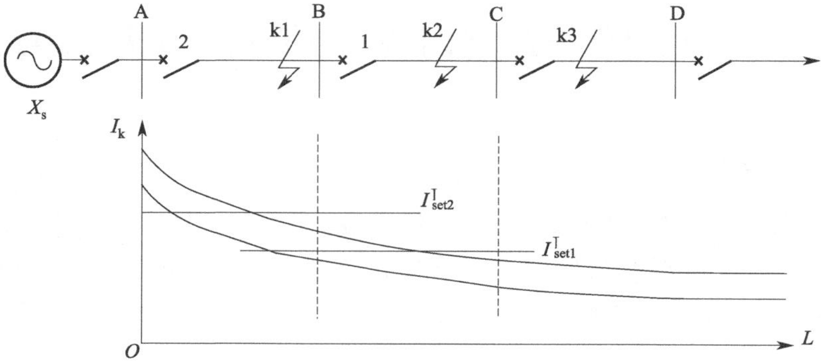

图 3-1　短路电流曲线

对反映于电流升高而动作的电流速断保护而言，能使保护装置启动的最小电流值称为保护装置的启动电流，以 I_{set}^{I} 表示，它所代表的意义是：当在被保护线路的一次测电流达到这个数值时，安装在该处的这套保护装置就能够动作。

由于速断保护的整定原则决定了在线路末端短路时不能动作，因此它对被保护线路内部故障的反应能力（即灵敏性），只能用保护范围的大小来衡量，此保护范围通常用线路全长的百分数来表示。显然，当系统为最大运行方式时，电流速断的保护范围为最大，当出现其他运行方式或两相短路时，速断的保护范围都要减小，而当出现系统最小运行方式下的两相短路时，电流速断的保护范围为最小。一般情况下，应按这种运行方式和故障类型来校验其保护范围。

（2）电流速断保护的整定计算原则

为了保证电流速断保护动作的选择性，保护装置的启动电流必须整定得大于其保护线路范围内可能出现的最大短路电流，即

$$I_{set}^{I}=K_{rel}^{I}I_{k.max} \tag{3-2}$$

公式中引入的可靠系数 K_{rel}^{I}=1.2～1.3。

启动电流与短路点位置无关，所以在图 3-1 上是一条直线，它与两条曲线各有一个交点，分别对应三相短路的最大保护范围和最小保护范围。在交点以前短

路时，由于短路电流大于启动电流，保护装置都能动作。而在交点以后短路时，由于短路电流小于启动电流，保护装置将不能动作。

（3）保护范围的计算

电流速断保护对线路故障的反应能力（即灵敏性），只能用保护范围的大小来衡量。一般需要校核保护的最小保护范围，要求在最小运行方式下两相短路时，保护范围应大于线路全长的15%～20%。最小保护范围计算公式为

$$l_{\min}=\frac{1}{Z_1}\left(\frac{\sqrt{3}E_{\phi}}{2I_{\text{set}}^{\text{I}}}-X_{\text{s.max}}\right) \tag{3-3}$$

$$l_{\min}\%=\frac{l_{\min}}{L}\times 100\% \tag{3-4}$$

式中，L 为被保护线路的全长。最大保护范围为

$$l_{\max}=\frac{1}{Z_1}\left(\frac{E_{\phi}}{I_{\text{set}}^{\text{I}}}-X_{\text{s.min}}\right) \tag{3-5}$$

$$l_{\max}\%=\frac{l_{\max}}{L}\times 100\% \tag{3-6}$$

电流速断保护的主要优点是简单可靠，动作迅速，因此获得了广泛的应用。它的缺点是不可能保护线路的全长，并且保护范围直接受系统运行方式变化的影响。当系统运行方式变化很大，或者被保护线路的长度很短时，速断保护就可能没有保护范围，因而不能采用。但在个别情况下，有选择性的电流速断也可以保护线路的全长，例如当电网的终端线路上采用线路-变压器组接线方式时。

三、限时电流速断保护

由于有选择性的电流速断保护不能保护本线路的全长，因此需增加一段新的保护，用来切除本线路上速断范围以外的故障，同时也能作为本线路速断保护的后备，这就是限时电流速断保护。对限时电流速断保护，首先要求在任何情况下都能保护本线路的全长，并具有足够的灵敏性，其次是在满足上述要求的前提下，力求具有最小的动作时限，正是由于它能以较小的时限快速切除全线范围内的故障，故称之为限时电流速断保护。

（1）限时电流速断保护的工作原理

由于要求限时速断保护必须保护本线路的全长，因此其保护范围必然要延伸到下一条线路中，这样当下一条线路出口处发生短路时，保护将会启动，在这种情况下，为了保证动作的选择性，保护的动作就必须带有一定的时限，此时限的大小与其延伸的范围有关。为了使这一时限尽量缩短，照例都是首先考虑它的保护范围不超出下一条线路速断保护的范围，而动作时限则比下一条线路的速断保护高出一个时间阶段，此时间阶段以 Δt 表示。

（2）整定计算的基本原则

现以图 3-1 的保护 2 为例，来说明限时电流速断保护的整定原则。

设保护 1 装有电流速断，其启动电流按式(3-1) 计算后为 $I_{\text{set1}}^{\text{I}}$，它与短路电流变化曲线的交点之前的线路为其保护范围，交点处发生短路时，短路电流即为 $I_{\text{set}}^{\text{I}}$，速断保护刚好能动作。根据以上分析，保护 2 的限时电流速断不应超出保护 1 电流速断的范围，因此在单侧电源供电的情况下，它的启动电流应该整定为

$$I_{\text{set2}}^{\text{II}}=K_{\text{rel}}^{\text{II}}I_{\text{set1}}^{\text{I}} \tag{3-7}$$

式中　$K_{\text{rel}}^{\text{II}}$——可靠系数，一般取 1.1～1.2。

在上式中能否选取两个动作电流 $I_{\text{set2}}^{\text{II}}$ 和 $I_{\text{set1}}^{\text{I}}$ 相等呢？若选取相等动作值，就意味着保护 2 限时速断的保护范围正好和保护 1 速断的保护范围相重合，在实用中，因为保护 2 和保护 1 安装在不同的地点，使用的电流互感器和继电器是不同的，因此它们之间的特性很难完全一样，考虑最不利的情况，保护 1 的电流速断出现负误差，其保护范围比计算值缩小，而保护 2 的限时速断是正误差，其保护范围比计算值增大，则当计算的保护范围末端短路时，就会出现保护 1 的电流速断不能动作，而保护 2 的限时速断仍会动作的情况，使得本应由保护 1 的限时速断切除的故障，结果保护 2 的限时速断也启动了，可能出现两个限时速断同时动作于跳闸的情况，保护 2 就失去了选择性。为了避免这种情况的发生，就不能采用两个电流相等的整定方法，而必须引入可靠系数 $K_{\text{rel}}^{\text{II}}>1$。考虑到短路电流中的非周期分量已衰减，故可选得比速断保护的可靠系数小一些，一般取为 1.1～1.2。

（3）动作时限的选择

由以上分析可见，限时速断的动作时限应选择得比下一条线路速断保护的动作时限高出一个时间阶段 Δt，即

$$t_2^{\text{II}}=t_1^{\text{I}}+\Delta t \tag{3-8}$$

当线路上装设了电流速断和限时电流速断保护以后，两者的联合工作就可以保证全线路范围内的故障都能够在 0.5s 的时间以内予以切除，在一般情况下都能够满足速动性的要求。具有这种性能的保护称为主保护。

（4）保护装置灵敏性的校验

为了能够保护本线路的全长，在系统最小运行方式下，线路末端发生两相短路时，限时电流速断保护必须具有足够的反应能力，这个能力通常用灵敏系数 K_{sen} 来衡量。对于反映于数值上升而动作的过量保护装置，灵敏系数的含义是保护范围内发生金属性短路时故障参数的计算值与保护装置的动作参数之比，对限时电流速断保护

$$K_{\text{sen}}=\frac{I_{\text{k.min}}^{(2)}}{I_{\text{set}}^{\text{II}}} \tag{3-9}$$

式中，$I_{k.min}^{(2)}$ 为线路末端两相最小短路电流，实际应用中采用最不利于保护动作的系统运行方式和故障类型来选定，但不必考虑可能性很小的情况。

为了保证在线路末端短路时，保护装置一定能够动作，对限时电流速断保护应要求 $K_{sen} \geqslant 1.3 \sim 1.5$。这是因为考虑到线路末端短路时，可能会出现一些不利于保护启动的因素（例如过渡电阻等），为了使保护仍然能够灵敏动作，显然就必须留有一定的裕度。

四、定时限过流保护

过流保护通常是指其启动电流按照躲开最大负荷电流来整定的一种保护装置。它在正常运行时不应该启动，而在电网发生故障时，则能反映于电流的增大而动作，在一般情况下，由于其动作值较小，它不仅能够保护本线路的全长，而且也能保护相邻线路的全长，以起到后备保护的作用，在发电机和变压器上通常也采用过电流保护作为主保护的后备。

（1）工作原理和整定计算的原则

为保证在正常运行情况下过流保护绝不动作，显然保护装置的启动电流必须整定得大于该线路上可能出现的最大负荷电流 $I_{L.max}$。实际上确定保护装置的启动电流时，还必须考虑在外部故障切除后，保护装置是否能够返回的问题。例如在图 3-2 所示的网络接线中，当 k1 点短路时，短路电流将通过保护 5、4、2，这些保护中的过电流继电器都要动作，但是按照选择性的要求应由保护 2 动作切除故障，保护 4 和 5 由于故障切除后电流减小而立即返回原位。

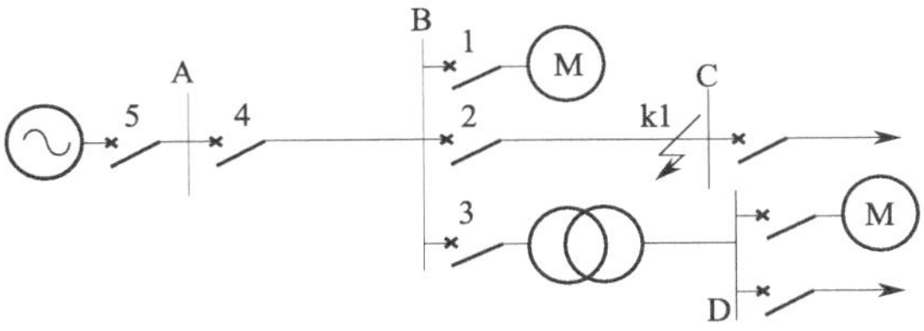

图 3-2　过电流保护整定原理说明图

实际上当外部故障切除后，流经保护 4 的电流是仍然在继续运行中的负荷电流，必须考虑到，由于短路时电压降低，变电站 B 母线上所接负荷的电动机被制动，因此，在故障切除后电压恢复时，电动机要有一个自启动的过程。电动机的自启动电流要大于它正常工作的电流，因此，引入一个自启动系数 K_{ss} 来表示自启动时最大电流 $I_{ss.max}$ 与正常运行时最大负荷电流 $I_{L.max}$ 之比，即

$$I_{ss.max} = K_{ss} I_{L.max} \tag{3-10}$$

保护 4 和 5 在这个电流的作用下必须立即返回。为此应使保护装置的返回电流

I_{re} 大于 $I_{ss.max}$。引入可靠系数 K_{rel}，则

$$I_{re}=K_{rel}I_{ss.max} \tag{3-11}$$

由于保护装置的启动与返回是通过电流继电器来实现的，因此，继电器返回电流与启动电流之间的关系也就代表着保护装置返回电流与启动电流之间的关系，引入继电器的返回系数 K_{re}，则保护装置的启动电流为

$$I_{set}=\frac{K_{rel}K_{ss}}{K_{re}}I_{L.max} \tag{3-12}$$

式中 K_{rel}——可靠系数，一般采用 1.15～1.25；

K_{ss}——自启动系数，数值大于 1，应由网络具体接线和负荷性质确定；

K_{re}——电流继电器的返回系数，一般取 0.85。

由式(3-12) 可见，当 K_{re} 越小时，则保护装置的启动电流越大，因而其灵敏性就越差，这对保护的动作是不利的。因此要求过电流继电器应有较高的返回系数。

(2) 过电流保护动作时限的选择

如图 3-3 所示，假定在每个电气元件上均装有过流保护，各保护装置的启动电流均按照躲开被保护元件上各自的最大负荷电流来整定，这样当 k1 点短路时，保护 1～5 在短路电流的作用下都可能启动，但要满足选择性的要求，应该只有保护 1 动作，切除故障，而保护 2～5 在切除故障之后应立即返回。这个要求只有依靠使各保护装置带有不同的时限来满足。

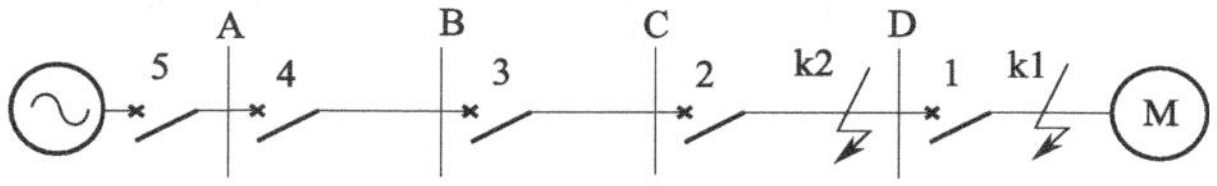

图 3-3 单侧电源线路过电流保护动作时限选择说明图

保护 1 位于电网的最末端，只要引出线或电动机内部故障，它就可以瞬时动作予以切除，t_1 即为保护装置本身的固有动作时间。对于保护 2 来讲，为了保证 k1 点短路时动作的选择性，则应整定动作时限 $t_2>t_1$。一般来说，任一过流保护的动作时限，应该比相邻各元件保护的动作时限均高出至少一个 Δt，只有这样才能保证动作的选择性。

定时限过电流保护的动作时限，经整定计算确定之后，由专门的时间继电器予以保证，其动作时限与短路电流的大小无关。

由于过流保护采用阶梯形时限配合，当故障越靠近电源端时，短路电流越大，而过电流保护动作切除故障的时限反而越长，因此在电网中广泛采用电流速断和限时电流速断来作为本线路的主保护，以快速切除故障，利用过电流保护来作为本线路及相邻元件的后备保护，由于它作为相邻元件后备保护的作用是在远

处实现的，因此属于远后备保护。对电网终端的保护装置（如图 3-3 中 1 和 2），其过电流保护的动作时限较短，此时可以作为主保护兼后备保护，而无需再装设电流速断或限时电流速断保护。

（3）过电流保护灵敏系数的校验

当过电流保护作为本线路的主保护时，应采用最小运行方式下本线路末端两相短路时的电流进行校验，要求 $K_{sen1}>1.3\sim1.5$，当作为相邻线路的后备保护时，则应采用最小运行方式下相邻线路末端两相短路时的电流进行校验，此时要求 $K_{sen2}>1.2$。

在后备保护之间，只有当灵敏系数和动作时限都相互配合时，才能切实保证动作的选择性，这一点在复杂网络的保护中，尤其应该注意。当过流保护的灵敏系数不能满足要求时，应采用性能更好的其他保护。

五、电流保护的接线方式

对相间短路的电流保护，目前广泛使用的是三相星形接线和两相星形接线这两种接线方式。详见图 3-4 和图 3-5。

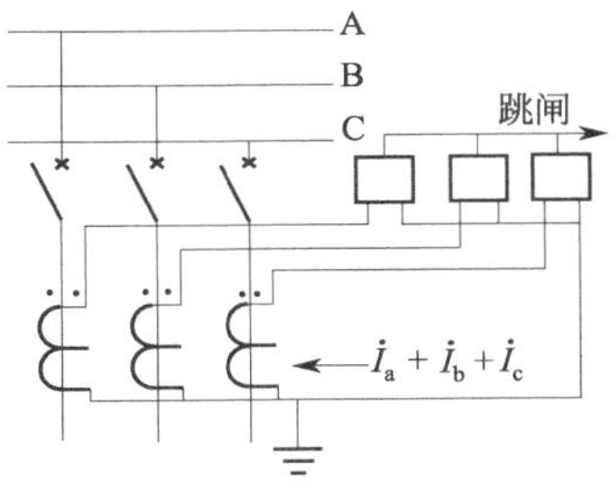

图 3-4　三相星形接线方式原理接线图

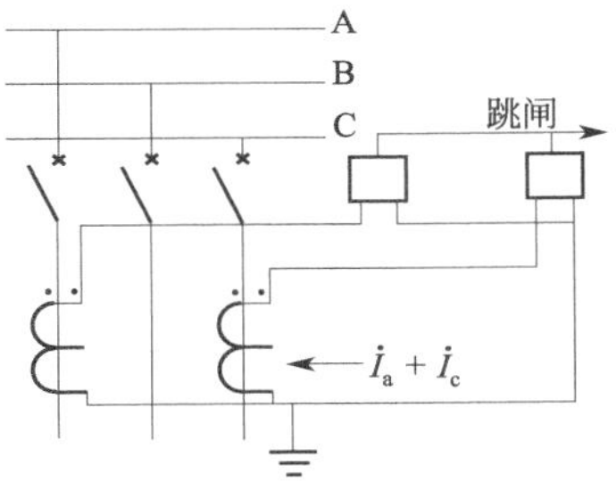

图 3-5　两相星形接线方式原理接线图

（1）三相星形接线

三相星形接线是指将三个电流互感器与三个电流继电器分别按相连接在一起，呈星形接线，在中线上流回的电流为三相电流之和，正常时此电流约为零，在发生接地短路时则为 3 倍零序电流，三个继电器的触点并联连接。由于在每相上均装有电流继电器，因此它可反映各种相间短路和中性点直接接地电网中的单相接地短路故障。

（2）两相星形接线

两相星形接线是指用装设在 A、C 相上的两个电流互感器与两个电流继电器分别按相连接在一起，它和三相星形接线的主要区别在于 B 相上不装设电流互感器和相应的继电器，在这种接线中，中线上流回的电流是 A、C 相电流之和。一般用于小电流接地系统（35kV、20kV、10kV）的线路保护。

当采用以上两种接线方式时，流入继电器的电流就是电流互感器的二次电流，则反映到继电器上的启动电流可表示为

$$I_{\text{set. r}}=I_{\text{set}}/n_{\text{TA}} \tag{3-13}$$

（3）Y/△接线变压器过电流保护接线

对Y/△接线的变压器，如图3-6(a)所示若降压变压器低压侧发生AB两相短路，则在电源侧B相电流为A相、C相电流的2倍；同样在升压变压器高压侧BC相短路时，在电源侧b相电流为a相、c相电流的2倍。

图3-6中降压变压器低压（△）侧两相短路电流与三相短路电流的关系为

$$I_{\text{k}}^{(2)}=\frac{\sqrt{3}}{2}I_{\text{k}}^{(3)} \tag{3-14}$$

Y侧最小一相电流为

$$I_{\text{C}}=I_{\text{A}}=\frac{I_{\text{k}}^{(2)}}{\sqrt{3}n_{\text{T}}}=\frac{1}{\sqrt{3}n_{\text{T}}}\times\frac{\sqrt{3}}{2}I_{\text{k}}^{(3)}=\frac{I_{\text{k}}^{(3)}}{2n_{\text{T}}} \tag{3-15}$$

Y侧最大一相电流为

$$I_{\text{B}}=\frac{2I_{\text{k}}^{(2)}}{\sqrt{3}n_{\text{T}}}=\frac{2}{\sqrt{3}n_{\text{T}}}\times\frac{\sqrt{3}}{2}I_{\text{k}}^{(3)}=\frac{I_{\text{k}}^{(3)}}{n_{\text{T}}} \tag{3-16}$$

式中　n_{T}——变压器变比。

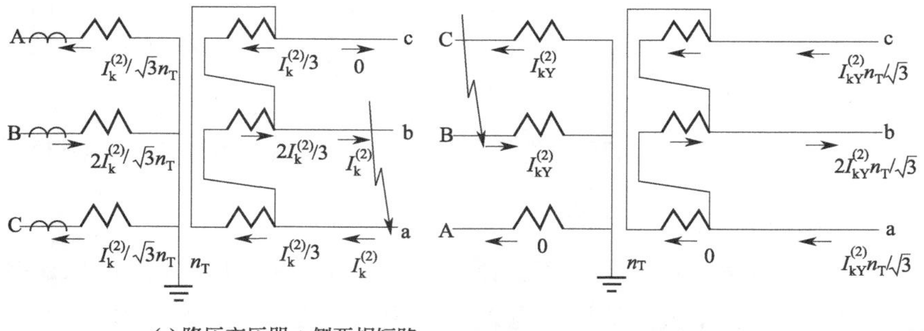

图3-6　Y/△接线变压器过电流保护两相星形接线方式分析

对升压变压器有相同结论。可见在Y/△接线的变压器低压侧发生两相短路时，电源侧（保护安装处）最大一相的短路电流与三相短路电流的归算值相同，而其他两相电流仅为最大一相电流的一半，归算关系详见表3-1。此时若采用两相星形接线的过电流保护，两相短路时，由于B相没有继电器，保护灵敏度较低。若在两相星形接线的中线上增加一个继电器，则中线上流过的即为B相电流，保护灵敏度提高一倍。

表 3-1　Y/△接线的变压器一侧两相短路时，另一侧的电流归算关系

短路侧	短路组合	Y 侧各相电流			△侧各相电流		
		A	B	C	a	b	c
Y	AB	$I_{kY}^{(2)}$	$I_{kY}^{(2)}$	0	$I_{kY}^{(3)}n_T$	$0.5I_{kY}^{(3)}n_T$	$0.5I_{kY}^{(3)}n_T$
	BC	0	$I_{kY}^{(2)}$	$I_k^{(2)}$	$0.5I_{kY}^{(3)}n_T$	$I_{kY}^{(3)}n_T$	$0.5I_{kY}^{(3)}n_T$
	CA	$I_{kY}^{(2)}$	0	$I_k^{(2)}$	$0.5I_{kY}^{(3)}n_T$	$0.5I_{kY}^{(3)}n_T$	$I_{kY}^{(3)}n_T$
△	ab	$0.5\dfrac{I_k^{(3)}}{n_T}$	$\dfrac{I_k^{(3)}}{n_T}$	$0.5\dfrac{I_k^{(3)}}{n_T}$	$I_k^{(2)}$	$I_k^{(2)}$	0
	bc	$0.5\dfrac{I_k^{(3)}}{n_T}$	$0.5\dfrac{I_k^{(3)}}{n_T}$	$\dfrac{I_k^{(3)}}{n_T}$	0	$I_k^{(2)}$	$I_k^{(2)}$
	ca	$\dfrac{I_k^{(3)}}{n_T}$	$0.5\dfrac{I_k^{(3)}}{n_T}$	$0.5\dfrac{I_k^{(3)}}{n_T}$	$I_k^{(2)}$	0	$I_k^{(2)}$

注：$I_{kY}^{(2)}$、$I_k^{(2)}$ 分别为 Y 侧、△侧两相短路电流，$I_{kY}^{(2)}=\dfrac{\sqrt{3}}{2}I_{kY}^{(3)}$，$I_k^{(2)}=\dfrac{\sqrt{3}}{2}I_k^{(3)}$。

六、电网相间短路的方向性电流保护

单侧电源网络中三段式电流保护都安装在被保护线路靠近电源的一侧，在发生故障时，它们都是在短路功率从母线流向被保护线路的情况下，按照选择性的条件来协调配合工作的。除中压配电网一般采用单电源供电外，现在的输电系统和高压配电网都是有很多电源组成的复杂网络，前述简单的保护方式不能满足系统运行的要求。

以双侧电源网络为例，当线路上一点发生故障时，由于两侧电源都向故障点提供短路电流，应由故障线路两侧保护动作切除故障，其他保护不应动作，以使停电范围最小。但是由于母线相邻的保护和断路器均有短路电流流过，如果超过其动作值，保护就会误动作，对误动作的保护都是在自己所保护的线路反方向发生故障时，由对侧电源供给的短路电流所引起的。对误动作的保护而言，实际短路功率的方向照例都是由线路流向母线，显然与其所保护的线路故障时的短路功率方向相反。为了消除这种无选择性的动作，就需要在可能误动作的保护上增设一个功率方向闭锁元件，该元件只当短路功率方向由母线流向线路时动作，而当短路功率方向由线路流向母线时不动作，从而使继电保护的动作具有一定的方向性。

当双侧电源网络上的电流保护装设方向元件以后，就可以把它们拆开看成两个单侧电源网络的保护，两组方向保护之间不要求有配合关系，这样上一节所讲的三段式电流保护的工作原理和整定计算原则就仍然可以用了，功率方向保护的主要特点就是在原有保护的基础上增加一个功率方向判别元件，以保证在反方向故障时把保护闭锁使其不致误动作。

第二节 阶段式相间电流保护的整定计算算例

【算例 3-1】 如图 3-7 所示，试计算断路器 1 电流速断保护的动作电流，动作时限及电流速断保护范围，并说明当线路长度减到 40km、30km 时情况如何？由此得出什么结论？已知：$K_{rel}^{1}=1.3$，$Z_1=0.4\Omega/km$。

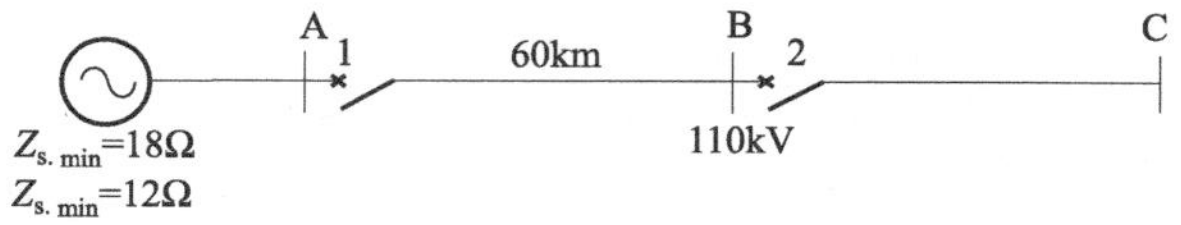

图 3-7 算例 3-1 网络示意图

解：

（1）当线路长度 $L_{AB}=60km$ 时

$$I_{kB.max}=\frac{E_{\phi}}{Z_{s.min}+Z_1L_{AB}}=\frac{115/\sqrt{3}}{12+0.4\times60}$$
$$=1.84(kA)$$

$$I_{set.1}^{I}=K_{rel}^{I}I_{kB.max}=1.3\times1.84=2.39(kA)$$

$$l_{min}=\left(\frac{\sqrt{3}}{2}\times\frac{E_{\phi}}{I_{set.1}^{I}}-Z_{s.max}\right)/Z_1=15.15(km)$$

$$l_{min}\%=\frac{l_{min}}{L}\times100\%=\frac{15.15}{60}\times100\%=25.3\%>15\%,\ t_1^{I}=0s$$

（2）当线路当 $L_{AB}=40km$ 时

$$I_{kB.max}=\frac{E_{\phi}}{Z_{s.min}+Z_1L_{AB}}=\frac{115/\sqrt{3}}{12+0.4\times40}=2.37(kA)$$

$$I_{set.1}^{I}=K_{rel}^{I}I_{kB.max}=1.3\times2.37=3.08(kA)$$

$$l_{min}=\left(\frac{\sqrt{3}}{2}\times\frac{E_{\phi}}{I_{set.1}^{I}}-Z_{s.max}\right)/Z_1=1.7(km)$$

$$l_{min}\%=\frac{l_{min}}{L}\times100\%=\frac{1.7}{40}\times100\%=4.25\%<15\%,\ t_1^{I}=0s$$

显然保护范围不能满足要求。

（3）当线路 $L_{AB}=30km$ 时

$$I_{kB.max}=\frac{E_{\phi}}{Z_{s.min}+Z_1L_{AB}}=\frac{115/\sqrt{3}}{12+0.4\times30}$$
$$=2.77(kA)$$

$$I_{set.1}^{I}=K_{rel}^{I}I_{kB.max}=1.3\times 2.77=3.6(kA)$$

$$l_{min}=\left(\frac{\sqrt{3}}{2}\times\frac{E_{\phi}}{I_{set.1}^{I}}-Z_{s.max}\right)/Z_1=-5.07(km)$$

显然此时保护没有动作范围，不能起到保护作用。

由此得出结论，当线路较短时，电流速断保护范围将缩短，甚至没有保护范围。

【算例 3-2】 如图 3-8 所示 35kV 中性点不接地电网，在变电所 A 母线引出的线路 AB 上装设三段式电流保护，保护拟采用两相星形接线。试选择电流互感器的变比并进行Ⅰ段、Ⅱ段、Ⅲ段电流保护的整定计算，即求Ⅰ段、Ⅱ段、Ⅲ段的一次和二次动作电流 I_{set}^{I}、$I_{set.r}^{I}$、I_{set}^{II}、$I_{set.r}^{II}$、I_{set}、$I_{set.r}$，动作时间 t_{set}^{I}、t_{set}^{II}、t 和Ⅰ段的最小保护范围 $l_{min}\%$ 以及Ⅱ段和Ⅲ段的灵敏系数 K_{sen}^{II}、$K_{sen(1)}$、$K_{sen(2)}$。对非快速切除的故障要计算变电所母线 B 处的残余电压。已知在变压器上装有瞬动保护，被保护线路的电抗为 $Z_1=0.4\Omega/km$，可靠系数取 $K_{rel}^{I}=1.3$、$K_{rel}^{II}=1.1$、$K_{rel}=1.2$，电动机自启动系数 $K_{ss}=1.5$，返回系数 $K_{re}=0.85$，时限阶段 $\Delta t=0.5s$，计算短路电流时可以忽略有效电阻。已知参数 $X_{s.min}=0.3\Omega$，$X_{s.max}=0.35\Omega$，$S_T=10MV\cdot A$，$U_s\%=7.5$，额定负荷 $S_N=15MV\cdot A$，C 母线出线保护动作时间 $t_{max}=2.5s$。

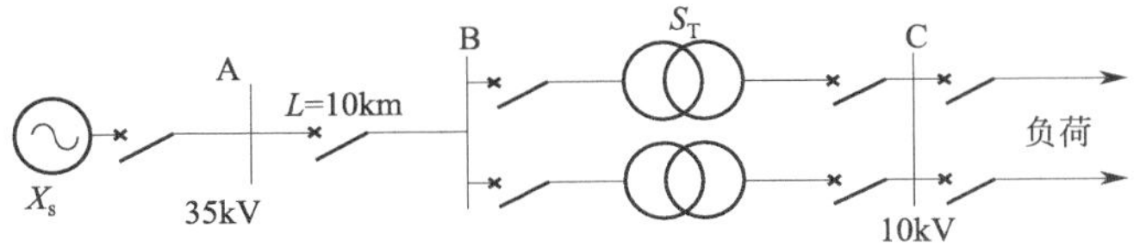

图 3-8　算例 3-2 网络示意图

解：

(1) 求Ⅰ段整定值

① 求动作电流 I_{set}^{I}

$$I_{set}^{I}=K_{rel}^{I}I_{kB.max}=1.3\times 4.97=6.46(kA)$$

其中

$$I_{kB.max}=\frac{E_{\phi}}{X_{s.min}+X_{AB}}=\frac{37/\sqrt{3}}{0.3+10\times 0.4}=4.97(kA)$$

② 灵敏性校验，即求 $l_{min}\%$

$$l_{min}=\frac{1}{Z_1}\left(\frac{\sqrt{3}}{2}\times\frac{E_{\phi}}{I_{set}^{I}}-X_{s.max}\right)=\frac{1}{0.4}\left(\frac{\sqrt{3}}{2}\times\frac{37/\sqrt{3}}{6.46}-0.35\right)=6.28(km)$$

$$l_{min}\%=\frac{6.28}{10}\times100\%=62.8\%>15\%$$

③ 保护动作时间 t_{set}^{I}

$$t_{set}^{I}=0(s)$$

(2) 求Ⅱ段整定值

① 动作电流 I_{set}^{II} 应与相邻变压器的瞬动保护相配合，按躲过母线 C 最大运行方式时流过被整定保护的最大短路电流来整定（取变压器为并列运行）。于是

$$I_{kC.max}=\frac{E_{\phi}}{X_{s.min}+X_{AB}+\frac{X_T}{2}}=\frac{37/\sqrt{3}}{0.3+10\times0.4+\frac{9.2}{2}}=2.4(kA)$$

式中

$$X_T=U_s\%\frac{U_T^2}{S_T}=0.075\times\frac{35^2}{10}=9.2(\Omega)$$

$$I_{set}^{II}=K_{rel}^{II}I_{kC.max}=1.1\times2.4=2.64(kA)$$

② 灵敏性校验

$$I_{kB.max}=\frac{E_{\phi}}{X_{s.max}+X_{AB}}=\frac{37/\sqrt{3}}{0.35+10\times0.4}=4.91(kA)$$

$$K_{sen}=\frac{I_{kB.min}^{(2)}}{I_{set}^{II}}=\frac{\frac{\sqrt{3}}{2}\times4.91}{2.64}=1.61>1.5$$

满足要求。

③ 求动作时间 t_{set}^{II}（设相邻瞬动保护动作时间为 0s）

$$t_{set}^{II}=0+0.5=0.5(s)$$

(3) 求Ⅲ段整定值

① 求动作电流 I_{set}

$$I_{set}=\frac{K_{rel}K_{ss}}{K_{re}}I_{L.max}=\frac{1.2\times1.5}{0.85}\times247=523(A)$$

式中

$$I_{L.max}=\frac{S_N}{\sqrt{3}U_N}=\frac{15}{\sqrt{3}\times35}=247(A)$$

② 灵敏性校验

本线路末端短路时

$$K_{sen(1)}=\frac{\frac{\sqrt{3}}{2}\times 4.91}{0.523}=8.13>1.5$$

满足要求。

相邻变压器出口母线 C（变压器为单台运行）三相短路时

$$I_{kC.min}=\frac{E_{\phi}}{X_{s.max}+X_{AB}+X_{T}}=\frac{37/\sqrt{3}}{0.35+10\times 0.4+9.2}=1.577(kA)$$

考虑 C 点短路为 Yd11 接线变压器低压侧短路，当该点为两相短路时，对所研究的保护动作最不利，又因电流保护采用两继电器式的两相星形接线，进入保护装置的最小电流为

$$I_{kC.min}^{(2)}=\frac{1}{2}I_{kC.min}$$

故

$$K_{sen(2)}=\frac{\frac{1}{2}\times 1577}{523}=1.5>1.2$$

满足要求。

若采用两相三继电器式接线，保护灵敏系数还可提高 1 倍。

③ 保护动作时间 t

$$t=t_{max}+2\Delta t=2.5+2\times 0.5=3.5(s)$$

（4）确定电流互感器变比及继电器动作电流

① 电流互感器变比

按两台变压器满载运行时为最大工作电流的计算条件，故

$$I_{W.max}=\frac{2S_{T}}{\sqrt{3}U_{N}}=\frac{2\times 10}{\sqrt{3}\times 35}\times 1.05=346(A)$$

取 $n_{TA}=400/5$。

② 各段保护的继电器动作电流

Ⅰ段

$$I_{set.r}^{I}=K_{con}\frac{I_{set}^{I}}{n_{TA}}=\frac{6.46\times 10^{3}}{80}=80.75(A)$$

Ⅱ段

$$I_{set.r}^{II}=K_{con}\frac{I_{set}^{II}}{n_{TA}}=\frac{2.46\times 10^{3}}{80}=33(A)$$

Ⅲ段

$$I_{set.r}=K_{con}\frac{I_{set}}{n_{TA}}=\frac{523}{80}=6.54(A)$$

【算例 3-3】 如图 3-9 所示网络中，试对线路 AB 进行三段式电流保护的整定（包括选择接线方式，计算保护各段的一次动作电流、二次动作电流、最小保护范围、灵敏系数和动作时间）。已知线路的最大负荷电流 $I_{L.max}=100A$，电流互感器变比为 300/5，母线 B 处的过电流保护动作时间为 2.2s，母线 A 处短路时流经线路的短路电流最大运行方式时为 6.67kA，最小运行方式时为 5.62kA。

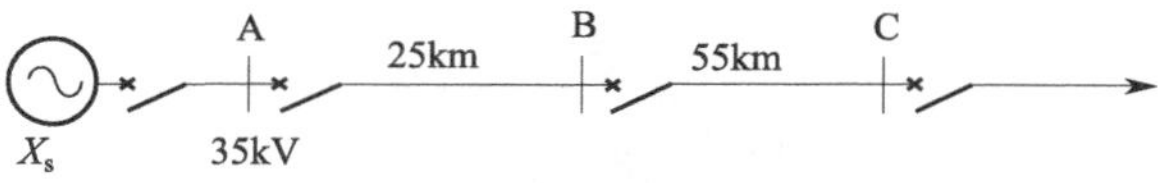

图 3-9 算例 3-3 网络示意图

解：

（1）接线方式的选择

由于 35kV 为中性点非直接接地电网，而所给定的线路 AB 的相邻元件也是线路（不含变压器），故三段保护均初步选择为两相星形接线。

（2）系统阻抗计算及各母线短路电流计算

① 由给定的短路电流条件，可得系统的最大、最小阻抗

$$X_{s.min}=\frac{37/\sqrt{3}}{6.67}=3.2(\Omega)$$

$$X_{s.max}=\frac{37/\sqrt{3}}{5.62}=3.8(\Omega)$$

② 母线 B、C 短路时的短路电流

$$I_{kB.max}=\frac{E_{\phi}}{X_{s.min}+X_{AB}}=\frac{37/\sqrt{3}}{3.2+25\times0.4}=1.618(kA)$$

$$I_{kB.min}=\frac{E_{\phi}}{X_{s.max}+X_{AB}}=\frac{37/\sqrt{3}}{3.8+25\times0.4}=1.548(kA)$$

$$I_{kC.max}=\frac{E_{\phi}}{X_{s.min}+X_{AC}}=\frac{37/\sqrt{3}}{3.2+80\times0.4}=0.607(kA)$$

$$I_{kC.min}=\frac{E_{\phi}}{X_{s.max}+X_{AC}}=\frac{37/\sqrt{3}}{3.8+80\times0.4}=0.597(kA)$$

（3）整定计算

① Ⅰ段

动作电流的整定

$$I_{set.A}^{Ⅰ}=K_{rel}^{Ⅰ}I_{kB.max}=1.3\times1.618=2.18(kA)$$

继电器的动作电流：由于采用两相星形接线，$K_{con}=1$，继电器的动作电流为

$$I_{setA.r}^{Ⅰ}=K_{con}\frac{I_{set.A}^{Ⅰ}}{n_{TA}}=\frac{2180}{60}=36.3(A)$$

根据上述结果选择电流继电器型号。

灵敏性校验：对电流Ⅰ段，此处为确定最小保护范围。

$$l_{min}=\frac{1}{Z_1}\left(\frac{\sqrt{3}}{2}\times\frac{E_\phi}{I_{set}^{Ⅰ}}-X_{s.max}\right)=\frac{1}{0.4}\left(\frac{\sqrt{3}}{2}\times\frac{37/\sqrt{3}}{2.18}-4.5\right)=9.97(km)$$

$$l_{min}\%=\frac{9.97}{25}\times100\%=39.9\%>15\%$$

满足要求。

动作时间的整定： $t=0(s)$

但为躲过管形避雷器放电，应选取具有固有动作时间的中间继电器作为出口继电器。

② Ⅱ段

动作电流整定：线路AB的保护Ⅱ段应与相邻线路的保护Ⅰ段配合，故

$$I_{set.B}^{Ⅰ}=K_{rel}^{Ⅰ}I_{kC.max}=1.3\times0.607=0.789(kA)$$

$$I_{set.A}^{Ⅱ}=K_{rel}^{Ⅱ}I_{set.B}^{Ⅰ}=1.1\times0.789=0.868(kA)$$

继电器的动作电流为

$$I_{setA.r}^{Ⅱ}=K_{con}\frac{I_{set.A}^{Ⅱ}}{n_{TA}}=\frac{868}{60}=14.5(A)$$

灵敏性校验：线路AB末端最小运行方式下三相短路时流过本保护的电流为1.548kA，则电流Ⅱ段灵敏度为

$$K_{sen}^{Ⅱ}=\frac{I_{kB.min}^{(2)}}{I_{set.A}^{Ⅱ}}=\frac{\frac{\sqrt{3}}{2}\times1.548}{0.868}=1.54>1.5$$

满足要求。

动作时间的整定：由于本保护与相邻元件电流Ⅰ段（$t=0s$）即电流速断保护相配合时满足灵敏度要求，故可取

$$t_A^{Ⅱ}=0.5s(t_A^{Ⅱ}=t_B^{Ⅰ}+\Delta t=t_B^{Ⅰ}+0.5=0.5s)$$

③ Ⅲ段

动作电流的整定：根据过电流保护的整定计算公式

$$I_{set.A}=\frac{K_{rel}K_{ss}}{K_{re}}I_{L.max}=\frac{1.2\times2}{0.85}\times100=282(A)$$

继电器动作电流为

$$I_{setA.r}=K_{con}\frac{I_{set.A}}{n_{TA}}=\frac{282}{60}=4.7(A)$$

灵敏性校验：近后备取AB线路末端B点短路时流过本保护的最小两相短路电流作为计算电流，故

$$K_{sen(1)}=\frac{I_{kB.min}^{(2)}}{I_{set.A}}=\frac{\sqrt{3}}{2}\times\frac{1548}{282}=4.75>1.5$$

远后备保护灵敏度

$$K_{sen(2)}=\frac{I_{kC.min}^{(2)}}{I_{set.A}}=\frac{\sqrt{3}}{2}\times\frac{597}{282}=1.83>1.3$$

均满足要求。

动作时间整定：根据阶梯原则，母线A处过电流保护的动作时间应与相邻线路BC的过流保护配合，即

$$t_A=t_B+\Delta t=2.2+0.5=2.7(s)$$

【算例3-4】 如图3-10所示变电站两条10kV配电线路，导线截面积为120mm^2，在不同的位置接有不同容量的配电变压器，已知线路的最大负荷电流$I_{L.max}=120A$，电流互感器变比为200/5，母线A处短路时短路电流最大运行方式时为6.06kA，最小运行方式时为4.04kA。线路1长度为5.5km，其中最大一台配电变压器容量为315kV·A，距离变电站10kV母线3.5km；线路2长度为3.5km，其中最大一台配电变压器容量为315kV·A，距离变电站10kV母线2.5km，配电变压器短路电抗为7.5%，配电变压器上装有熔断器保护，试对两条线路保护进行整定计算。

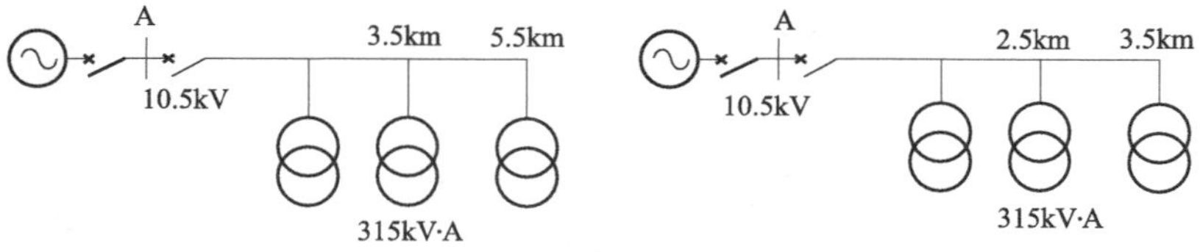

(a) 线路1示意图　(b) 线路2示意图

图3-10　算例3-4网络示意图

解：

确定系统等值阻抗

$$X_{s.min}=\frac{10.5/\sqrt{3}}{6.06}=1(\Omega)$$

$$X_{s.max}=\frac{10.5/\sqrt{3}}{4.04}=1.5(\Omega)$$

容量最大一台配电变压器的等值阻抗

$$X_T=U_s\%\frac{U_T^2}{S_T}=0.075\times\frac{10.5^2}{0.315}=26.25(\Omega)$$

(1) 过电流保护（Ⅲ段）的整定计算

两条线路的最大负荷电流相同，负荷性质接近，后备保护定值可按相同参数计算。

① 动作电流按照躲过最大负荷电流整定

可靠系数取 1.2，返回系数取 0.85，自启动系数取 1.5。

$$I_{set}^{Ⅲ}=\frac{K_{rel}K_{ss}}{K_{re}}I_{L.max}=\frac{1.2\times1.5}{0.85}\times120=255(A)$$

继电器动作电流

$$I_{set.r}^{Ⅲ}=255/40=6.4(A)$$

② 动作时限选择

动作时限取 0.5s。

③ 灵敏度计算

对线路 1，末端短路的最小短路电流为

$$I_{k.min}=\frac{E_{\phi}}{X_{s.max}+X_L}=\frac{10.5/\sqrt{3}}{1.5+5.5\times0.4}=1.64(kA)$$

$$K_{sen}=\frac{I_{k.min}^{(2)}}{I_{set}^{Ⅱ}}=\frac{\frac{\sqrt{3}}{2}\times1.64}{0.255}=5.58>1.5$$

满足要求。

(2) 线路 1 主保护整定计算

① 线路末端短路的最大短路电流

$$I_{k.max}=\frac{E_{\phi}}{X_{s.min}+X_L}=\frac{10.5/\sqrt{3}}{1.0+5.5\times0.4}=1.89(kA)$$

② 电流速断保护动作值

按照躲过线路末端最大短路电流整定

$$I_{set.A}^{I}=K_{rel}^{I}I_{k.max}=1.3\times1.89=2.46(kA)$$

③ 速断保护的保护范围

$$l_{min}=\frac{1}{Z_1}\left(\frac{\sqrt{3}}{2}\times\frac{E_{\phi}}{I_{set.A}^{I}}-X_{s.max}\right)=\frac{1}{0.4}\left(\frac{\sqrt{3}}{2}\times\frac{10.5/\sqrt{3}}{2.46}-1.5\right)=1.59(km)$$

$$l_{min}\%=\frac{1.59}{5.5}\times100\%=28.9\%>15\%$$

满足要求。

速断保护（电流Ⅰ段）动作时限取 0s。

继电器动作电流：$I_{set.r}^{I}=2460/40=61.5(A)$

④ 限时电流速断保护整定

按照躲过最大容量配变低压侧短路整定

$$I_{kT.max}=\frac{E_{\phi}}{X_{s.min}+X_{L}+X_{T}}=\frac{10.5/\sqrt{3}}{1.0+3.5\times0.4+26.25}=211.6\ (A)$$

$$I_{set.A}^{I}=K_{rel}^{I}I_{k.max}=1.2\times211.6=253.92(A)$$

与过流保护定值相同，由于过流保护动作时限取 0.5s，线路上可采用速断加过流保护的方式，不用限时速断保护。

(3) 线路 2 主保护整定计算

① 末端短路的最大短路电流

$$I_{k.max}=\frac{E_{\phi}}{X_{s.min}+X_{L}}=\frac{10.5/\sqrt{3}}{1.0+3.5\times0.4}=2.53(kA)$$

② 电流速断动作值

$$I_{set.A}^{I}=K_{rel}^{I}I_{k.max}=1.3\times2.53=3.29(kA)$$

速断保护的保护范围

$$l_{min}=\frac{1}{Z_1}\left(\frac{\sqrt{3}}{2}\times\frac{E_{\phi}}{I_{set.A}^{I}}-X_{s.max}\right)=\frac{1}{0.4}\left(\frac{\sqrt{3}}{2}\times\frac{10.5/\sqrt{3}}{3.29}-1.5\right)=0.24(km)$$

$$l_{min}\%=\frac{0.24}{3.5}\times100\%=6.8\%<15\%$$

不满足要求。

③ 由于采用瞬时动作的电流速断不能满足灵敏性要求，可以采用短延时的速断保护，动作电流按照躲过线路上容量最大一台配电变压器低压侧短路整定。

$$I_{kT.max}=\frac{E_{\phi}}{X_{s.min}+X_{L}+X_{T}}=\frac{10.5/\sqrt{3}}{1.0+2.5\times0.4+26.25}=215(A)$$

$$I_{set.A}^{I}=K_{rel}^{II}I_{k.max}=1.5\times2.15=323(A)$$

动作时限取 0.2～0.3s。

继电器动作电流： $I_{set.r}^{I}=323/40=8.1(A)$

末端最小短路电流

$$I_{k.min}^{(2)}=\frac{\sqrt{3}}{2}\times\frac{E_{\phi}}{X_{s.max}+X_{L}}=\frac{\sqrt{3}}{2}\times\frac{10.5/\sqrt{3}}{1.5+3.5\times0.4}=1.81(kA)$$

保护灵敏度： $K_{sen}=\dfrac{I_{k.min}^{(2)}}{I_{set.A}^{I}}=\dfrac{1.81}{0.323}=5.6$

【算例 3-5】 如图 3-11 所示电网接线，已知 $Z_1=0.4\Omega$、$K_{rel}^{\mathrm{I}}=1.25$、$K_{rel}^{\mathrm{II}}=1.1$、$K_{rel}^{\mathrm{III}}=1.2$、$K_{ss}=1.5$、$K_{re}=0.85$、$t_{3.max}=0.5s$，断路器 1 采用三段式电流保护，对其进行整定计算。

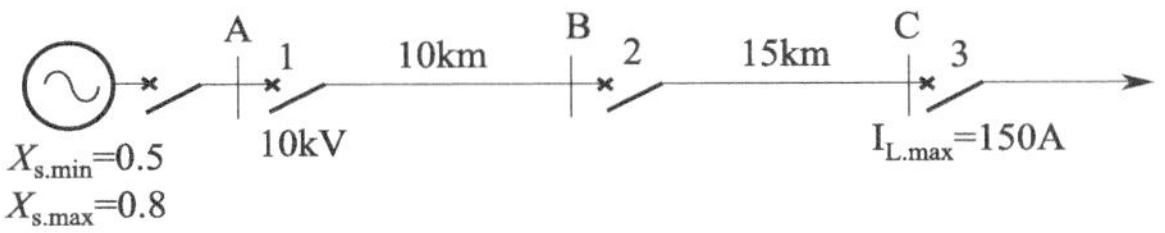

图 3-11　算例 3-5 电网接线示意图

解：

(1) 保护 1 电流Ⅰ段整定计算

① 按躲过最大运行方式下本线路末端（即 B 母线处）三相短路时流过保护的最大短路电流整定，即

$$I_{set.1}^{\mathrm{I}}=K_{rel}^{\mathrm{I}}I_{kB.max}=1.25\times\frac{10.5/\sqrt{3}}{0.5+0.4\times10}=1.68(\mathrm{kA})$$

保护 2 电流速断动作值按躲过 C 母线末端最大短路电流整定，即

$$I_{set.2}^{\mathrm{I}}=K_{rel}^{\mathrm{I}}I_{kC.max}=1.25\times\frac{10.5/\sqrt{3}}{0.5+0.4\times25}=0.722(\mathrm{kA})$$

② 灵敏性校验，在最大运行方式下发生三相短路时的最大保护范围为

$$l_{max}=\frac{1}{Z_1}\left(\frac{E_\phi}{I_{set}^{\mathrm{I}}}-Z_{s.min}\right)=\frac{1}{0.4}\left(\frac{10.5}{1.68\sqrt{3}}-0.5\right)=7.71(\mathrm{km})$$

$$l_{max}\%=\frac{l_{max}}{l_{AB}}\times100\%=\frac{7.71}{10}\times100\%=77.1\%$$

最小运行方式下发生两相短路时的保护范围最小

$$l_{min}=\frac{1}{Z_1}\left(\frac{\sqrt{3}}{2}\times\frac{E_\phi}{I_{set}^{\mathrm{I}}}-Z_{s.max}\right)=\frac{1}{0.4}\left(\frac{\sqrt{3}}{2}\times\frac{10.5/\sqrt{3}}{1.68}-0.8\right)=5.8(\mathrm{km})$$

$$l_{min}\%=\frac{l_{max}}{l_{AB}}\times100\%=\frac{5.8}{10}\times100\%=58\%>15\%$$

满足要求。

③ 动作时限为保护固有动作时间，即 $t_1^{\mathrm{I}}=0s$。

(2) 保护 1 电流Ⅱ段整定计算

① 动作电流 $I_{set.1}^{\mathrm{II}}$ 按与相邻线路保护 2 的Ⅰ段配合整定，即

$$I_{set.1}^{\mathrm{II}}=K_{rel}^{\mathrm{II}}I_{set.1}^{\mathrm{II}}=1.1\times0.722=0.794(\mathrm{kA})$$

② 灵敏系数校验按照最小运行方式下本线路末端（即 B 母线处）发生两相金属性短路时流过保护的电流来校验，即

$$I_{kB.min}=\frac{\sqrt{3}}{2}\times\frac{E_\phi}{Z_{s.max}+Z_1l_{AB}}=\frac{\sqrt{3}}{2}\times\frac{10.5/\sqrt{3}}{0.8+0.4\times10}=1.09(\mathrm{kA})$$

$$K_{sen}=\frac{I_{kB.min}}{I_{set.1}^{II}}=\frac{1.09}{0.794}=1.37>1.3$$

③ 动作时限应比相邻线路保护 2 的Ⅰ段动作时限高一个时限级差 Δt，即

$$t_1^{II}=t_2^{I}+\Delta t=0.5(s)$$

（3）保护 1 电流Ⅲ段整定计算

① 过电流保护按躲过本线路可能流过的最大负荷电流来整定，即

$$I_{set.1}^{III}=\frac{K_{rel}^{III}K_{ss}}{K_{re}}I_{L.max}=\frac{1.2\times1.5}{0.85}\times0.15=0.32(kA)$$

② 动作时限应比相邻线路保护的最大动作时限高一个时限级差 Δt，即

$$t_1^{III}=t_{2.max}^{III}+\Delta t=t_{3.max}^{III}+2\Delta t=1.5(s)$$

③ 灵敏系数校验

用最小运行方式下本线路末端两相金属性短路时流过保护的电流校验近后备灵敏度，即

$$K_{sen}=\frac{I_{kB.min}}{I_{set}^{III}}=\frac{1.09}{0.32}=3.41>1.5$$

用最小运行方式下相邻线路末端（C 母线）发生两相金属性短路时流过保护的电流校验远后备灵敏系数，即

$$I_{kC.min}=\frac{\sqrt{3}}{2}\times\frac{E_s}{Z_{s.max}+Z_1l_{AC}}=\frac{\sqrt{3}}{2}\times\frac{10.5/\sqrt{3}}{0.8+0.4\times25}=0.486(kA)$$

$$K_{sen}=\frac{I_{kC.min}}{I_{set.1}^{III}}=\frac{0.486}{0.32}=1.52>1.2$$

满足要求。

【算例 3-6】 如图 3-12 所示简单电网接线，系统参数如下：

$X_{G1}=15\Omega$、$X_{G2}=10\Omega$、$X_{G3}=10\Omega$，线路阻抗 0.4Ω/km，$K_{rel}^{I}=1.2$，$K_{rel}^{II}=K_{rel}^{III}=1.15$，$K_{ss}=1.5$，$K_{re}=0.85$，母线 E 过电流保护动作时限为 0.5s，发电机最多三台运行，最少一台运行，线路最多三条运行，最少一条运行，试完成：

（1）整定线路 L_3 上保护 4、5 的电流速断值，并尽可能在一端加装方向元件；

（2）确定保护 5、7、9 限时电流速断的电流定值，并检验灵敏度；

（3）确定保护 4、5、6、7、8、9 过电流段的时间定值，并说明何处需安装方向元件。

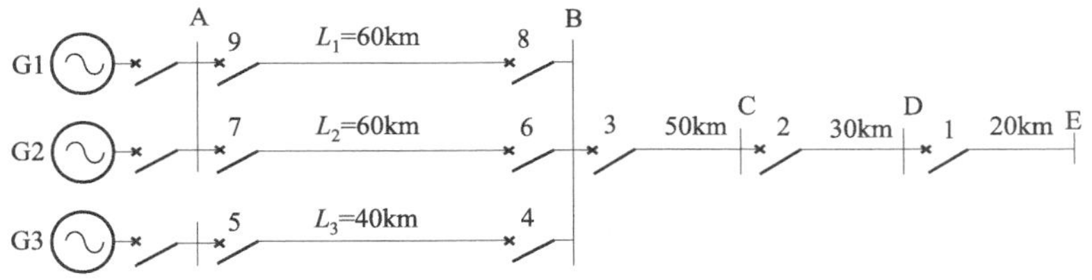

图 3-12　算例 3-6 电网接线示意图

解：

（1）电流速断定值

$X_{L1}=X_{L2}=60\times0.4=24(\Omega)$　　$X_{L3}=40\times0.4=16(\Omega)$

$X_{B\text{-}C}=50\times0.4=20(\Omega)$　　$X_{C\text{-}D}=30\times0.4=12(\Omega)$

$X_{D\text{-}E}=20\times0.4=8(\Omega)$

对保护 4 的电流速断整定，需计算其保护范围末端最大短路电流和母线 B 短路时流过本保护的最大短路电流。

保护 4 保护范围末端短路时流过保护 4 的最大短路电流：

$$I_{k4.\max}=\frac{E_{\phi}}{X_G+X_L}=\frac{115/\sqrt{3}}{\dfrac{X_{G1}X_{G2}}{X_{G1}+X_{G2}}+0.5X_{L1}+X_{L3}}=\frac{115/\sqrt{3}}{\dfrac{15\times10}{15+10}+\dfrac{24}{2}+16}=1.95(\text{kA})$$

保护 4 背后短路时流过保护 4 的最大短路电流：

$$I_{k4B.\max}=\frac{E_{\phi}}{X_{G3}+X_{L3}}=\frac{115/\sqrt{3}}{10+16}=2.55(\text{kA})$$

保护 5 正向线路末端短路时流过保护 5 的最大短路电流同 $I_{k4B.\max}$。故 L_3 上保护 5 的电流速断定值为

$$I_{set.5}^{I}=K_{rel}^{I}I_{k4B.\max}=1.2\times2.55=3.06(\text{kA})$$

为保证选择性，保护 4 的电流速断按躲过反方向出口短路来整定，则

$$I_{set.4}^{I}=I_{set.5}^{I}=3.06(\text{kA})$$

保护范围百分比的计算：

对电流速断保护，需校核最小运行方式下的保护范围。

对保护 4

$$l_{\min}=\frac{1}{Z_1}\left(\frac{\sqrt{3}}{2}\times\frac{E_{\phi}}{I_{set}^{I}}-X_{s.\max}\right)=\frac{1}{0.4}\left(\frac{\sqrt{3}}{2}\times\frac{115/\sqrt{3}}{3.06}-39\right)=-50.52(\text{km})$$

对保护 5

$$l_{\min}=\frac{1}{Z_1}\left(\frac{\sqrt{3}}{2}\times\frac{E_{\phi}}{I_{set}^{I}}-X_{s.\max}\right)=\frac{1}{0.4}\left(\frac{\sqrt{3}}{2}\times\frac{115/\sqrt{3}}{3.06}-10\right)=21.98(\text{km})$$

$$l_{min}\%=\frac{l_{min}}{40}\times 100\%=55\%$$

显然保护 5 速断定值满足要求，不需要装设方向元件，而保护 4 的速断保护范围为负，因此断路器 4 的速断保护应装设方向保护，定值可以按照躲过本线路末端短路的最大短路电流整定，则

$$I_{set.4}^{I}=K_{rel}^{I}I_{k4.max}=1.2\times 1.95=2.34(kA)$$

此时

$$l_{min}=\frac{1}{Z_1}\left(\frac{\sqrt{3}}{2}\times\frac{E_{\phi}}{I_{set.4}^{I}}-X_{s.max}\right)=\frac{1}{0.4}\left(\frac{\sqrt{3}}{2}\times\frac{115/\sqrt{3}}{2.34}-39\right)=-36.1(km)$$

仍然没有保护范围，说明保护 4 采用电流速断不能满足要求。

(2) 限时速断保护的整定

① 保护 5 的限时速断整定

在 L_1、L_2、L_3 均运行时，计算 C 母线短路电流，系统等值阻抗为

$$X_{smin1.2}=\frac{X_{G1}X_{G2}}{X_{G1}+X_{G2}}+\frac{X_{L1}}{2}=18(\Omega)$$

$$X_{s.min}=\frac{X_{smin1.2}(X_{G3}+X_{L3})}{X_{smin1.2}+(X_{G3}+X_{L3})}=\frac{18(10+16)}{18+10+16}=10.6(\Omega)$$

$$I_{set.3}^{I}=K_{rel}^{I}\frac{E_{\phi}}{X_{smin}+X_{B\text{-}C}}=1.2\times\frac{115/\sqrt{3}}{10.6+20}=2.60(kA)$$

$$I_{set.5}^{II}=\frac{K_{rel}^{II}X_{smin1.2}}{X_{smin1.2}+(X_{G3}+X_{L3})}I_{set3}^{I}=\frac{1.15\times 18}{18+10+16}\times 2.60=1.22(kA)$$

仅 G3、L_3 运行时

$$I_{set.3}^{I}=K_{rel}^{I}\frac{E_{\phi}}{X_{G3}+X_{L3}+X_{B\text{-}C}}=1.2\times\frac{115/\sqrt{3}}{10+16+20}=1.732(kA)$$

$$I_{set.5}^{II}=K_{rel}^{II}I_{ste.3}^{I}=1.15\times 1.732=2.0(kA)$$

故整定值应取 $$I_{set.5}^{II}=2.0(kA)$$

母线 B 发生两相短路，仅 G3、L_3 运行时，流过保护 5 的电流为

$$I_{kB.min}=\frac{\sqrt{3}}{2}\times\frac{E_{\phi}}{X_{G3}+X_{L3}}=\frac{\sqrt{3}}{2}\times\frac{115/\sqrt{3}}{10+16}=2.21(kA)$$

故 $$K_{sen.5}=\frac{I_{kB.min5}}{I_{set.5}^{II}}=\frac{2.21}{2.0}=1.11<1.2$$

不满足要求。

② 保护 7 的限时速断整定

L_1、L_2、L_3 均运行时，保护 7 中流过电流为双回线路中电流的一半。

$$I_{set.7}^{II}=0.5\times\frac{X_{G3}+X_{L3}}{X_{G3}+X_{L3}+X_{smin1.2}}K_{rel}^{II}I_{set3}^{I}$$

$$=0.5\times\frac{10+16}{10+16+18}\times1.15\times2.6=0.88(kA)$$

仅 L_2 运行时

$$I_{set.7}^{II}=K_{rel}^{II}K_{rel}^{I}\frac{E_{\phi}}{\frac{X_{G1}X_{G2}}{X_{G1}+X_{G2}}+X_{L2}+X_{B-C}}=1.2\times1.15\frac{115/\sqrt{3}}{6+24+20}=1.83(kA)$$

故取 $$I_{set.7}^{II}=1.83(kA)$$

母线 B 发生两相短路，仅 L_2 运行时，流过保护 7 的最小短路电流为

$$I_{k7(1)}=\frac{\sqrt{3}}{2}\times\frac{E_{\phi}}{X_{G1}+X_{L2}}=\frac{\sqrt{3}}{2}\times\frac{115/\sqrt{3}}{15+24}=1.474(kA)$$

母线 B 发生两相短路，L_1、L_2 均运行时，流过保护 7 的电流为

$$I_{k7(2)}=\frac{1}{2}\times\frac{\sqrt{3}}{2}\frac{E_{\phi}}{X_{G1}+0.5X_{L2}}=\frac{1}{2}\times\frac{\sqrt{3}}{2}\times\frac{115/\sqrt{3}}{15+12}=1.06(kA)$$

故最小灵敏度为

$$K_{lm7}^{II}=\frac{I_{k7(2)}}{I_{set7}^{II}}=\frac{1.06}{1.83}=0.58<1.2$$

不能满足要求。由于运行方式变化较大需采用电流电压联锁保护或距离保护。

③ 保护 7 的限时速断整定

因线路 L_1 的参数和线路 L_2 的参数相同，故计算结果同保护 5。

（3）过电流保护的动作时限

$$t_E=0.5(s)$$
$$t_1=t_E+\Delta t=0.5+0.5=1(s)$$
$$t_2=t_1+\Delta t=1+0.5=1.5(s)$$
$$t_3=t_2+\Delta t=1.5+0.5=2(s)$$
$$t_5=t_7=t_9=t_3+\Delta t=2+0.5=2.5(s)$$

若保护 4、6、8 不安装方向元件，则需按照大于保护 3 的动作时限整定，但此时保护 4、6、8 之间仍会出现误动作，因此需在保护 4、6、8 处安装方向元件，则 $t_4=t_6=t_8=0.5s$。

【算例 3-7】 如图 3-13 所示 Yd11 接线变压器的电源侧装有两相星形接线的电流保护，其继电器整定值为 6.5A，电流互感器变比为 100/5，主变变比为 35/10kV，当变压器的负荷侧发生 BC 两相短路时，短路电流为 60A，问：

（1）电流继电器能否动作？灵敏度如何？

（2）若灵敏度不满足，应采取什么措施？

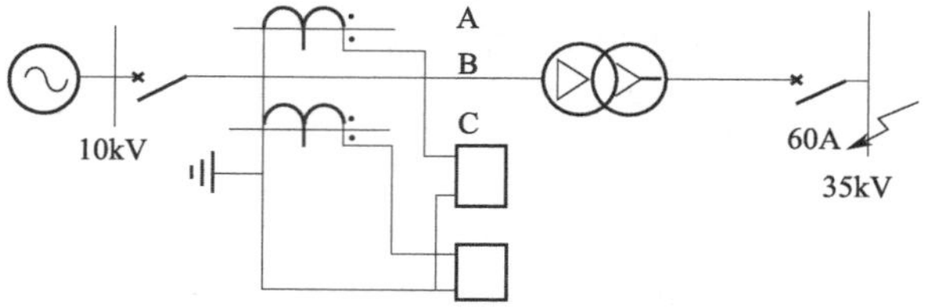

图 3-13　算例 3-7 接线示意图

解：

(1) 根据对图 3-13 的分析

负荷侧 B、C 两相短路时，电源侧 A、C 两相中流过电流相同

$$I_{A}=I_{C}=\frac{I_{k}^{(2)}}{\sqrt{3}}n_{T}=\frac{60}{\sqrt{3}}\times 3.5=70\sqrt{3}\,(A)$$

流入 A、C 两相继电器的电流相同

$$I_{Ar}=I_{Cr}=\frac{I_{C}}{n_{TA}}=\frac{70\sqrt{3}}{100/5}=6.06(A)$$

显然流入继电器电流小于继电器动作值，继电器不能动作，灵敏度不满足要求。

(2) 由于电源侧 B 相流过电流为 A、C 相电流的 2 倍，为提高保护动作灵敏度，在过流保护的中线上接入一个继电器，则流入该继电器的电流为 12.12A，此时保护动作的灵敏度为

$$K_{sen}=\frac{I_{k.min}}{I_{set.A}^{I}}=\frac{12.12}{6.5}=1.865$$

满足灵敏度要求。

【算例 3-8】 如图 3-14 所示，35kV 单电源环网各断路器处均装有无时限电流速断和定时限过电流保护，从保证选择性出发，试求环网中各电流速断保护的动作电流和各过电流保护的动作时间，并判断哪些电流速断保护和哪些过电流保护可以不装方向元件（本题不要求进行速断保护范围校验）。

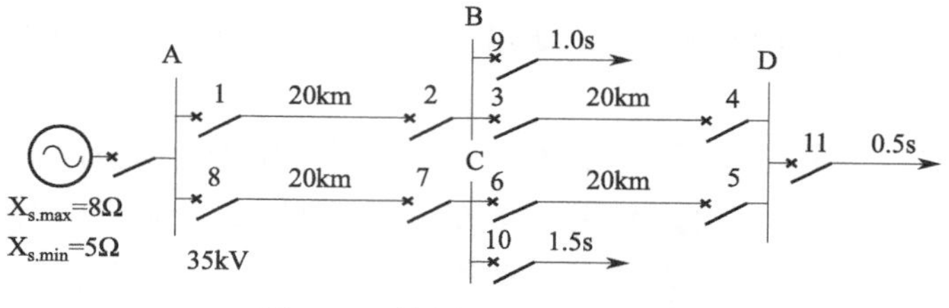

图 3-14　算例 3-8 系统接线图

解：

(1) 无时限电流速断保护定值按躲过本线路末端发生短路时的最大短路电流整定。开环计算流过保护的最大短路电流。

对保护 1、8，由于 $L_{AB}=L_{AC}$

$$I_{kB.max}=I_{kC.max}=\frac{E_{\phi}}{X_{s.min}+X_{A\text{-}B}}=\frac{37/\sqrt{3}}{5+0.4\times 20}=1.643(kA)$$

$$I_{set.1}^{I}=I_{set.8}^{I}=K_{rel}^{I}I_{kB.max}=1.3\times 1.643=2.136(kA)$$

对保护 3、6

$$I_{kD.max}=\frac{E_{\phi}}{X_{s.min}+X_{A\text{-}B}+X_{B\text{-}D}}=\frac{37/\sqrt{3}}{5+0.4\times(20+20)}=1.017(kA)$$

$$I_{set.3}^{I}=I_{set.6}^{I}=K_{rel}^{I}I_{kD.max}=1.3\times 1.017=1.322(kA)$$

对保护 4、5，保护正方向线路末端短路，流过保护装置的电流

$$I'_{kB.max}=I'_{kC.max}=\frac{E_{\phi}}{X_{s.min}+X_{A\text{-}C}+X_{C\text{-}D}+X_{D\text{-}B}}$$

$$=\frac{37/\sqrt{3}}{5+0.4\times(20+20+20)}=0.737(kA)$$

$$I_{set.4}^{I}=I_{set.5}^{I}=K_{rel}^{I}I_{kB.max}^{I}=1.3\times 0.737=0.958(kA)$$

保护 2、7 为环网内的最末一级，不采用电流速断，仅采用带方向的过电流保护，动作时限为 0s。

(2) 过电流保护的动作时限

$$t_2=t_7=0(s)$$

$$t_5=\max\{t_{10},t_7\}+\Delta t=1.5+0.5=2(s)$$

$$t_3=\max\{t_5,t_{11}\}+\Delta t=2+0.5=2.5(s)$$

$$t_1=\max\{t_3,t_9\}+\Delta t=2.5+0.5=3(s)$$

$$t_4=\max\{t_2,t_9\}+\Delta t=1+0.5=1.5(s)$$

$$t_6=\max\{t_4,t_{11}\}+\Delta t=1.5+0.5=2(s)$$

$$t_8=\max\{t_6,t_{10}\}+\Delta t=2+0.5=2.5(s)$$

(3) 确定方向元件

保护 2、7 为环网内的最末一级，不采用电流速断，其过电流保护需采用方向元件。

保护 1、8 的电流速断和过电流保护在反方向短路不会发生误动，故不装方向元件。

保护 3、6 的电流速断保护在反方向短路时不会发生误动，故不装方向元件；其过电流保护动作时限均大于同一母线另一侧过流动作时限，也不需要方向元件。

保护 4、5 的电流速断保护动作值小于背后的短路电流值，故需要方向元件；对过电流保护 4 的动作时限小于同一母线另一侧保护 5 的过流动作时限，需要经过方向元件。

【算例 3-9】 试对如图 3-15 所示单电源环网选择方向性过电流保护。

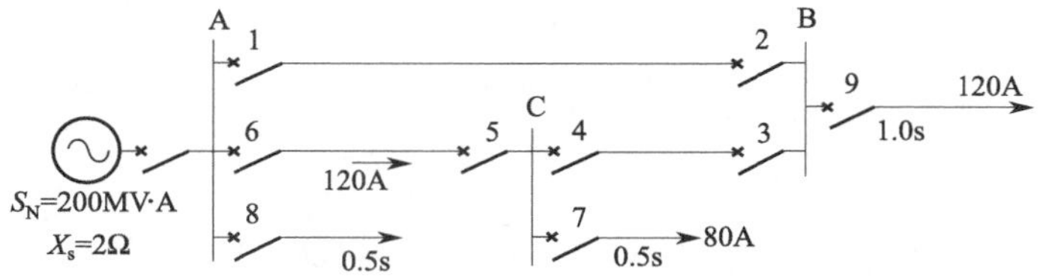

图 3-15　算例 3-9 系统接线图

(1) 求各保护的动作时限；

(2) 确定应装方向元件的保护；

(3) 计算各过电流保护的动作电流；

(4) 画出接线图和时限特性（计算中可靠系数取 $K_{rel}^{I}=1.2$，电动机自启动系数 $K_{ss}=1$，返回系数 $K_{re}=0.85$，时限阶段 $\Delta t=0.5s$）。

解：

(1) 各保护的动作时间

环网内顺时针方向为 1、3、5 断路器，逆时针方向为 6、4、2 断路器。环网外的线路相当于单侧电源线路，相应保护不需要方向元件。

因为 5 处于环网保护配合最末级，故

$$t_5=0(s)$$

$$t_3=\max\{t_5,t_8\}+\Delta t=0.5+0.5=1.0(s)$$

$$t_1=\max\{t_3,t_9\}+\Delta t=1.0+0.5=1.5(s)$$

同样保护 2 处于环网保护配合最末级，故

$$t_2=0(s)$$

$$t_4=\max\{t_2,t_9\}+\Delta t=1.0+0.5=1.5(s)$$

$$t_6=\max\{t_4,t_7\}+\Delta t=1.5+0.5=2.0(s)$$

即：$t_1=1.5(s)$，$t_2=0(s)$，$t_3=1.0(s)$

$t_4=1.5(s)$，$t_5=0(s)$，$t_6=2.0(s)$

(2) 应装方向元件的保护

由（1）知，断路器 2、5 应加装方向元件，它们处于线路末端，流过的负荷

功率方向一定，若功率方向相反，即可判定为保护范围内短路，而且 $t_2<t_9$，$t_5<t_4$，这样可以防止误动；因为整定时间 $t_3=t_9$，为了防止误动，断路器 3 也应加装方向元件。故断路器 2、3、5 应加装方向元件。

（3）各保护动作电流整定

对于断路器 2、5 保护可以只采用方向元件，而不用电流测量元件，但须有防止方向元件误动的措施。

保护 1　负荷电流　$I_{L1.max}=120+80=200(A)$

$$I_{set.1}=\frac{K_{rel}K_{ss}}{K_{re}}I_{L1.max}=\frac{1.2\times 1}{0.85}\times 200=282.4(A)$$

保护 3　负荷电流　$I_{L3.max}=80A$

$$I_{set.3}=\frac{K_{rel}K_{ss}}{K_{re}}I_{L3.max}=\frac{1.2\times 1}{0.85}\times 80=112.8(A)$$

保护 4　负荷电流　$I_{L4.max}=120A$

$$I_{set.4}=\frac{K_{rel}K_{ss}}{K_{re}}I_{L4.max}=\frac{1.2\times 1}{0.85}\times 120=169.4(A)$$

保护 6　负荷电流　$I_{L6.max}=120+80=200(A)$

$$I_{set.4}=\frac{K_{rel}K_{ss}}{K_{re}}I_{L6.max}=\frac{1.2\times 1}{0.85}\times 200=282.4(A)$$

（4）时限特性

动作时限特性如图 3-16 所示。

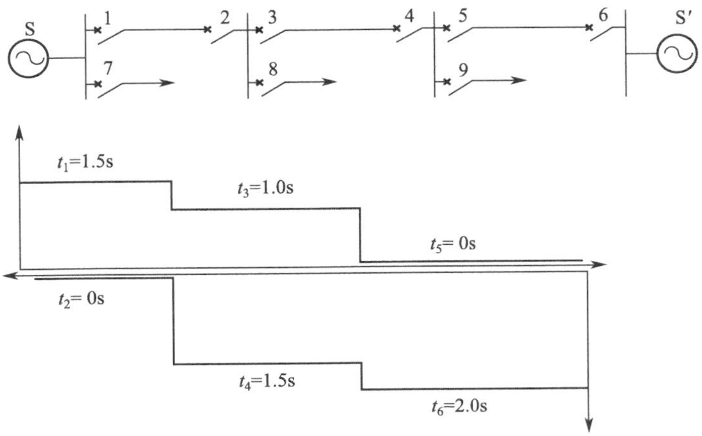

图 3-16　算例 3-9 时限特性图

第三节 阶段式电流、电压联锁保护的整定计算原则

当电网接线复杂或运行方式变化较大时，三段式电流保护很难满足继电保护的四个基本要求，这时对35kV、10kV线路就应采用电流、电压联锁保护，对110kV电压等级的复杂电网，电流、电压联锁保护也很难满足要求，则需采用距离保护。

电流、电压联锁保护的构成较复杂，有以下三种形式：

① 电流闭锁电压测量的电流电压保护；

② 电压闭锁电流测量的电流电压保护；

③ 电流电压均为测量元件的电流电压保护。

一、工作原理及适用范围

原理：同时反映短路故障后电流的增大和电压的降低，因而与简单电流保护相比受运行方式变化的影响较小。

适用范围：用于阶段式电流保护不能满足要求的电网。

构成：一般采用三段式配合方式，Ⅰ、Ⅱ段为主保护，Ⅲ段为后备保护。

Ⅰ段：电流电压联锁速断保护，满足选择性要求，保护范围大于线路全长的15%～20%。瞬时或按照保护固有动作时间动作于切除保护范围内的故障。

Ⅱ段：延时电流电压联锁速断保护，以较短动作时限切除线路全长范围内的故障。与相邻元件Ⅰ段配合，线路末端短路有足够的灵敏度。

Ⅲ段：低电压启动的过流保护，按照选择性要求进行时限配合。既保护本线路全长也可保护相邻线路全长，保护本线路时灵敏度大于1.3～1.5，保护相邻元件（远后备）灵敏度不小于1.2。远后备灵敏度不满足时，可按下述原则处理。

① 若达到灵敏度要求的保护过于复杂或难于实现，允许缩短后备区。例如，相邻线路末端短路，由于有较大助增电源，保护不启动（本线路末端电压抬高，流过保护短路电流减小），如图3-17所示，变压器后以及带电抗器的线路上电抗器后发生短路时保护不启动。

② 按常见运行方式及故障类型校验（不考虑最不利的情况）。

③ 非选择性动作，考虑与重合闸配合。

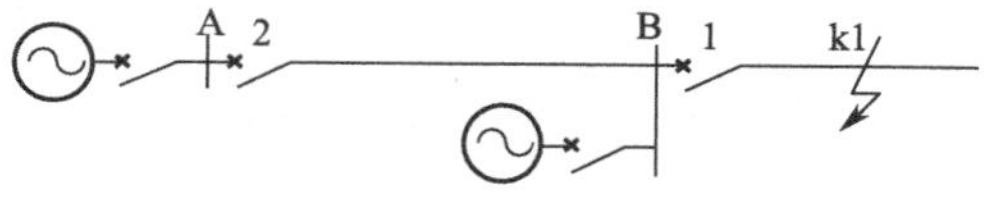

图3-17 有助增电流的线路

实际应用中，可采用三段式保护也可以只使用两段保护，能够满足运行要求即可。

对 10kV 电网，一般采用两段式保护，Ⅰ、Ⅲ段即可满足要求，应用中由于考虑线路配电变压器低压侧故障时保护不应误动，因此第三段应带有时限，不能采用低压过流直接作为主保护，还应设置速断保护，以加快故障的切除。对 6kV、10kV 配电线路或电动机还可采用反时限电流保护，包括速断和反时限两部分，兼有主保护和后备保护的功能。

对 35kV 电网，由于末端有相邻线路或变压器，为了实现保护配合，一般采用三段式保护。

由于 35kV 及以下线路一般为小电流接地系统，发生单相接地时允许系统继续运行一段时间，保护通常采用两相式接线方式。

由于电压互感器断线时，反映电压降低的低电压继电器将会因加入的电压为零而误动作，所以不能像电流保护一样采用单独的电压元件构成保护，反映电流增大而动作的电流保护则不会出现此类问题。

二、电流、电压联锁速断保护的整定计算原则

简单电流速断保护在运行方式变化很大或线路很短时，将会没有保护范围，此时若采用电流电压联锁保护，可延长保护动作区。

（1）按躲过本线路末端母线短路故障整定，避免越级跳闸

① 电流元件为闭锁元件，按保证本线路末端故障有足够灵敏度整定。

② 电压元件用于控制保护区，保证动作选择性，按躲过本线路末端短路故障整定。

以母线 A 处保护 2 为例（以图 3-18 为例说明整定原则）：

$$I_{\text{set.2}}^{\text{I}}=\frac{K_{\text{kB.min}}}{K_{\text{sen.I}}}=\frac{\sqrt{3}}{2}\times\frac{U_{\phi}/K_{\text{sen.I}}}{X_{\text{s.max}}+Z_{\text{A-B}}} \tag{3-17}$$

$$U_{\text{set.2}}^{\text{I}}=\frac{U_{\text{kB.min}}}{K_{\text{rel}}}=\frac{U_{\text{L}}}{K_{\text{rel}}}\times\frac{Z_{\text{A-B}}}{X_{\text{s.max}}+Z_{\text{A-B}}} \tag{3-18}$$

式中，U_{L} 为线电压；U_{ϕ} 为相电压；$K_{\text{sen.I}}=1.5$；$X_{\text{s.max}}$ 为系统最小运行方式对应的系统最大阻抗；$K_{\text{rel}}=1.3$。

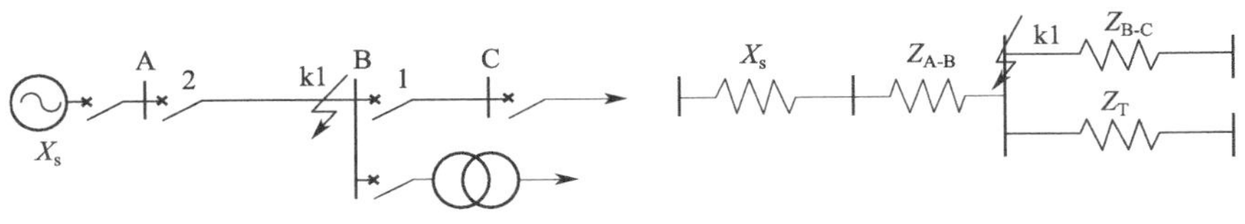

（a）系统接线图　　（b）等值阻抗图

图 3-18　按保证末端故障灵敏度整定

(2) 按电流元件与电压元件保护范围相等整定

当系统运行方式变化不大时，为了获得较大的保护范围，可按电流、电压元件的保护范围相等进行整定。

① 按两相短路整定时，可得

$$I_{\text{set.}2}^{\text{I}}=\frac{\sqrt{3}}{2}\times\frac{U_{\phi}}{X_{\text{s.max}}+Z_{\text{I}}}=\frac{\sqrt{3}}{2}\times\frac{U_{\phi}}{X_{\text{s.max}}+Z} \tag{3-19}$$

$$U_{\text{set.}2}^{\text{I}}=\sqrt{3}U_{\phi}\frac{Z_{\text{u}}}{X_{\text{s.max}}+Z_{\text{u}}}=U_{\text{L}}\frac{Z}{X_{\text{s.max}}+Z} \tag{3-20}$$

从以上两式求出 Z、动作电流和动作电压的关系

$$U_{\text{set.}2}^{\text{I}}=2I_{\text{set.}2}^{\text{I}}Z \tag{3-21}$$

② 按三相短路整定时，可得

$$I_{\text{set.}2}^{\text{I}}=\frac{U_{\phi}}{X_{\text{s.max}}+Z_{\text{I}}} \tag{3-22}$$

$$U_{\text{set.}2}^{\text{I}}=\sqrt{3}U_{\phi}\frac{Z_{\text{u}}}{X_{\text{s.max}}+Z_{\text{u}}}=U_{\text{L}}\frac{Z}{X_{\text{s.max}}+Z} \tag{3-23}$$

从以上两式求出 Z、动作电流和动作电压的关系为

$$U_{\text{set.}2}^{\text{I}}=\sqrt{3}I_{\text{set.}2}^{\text{I}}Z \tag{3-24}$$

为躲开本线路末端故障，保证动作选择性，电压元件还应满足

$$U_{\text{set.}2}^{\text{I}}=\frac{\sqrt{3}I_{\text{set.}2}^{\text{I}}Z_{\text{A-B}}}{K_{\text{rel}}} \tag{3-25}$$

由此可得按两相短路整定时保护范围为

$$Z=\frac{0.866Z_{\text{A-B}}}{K_{\text{rel}}}=0.666Z_{\text{A-B}} \tag{3-26}$$

按三相短路整定时

$$Z=\frac{Z_{\text{A-B}}}{K_{\text{rel}}}=0.76Z_{\text{A-B}} \tag{3-27}$$

即按上述原则整定，最小保护范围为线路长度的 66.6%，定值可计算如下

$$\begin{cases}I_{\text{set.}2}^{\text{I}}=\dfrac{\sqrt{3}}{2}\times\dfrac{U_{\phi}}{X_{\text{s.max}}+0.666Z_{\text{A-B}}}\\[2ex] U_{\text{set.}2}^{\text{I}}=\sqrt{3}U_{\phi}\dfrac{Z_{\text{u}}}{X_{\text{s.max}}+Z_{\text{u}}}=U_{\text{L}}\dfrac{0.666Z_{\text{A-B}}}{X_{\text{s.max}}+0.666Z_{\text{A-B}}}\end{cases} \tag{3-28}$$

(3) 保护范围的计算

① 电流元件的保护范围　可求出两相短路和三相短路时的最小保护范围：

$$Z_{\text{I}}^{(2)}=\frac{\sqrt{3}}{2}\times\frac{U_{\phi}}{I_{\text{set.}2}^{\text{I}}}-X_{\text{s.max}} \tag{3-29}$$

$$Z_{\mathrm{I}}^{(3)}=\frac{U_{\phi}}{I_{\mathrm{set.}2}^{\mathrm{I}}}-X_{\mathrm{s.max}} \tag{3-30}$$

② 电压元件的保护范围 三相短路和两相短路的保护范围相同：

$$U_{\mathrm{set.}2}^{\mathrm{I}}=U_{\mathrm{L}}\frac{Z_{\mathrm{u}}}{X_{\mathrm{s.min}}+Z_{\mathrm{u}}} \tag{3-31}$$

解得保护范围

$$Z_{\mathrm{U}}=X_{\mathrm{s.min}}\frac{U_{\mathrm{set.}2}^{\mathrm{I}}}{U_{\mathrm{L}}-U_{\mathrm{set.}2}^{\mathrm{I}}} \tag{3-32}$$

即为最大运行方式下的最小保护区，求最大保护区时，上式用 $X_{\mathrm{s.max}}$。

（4）按电流电压元件灵敏度相等进行整定

对线路变压器组接线或保护具备与线末数台变压器速动保护配合的条件时（速断有跳闸自保持，线路有自动重合闸），可按末端短路时电流电压元件均保证灵敏度整定。

电流元件按末端最小运行方式发生两相短路保证灵敏度整定：

$$I_{\mathrm{set.}2}^{\mathrm{I}}=\frac{\sqrt{3}}{2}\times\frac{U_{\phi}}{K_{\mathrm{sen.I}}(X_{\mathrm{s.max}}+Z_{\mathrm{A\text{-}B}})} \tag{3-33}$$

电压元件按最大运行方式下线路末端两相或三相短路保证灵敏度整定：

$$U_{\mathrm{set.}2}^{\mathrm{I}}=K_{\mathrm{sen.u}}U_{\mathrm{re}}=K_{\mathrm{sen.u}}U_{\mathrm{L}}\frac{Z_{\mathrm{A\text{-}B}}}{X_{\mathrm{s.min}}+Z_{\mathrm{A\text{-}B}}} \tag{3-34}$$

取 $K_{\mathrm{sen.I}}=K_{\mathrm{sen.u}}$ 时，由以上两式可得

$$I_{\mathrm{set.}2}^{\mathrm{I}}=\frac{1}{2}\times\frac{U_{\mathrm{L}}}{(X_{\mathrm{s.max}}+Z_{\mathrm{A\text{-}B}})}\times\frac{U_{\mathrm{L}}Z_{\mathrm{A\text{-}B}}}{U_{\mathrm{set.}2}^{\mathrm{I}}(X_{\mathrm{s.min}}+Z_{\mathrm{A\text{-}B}})} \tag{3-35}$$

为避免变压器低压侧或中压侧短路时保护误动，应校核电压元件定值是否满足：

$$U_{\mathrm{set.}2}^{\mathrm{I}}=\frac{U_{\mathrm{re.min}}}{K_{\mathrm{rel}}}=\frac{U_{\mathrm{L}}(Z_{\mathrm{A\text{-}B}}+Z_{\mathrm{T}})}{K_{\mathrm{rel}}(X_{\mathrm{s.max}}+Z_{\mathrm{A\text{-}B}}+Z_{\mathrm{T}})} \tag{3-36}$$

式中，$U_{\mathrm{re.min}}$ 为变压器中低压侧短路的最小残压；Z_{T} 为变压器的等值阻抗。

（5）按与本线路末端变压器差动保护配合整定

如线路末端只有变压器，变压器速动保护有选择性（差动保护或速断保护）且有跳闸自保持，线路保护配有自动重合闸，则瞬时电流闭锁电压速断保护也可与变压器差动保护或瞬时电流速断保护配合整定。下面以与变压器差动保护配合为例。

电流元件定值按保证线路末端故障灵敏度整定，以图 3-18 为例。

$$I_{\mathrm{set.}2}^{\mathrm{I}}=\frac{I_{\mathrm{kB.min}}}{K_{\mathrm{sen.I}}}=\frac{\sqrt{3}}{2}\times\frac{U_{\phi}/K_{\mathrm{sen.I}}}{X_{\mathrm{s.max}}+Z_{\mathrm{A\text{-}B}}} \tag{3-37}$$

电压元件按与变压器差动保护配合，并躲变压器低压侧故障整定，即

$$U_{set.2}^{I}=\frac{U_{re.min}}{K_{rel.U}}=\frac{U_L(Z_{A\text{-}B}+Z_T)}{K_{rel.U}(X_{s.max}+Z_{A\text{-}B}+Z_T)} \tag{3-38}$$

式中，$K_{rel.U}$ 为可靠系数，取 1.3～1.4。如果线路末端有两台变压器，式中变压器阻抗应取单台变压器阻抗的 1/2。

三、限时电流、电压联锁速断保护整定计算原则

当采用限时电流速断保护装置对线路末端故障不能满足灵敏度要求时，可采用限时电流、电压联锁速断保护作为阶段式电流、电压保护的第Ⅱ段，该段保护应保护线路全长，并与相邻下一级线路（以下简称相邻线）保护Ⅰ段相配合，与限时电流速断保护相比，采用电流、电压联锁保护作为线路保护的第Ⅱ段，可以扩大保护范围，当灵敏度不能满足要求时，定值和动作时限应与相邻线路的Ⅱ段相配合。

保护的整定原则根据相邻线路保护方式的不同而异，分别叙述如下。

（1）与相邻线瞬时电流速断保护配合整定

在图 3-18 中，设母线 B 处 1 号断路器保护Ⅰ段为瞬时电流速断，母线 A 处 2 号保护为要整定的延时电流闭锁电压速断保护，为保证选择性，其电流元件需按下式整定：

$$I_{set.2}^{II}=K_{rel}K_{b.max}I_{set.1}^{I} \tag{3-39}$$

式中　$K_{b.max}$——最大分支系数；

K_{rel}——可靠系数，$K_{rel}=1.1\sim1.2$；

$I_{set.1}^{I}$——相邻元件的速断保护整定值。

电压元件按躲开线路末端变压器中低压侧故障整定，即

$$U_{set.2}^{II}=\frac{\sqrt{3}I_{set.2}^{I}(Z_{A\text{-}B}+Z_T/K_{b.max})}{K_{rel}} \tag{3-40}$$

式中　$K_{b.max}$——最大分支系数；

K_{rel}——可靠系数，$K_{rel}=1.3\sim1.4$。

保护动作时间整定为　$t_2=t_1+\Delta t$

本线路末端故障灵敏度校验：

电流、电压元件的灵敏度分别为

$$K_{sen.I}=\frac{I_{k.min}^{(2)}}{I_{set.2}^{II}} \tag{3-41}$$

$$K_{sen.U}=\frac{U_{set.2}^{II}}{U_{re.max}} \tag{3-42}$$

式中　$I_{k.min}^{(2)}$——本线路末端故障时最小两相短路电流；

$U_{re.max}$——本线路末端故障时，保护安装处母线的最大残压。

（2）按保证线路末端故障灵敏度整定

对电流保护的第Ⅱ段，应能保护线路全长，并有足够的灵敏度，故可按保证本线路末端故障有一定灵敏度整定。在图 3-18 中，保护 2 电流、电压元件定值应为

$$I_{set.2}^{\mathrm{II}}=\frac{I_{kB.min}^{(2)}}{K_{sen.I}}=\frac{1}{K_{sen.I}}\left(\frac{\sqrt{3}}{2}\times\frac{U_{\phi}}{X_{s.max}+Z_{A\text{-}B}}\right) \tag{3-43}$$

$$U_{set.2}^{\mathrm{II}}=K_{sen.U}U_{re.max}=K_{sen.U}\frac{U_{L}Z_{A\text{-}B}}{X_{s.max}+Z_{A\text{-}B}} \tag{3-44}$$

按上式整定后还应校核与相邻保护配合情况。

保护动作时间整定为

$$t_2=t_1+\Delta t \tag{3-45}$$

即与相邻元件的Ⅰ段动作时限相配合。

（3）与相邻线瞬时电流闭锁电压速断保护配合整定

电流、电压元件与相邻线路的电流、电压保护元件相配合，计算公式

$$I_{set.2}^{\mathrm{II}}=K_{rel}K_{b.max}I_{set.1}^{\mathrm{I}} \tag{3-46}$$

$$U_{set.2}^{\mathrm{II}}=\frac{\sqrt{3}I_{set.1}^{\mathrm{I}}Z_{A\text{-}B}+U_{set.1}^{\mathrm{I}}}{K_{rel}} \tag{3-47}$$

式中　$K_{b.max}$——最大分支系数；

K_{rel}——可靠系数，$K_{rel}=1.1\sim1.2$；

$I_{set.1}^{\mathrm{I}}$，$U_{set.1}^{\mathrm{I}}$——相邻线路电流电压联锁速断保护电流、电压元件定值。

保护动作时间整定同式(3-45)。

本线路末端故障灵敏度校核略。

四、电流电压联锁保护的后备段保护整定原则

与三段式电流保护一样，前述的电流电压联锁速断（Ⅰ段）和限时电流电压联锁速断（Ⅱ段）构成线路主保护，作为后备保护可以采用带低电压闭锁的定时限过电流保护，也可采用复合电压闭锁的定时限过电流保护。

（1）带低电压闭锁的定时限过电流保护

由于采用电压元件闭锁，电流元件可不考虑电动机自启动问题，仅躲过本线路正常情况下的最大负荷电流 $I_{L.max}$，即

$$I_{set.2}^{\mathrm{III}}=\frac{K_{rel}}{K_{re}}I_{L.max} \tag{3-48}$$

电压元件按躲过母线最低运行电压整定，即

$$U_{set.2}^{Ⅲ}=\frac{U_{L.min}}{K_{rel}K_{re}} \tag{3-49}$$

式中 $U_{L.min}$——母线最低运行电压，$U_{L.min}$=(0.9～0.95）额定电压；

K_{rel}——可靠系数，K_{rel}=1.15～1.25；

K_{re}——返回系数，电磁型继电器，K_{re}=1.25。

保护动作时间整定同简单过电流保护。

(2）复合电压闭锁的定时限过电流保护整定

目前新建变电站35kV、10kV出线采用微机保护，一般都使用复合电压闭锁的定时限过电流保护，保护由电流元件、低电压元件和负序电压元件三部分组成。由于利用了不对称短路时出现的负序电压，从而可提高保护装置的灵敏度。

电流元件、电压元件整定同带低电压闭锁的定时限过电流保护。

负序电压元件反映故障后负序电压的增大而动作，可按躲过正常运行中出现的最大不平衡电压整定，即

$$U_{2.set}=\frac{K_{rel}U_{2unb.max}}{K_{re}} \tag{3-50}$$

式中 K_{rel}——可靠系数，K_{rel}=1.5～2；

K_{re}——返回系数，K_{re}=0.85；

$U_{2unb.max}$——电压互感器二次侧负序最大不平衡电压。

当$U_{2unb.max}$较小时，一般按负序电压继电器最低整定值整定。取$U_{2.set}$=0.06～0.07（标幺值），或$U_{2.set.r}$=6～7V（二次定值）。保护动作时间整定同简单过电流保护。

第四节 电流电压联锁保护的整定计算算例

【算例3-10】 如图3-19为系统经6km长的35kV线路向变电站B供电的简化系统接线图，线路-变压器组接线方式，线路采用电流电压保护。变电站B有两台Yd11接线的降压变压器，其额定容量为5000kV·A、额定电压为35/10.5kV、短路电压（阻抗）U_s%=7%，保护配置为瓦斯、瞬时电流速断（带跳闸自保持）及定时限过电流。35kV线路保护配置为瞬时电流速断、定时限过电流及三相一次自动重合闸，线路最大负荷电流为165A，电流互感器变比为300/5。计算用的阻抗图如图（b）所示，假设各短路点距离电源较远，可不计短路电流衰减。试计算在给定最大、最小运行方式下35kV线路保护定值。

解：

(1）瞬时电流速断保护整定值计算

① 动作电流计算 根据题意，线路保护可按线路-变压器组方式整定，并与

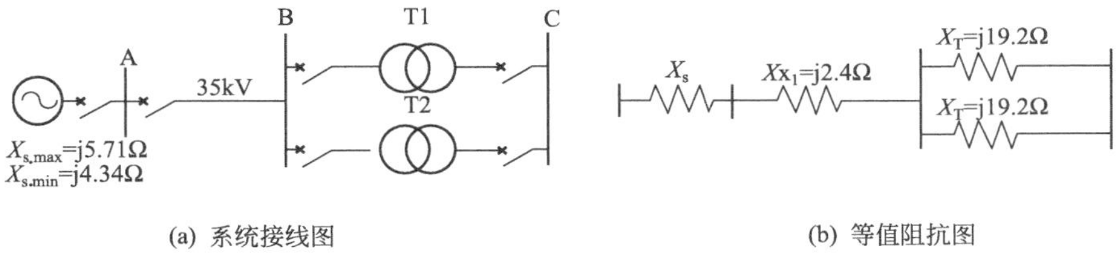

图 3-19　算例 3-10 的网络接线图及等值电路图

变压器瞬时电流速断保护相配合确定定值，先计算变压器电流速断定值为

$$I_{kC.\max}=\frac{E_{\phi}}{X_{s.\min}+X_{x1}+X_{T}}=\frac{37\times10^{3}}{\sqrt{3}}\times\frac{1}{4.34+2.4+19.2}=824.5(\mathrm{A})$$

$$I_{set.B}=1.3\times824.5=1071.9(\mathrm{A})$$

再计算变压器电流速断保护的最大保护区域，设为 L

$$I_{set.B}^{\mathrm{I}}=I_{K}\frac{2-L}{2}=\frac{E_{\phi}}{X_{s.\min}+X_{x1}+\dfrac{L(2-L)}{2}X_{T}}\times\frac{2-L}{2}$$

取 $m=\dfrac{E_{\phi}}{I_{set.B}}=\dfrac{37}{\sqrt{3}}\times\dfrac{1}{1.072}=19.9$，得到方程

$$X_{T}L^{2}+(m+2X_{T})L+(2m-2X_{s.\min}-2X_{x1})=0$$

由上式解得：

$$L=\frac{(m+2X_{T})\pm\sqrt{(m+2X_{T})^{2}-4X_{T}\times(2m-2X_{s.\min}-2X_{x1})}}{2X_{T}}$$

$$=\frac{(19.9+2\times19.2)\pm\sqrt{(19.9+2\times19.2)^{2}-4\times19.2\times(2\times19.9-2\times4.34-2\times2.4)}}{2\times19.2}$$

$$=1.519\pm0.966$$

因 $0<L<1$，故取 $L=1.5169-0.966=0.5536$（即保护区为 55.36%）。

变压器保护范围末端（即 $L=0.5536$ 处）短路时保护 A 处流过的电流为

$$I_{K}=I_{set.B}\times\frac{2}{2-L}$$

A 处电流保护应按躲过这一电流来整定：

$$I_{set.A}^{\mathrm{I}}=K_{rel}I_{K}=1.1\times1071.9\times\frac{2}{2-0.5536}=1630.4(\mathrm{A})$$

保护二次整定值（即继电器整定值）为

$$I_{set.Ar}^{\mathrm{I}}=\frac{I_{set.A}^{\mathrm{I}}}{n_{TA}}=\frac{1630.4}{300/5}=27.2(\mathrm{A})$$

② 保护动作时间为固有动作时间　$t=0\mathrm{s}$。

③ 灵敏度计算　按照保护范围末端（线路末端）最小运行方式下的两相短路来校核，即

$$K_{\text{sen. min}}=\frac{\sqrt{3}}{2}\times\frac{I_{\text{kB. min}}}{I_{\text{set. A}}}=\frac{\sqrt{3}}{2}\times\frac{\frac{37}{\sqrt{3}}\times\frac{10^3}{5.71+2.4}}{1630.4}=\frac{2282}{1630.4}=1.4$$

按照规程规定，50km 以下线路最小灵敏度应不低于 1.5，故该定值不满足规程要求。可选用电流闭锁电压速断保护。

当采用电流、电压联锁保护瞬时动作段时，电流元件一般按保证线路末端故障灵敏度整定，即

$$I_{\text{set. A}}^{\text{I}}=\frac{2282}{1.5}=1521(\text{A})$$

继电器动作电流为

$$I_{\text{set. Ar}}^{\text{I}}=\frac{I_{\text{set. A}}^{\text{I}}}{n_{\text{TA}}}=\frac{1521}{60}=25.4(\text{A})$$

电压元件按与变压器电流速断保护配合及躲过其保护区末端故障整定。最小方式下两相短路作为配合的最不利方式。计算变压器电流速断最小保护区为 $L_{\min}$。

$$I_{\text{set. B}}^{\text{I}}=\frac{\sqrt{3}}{2}I_{\text{K}}\times\frac{2-L_{\min}}{2}=\frac{0.866E_{\phi}}{X_{\text{s. max}}+X_{\text{x1}}+\frac{L_{\min}(2-L_{\min})}{2}X_{\text{T}}}\times\frac{2-L_{\min}}{2}$$

令 $n=\frac{0.866E_{\phi}}{I_{\text{set. B}}^{\text{I}}}=\frac{37}{2}\times\frac{1}{1.072}=17.26$

$$L=\frac{(n+2X_{\text{T}})\pm\sqrt{(n+2X_{\text{T}})^2-4X_{\text{T}}\times(2n-2X_{\text{s. max}}-2X_{\text{x1}})}}{2X_{\text{T}}}$$

$$=\frac{(17.26+2\times19.2)\pm\sqrt{(17.26+2\times19.2)^2-4\times19.2\times(2\times17.26-2\times5.71-2\times2.4)}}{2\times19.2}$$

$$=1.45\pm1.07$$

取有意义的根 $L=1.45-1.07=0.38$

计算电压元件定值为

$$U_{\text{set}}^{\text{I}}=\frac{X_{\text{x1}}+\frac{L_{\min}(2-L_{\min})}{2}X_{\text{T}}}{X_{\text{s. max}}+X_{\text{x1}}+\frac{L_{\min}(2-L_{\min})}{2}X_{\text{T}}}\times\frac{U_{\text{L}}}{K_{\text{rel}}}$$

$$=\frac{2.4+\frac{0.38(2-0.38)}{2}\times19.2}{\left[5.71+2.4+\frac{0.38-(2-0.38)}{2}\times19.2\right]\times1.1}\times37000$$

$$=19900(\text{V})$$

电压继电器动作电压为

$$U_{\text{set.r}}^{\text{I}}=\frac{100}{37000}\times19900=54(\text{V})$$

最大运行方式下，线路末端故障时电压元件的灵敏度最小值为

$$K_{\text{sen.min}}=\frac{U_{\text{set}}^{\text{I}}}{\dfrac{X_{\text{x1}}}{X_{\text{s.min}}+X_{\text{x1}}}U_{\text{L}}}=\frac{19900}{\dfrac{2.4\times37000}{4.34+2.4}}=1.51$$

保护动作时限为0s。

计算结果表明，电流闭锁电压速断保护性能满足规程对灵敏度要求。

(2) 定时限过电流保护整定

电流定值的确定与一般过流保护的整定计算一样。

$$I_{\text{set}}=\frac{K_{\text{rel}}K_{\text{ss}}}{K_{\text{re}}}I_{\text{L.max}}=\frac{1.2\times2}{0.85}\times165=456.9(\text{A})$$

$$I_{\text{set.r}}=\frac{I_{\text{set}}}{n_{\text{TA}}}=\frac{456.9}{300/5}=7.77(\text{A})$$

末端故障时，最小运行方式下两相短路灵敏度为

$$K_{\text{sen}}^{(2)}=\frac{\dfrac{\sqrt{3}}{2}\times\dfrac{37000/\sqrt{3}}{5.71+2.4}}{465.9}=4.89$$

规程要求 $K_{\text{sen}}^{(2)}$ 为1.3～1.5，定值可适当提高。

对过电流保护，当变压器低压侧故障，作为远后备灵敏度按一台变压器运行低压侧三相或两相短路计算，三相短路时灵敏度为

$$K_{\text{sen}}^{(3)}=\frac{I_{\text{kC}}}{I_{\text{set}}}=\frac{37000/\sqrt{3}}{(5.71+2.4+19.71)\times465.9}=1.68$$

满足规程要求。

经Yd11连接的变压器两相短路，非故障侧有一相电流为三相短路电流，另两相为0.5倍的三相短路电流，若线路保护采用两相两继电器接线方式时，则在某些两相短路方式时，变压器的远后备灵敏度仅为0.84，不满足要求，此时需改为两相三继电器式保护接线方式。

线路定时限过电流保护动作时间，应与变压器定时限过电流保护相配合，前者比后者至少多一级动作时限。

【算例3-11】 在图3-20所示的网络中，线路AB和BC均采用了完全星形接线的三段式电流保护，变压器采用了无时限动作的纵差动保护。发电机均装有自动调节励磁装置，除图中的参数外，还已知：

(1) 线路的正序电抗 $x_1=0.4\Omega/\text{km}$；

（2）线路AB和BC的最大负荷电流分别为75A和50A，负荷自启动系数$K_{ss}=2.0$；

（3）系统最大运行方式为两台发电机和两台升压变压器同时运行，最小运行方式为一台发电机和一台变压器运行；

（4）时限阶段$\Delta t=0.5s$。

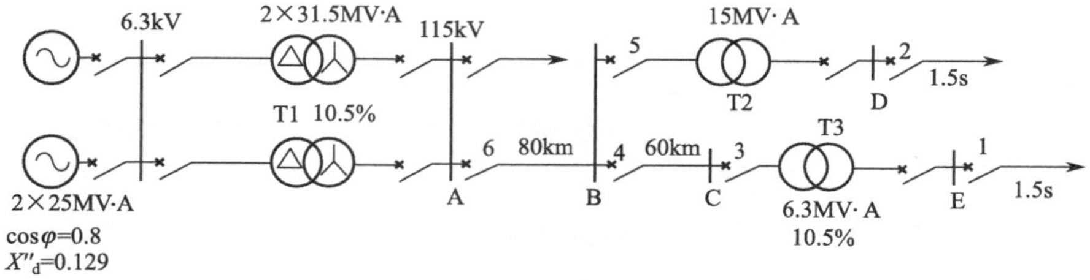

图3-20　算例3-11的系统接线图

试决定线路A处的三段式电流保护的动作电流I_{set}，灵敏系数K_{sen}（或l^{I}）和各段的动作时间t_{set}。

解：

（1）短路电流计算

在本网络中，由于发电机都装有自动调节励磁装置，为了简化计算，三段电流保护的整定和灵敏度校验用短路电流可以只计算暂态电流。

① 计算各元件的电抗值，并绘出等值网络图。为便于计算，系统中各元件的电抗都归算至115kV侧。

$$X_G=\frac{X''_dU_N}{W_N}\cos\varphi=\frac{0.129\times115^2}{25}\times0.8=54.59(\Omega)$$

$$X_{T1}=\frac{10U_k\%U_N}{S_N}=\frac{10\times10.5\times115^2}{31500}=44.1(\Omega)$$

$$X_{T2}=\frac{10\times10.5\times115^2}{15000}=92.6(\Omega)$$

$$X_{T3}=\frac{10\times10.5\times115^2}{6300}=220(\Omega)$$

$$X_{AB}=0.4\times80=32(\Omega),X_{BC}=0.4\times60=24(\Omega)$$

将发电机及主变电抗等值为系统阻抗，则归算到A母线处的最大及最小运行方式下系统的等值电抗为

$$X_{s.min}=\frac{54.6+44.1}{2}=49.4(\Omega),\ X_{s.max}=54.6+44.1=98.7(\Omega)$$

② 计算短路电流。为了整定电流保护，应计算在最大运行方式下，三相短路的电流值。为了校验电流保护的灵敏度，应计算在最小运行方式下两相短路的

电流值。

$$I_{kA.min}=\frac{\sqrt{3}}{2}\times\frac{E_{\phi}}{X_{s.max}}=\frac{\sqrt{3}}{2}\times\frac{115}{\sqrt{3}\times98.7}=0.583(kA)$$

$$I_{kB.max}=\frac{E_{\phi}}{X_{s.min}+X_{AB}}=\frac{115}{\sqrt{3}(49.4+32)}=0.816(kA)$$

$$I_{kB.min}=\frac{\sqrt{3}}{2}\times\frac{E_{\phi}}{X_{s.max}+X_{AB}}=\frac{\sqrt{3}}{2}\times\frac{115}{\sqrt{3}(98.7+32)}=0.44(kA)$$

$$I_{kC.max}=\frac{E_{\phi}}{X_{s.min}+X_{AB}+X_{BC}}=\frac{115}{\sqrt{3}(49.4+32+24)}=0.63(kA)$$

$$I_{kC.min}=\frac{\sqrt{3}}{2}\times\frac{E_{\phi}}{X_{s.max}+X_{AB}+X_{BC}}=\frac{\sqrt{3}}{2}\times\frac{115}{\sqrt{3}(98.7+32+24)}=0.37(kA)$$

$$I_{kE.max}=\frac{E_{\phi}}{X_{s.min}+X_{A\text{-}B\text{-}C\text{-}E}}=\frac{115}{\sqrt{3}(49.4+32+24+220)}=0.204(kA)$$

$$I_{kD.max}=\frac{\sqrt{3}}{2}\times\frac{E_{\phi}}{X_{s.min}+X_{A\text{-}B}+X_{T2}}=\frac{\sqrt{3}}{2}\times\frac{115}{\sqrt{3}(49.4+32+92.6)}=0.33(kA)$$

（2）保护的整定计算

① 第Ⅰ段保护的整定计算

当采用无时限电流速断保护时，$I_{set.A}^{I}$ 应按照躲开 B 变电站母线短路（K_3 点）的最大短路电流整定，即

$$I_{set.A}^{I}=K_{rel}^{I}I_{kB.max}^{I}=1.3\times0.816=1.06(kA)$$

由于 $I_{set.A}^{I}$ 远大于最小运行方式下母线 A 处两相短路时的短路电流值，因此，在最小运行方式下其保护范围为零。显然，采用无时限电流速断保护不能满足灵敏度要求。

为了提高灵敏度，可以采用电流电压联锁速断保护。这时，令最小运行方式为计算运行方式，于是电流元件和电压元件可以按保护范围相同（75%）整定：

$$I_{set.A}^{I}=\frac{E_1/\sqrt{3}}{X_{s.max}+l_1x_1}=\frac{115/\sqrt{3}}{98.7+0.75\times32}=0.54(kA)$$

$$U_{set.A}^{I}=\sqrt{3}I_{set.A}^{I}l_1x_1=\sqrt{3}\times0.54\times0.75\times32=22.45(kV)$$

在最小运行方式下两相短路时，电流保护的最小保护范围为 l_{min}。

$$I_{set.A}^{I}=\frac{\sqrt{3}}{2}\times\frac{E_1/\sqrt{3}}{X_{s.max}+l_{min}x_1}=\frac{\sqrt{3}}{2}\times\frac{115/\sqrt{3}}{98.7+0.4l_{min}}=0.54(kA)$$

$$l_{min}^{I}=\frac{1}{0.4}\times\left(\frac{\sqrt{3}}{2}\times\frac{115/\sqrt{3}}{0.54}-98.7\right)=19.33(km)$$

$$l_{\min}^{\mathrm{I}}\%=\frac{19.33}{80}\times100\%=24\%$$

在最大运行方式下 AB 线路 20%处短路的残压为

$$U_{\mathrm{A.re}}=\frac{0.2X_{\mathrm{AB}}}{X_{\mathrm{s.min}}+0.2X_{\mathrm{AB}}}\times115=\frac{0.2\times32}{49.4+0.2\times32}\times115=13.2(\mathrm{kV})$$

可见电流元件、电压元件的保护范围都满足要求。

保护的动作时间为继电器本身固有的动作时间，可以认为 $t_{\mathrm{set}}^{\mathrm{I}}=0\mathrm{s}$。

② 第Ⅱ段保护的整定计算

线路 A 处电流保护Ⅱ段应与相邻线路Ⅰ段保护相配合，若线路 BC 的第Ⅰ段采用无时限电流速断保护，则

$$I_{\mathrm{set.B}}^{\mathrm{I}}=K_{\mathrm{rel}}^{\mathrm{I}}I_{\mathrm{kC.max}}=1.3\times0.63=0.82(\mathrm{kA})$$

因在最小运行方式下，B 母线两相短路电流值小于 $I_{\mathrm{set.B}}^{\mathrm{I}}$，即 $I_{\mathrm{set.B}}^{\mathrm{I}}=0.82>0.44$。显然采用电流速断时保护区不能满足要求，因此 B 处保护也应采用电流电压联锁速断保护，然后，其定值按与 BC 线路保护的电流电压联锁速断配合整定。

令最小运行方式为计算运行方式，B 处电流电压联锁速断保护电流元件和电压元件按保护范围相同（75%）整定：

$$I_{\mathrm{set.B}}^{\mathrm{I}}=\frac{E_l/\sqrt{3}}{X_{\mathrm{s.max}}+X_{\mathrm{AB}}+l_1x_1}=\frac{115/\sqrt{3}}{130.7+0.75\times24}=0.446(\mathrm{kA})$$

$$U_{\mathrm{set.B}}^{\mathrm{I}}=\sqrt{3}I_{\mathrm{set.B}}^{\mathrm{I}}l_1x_1=\sqrt{3}\times0.446\times0.75\times24=13.9(\mathrm{kV})$$

在最小运行方式下两相短路时，电流保护的最小保护范围为 $l_{\min}$。

$$I_{\mathrm{set.B}}^{\mathrm{I}}=\frac{\sqrt{3}}{2}\times\frac{E_l/\sqrt{3}}{X_{\mathrm{s.max}}+X_{\mathrm{AB}}+l_{\min}x_1}=\frac{\sqrt{3}}{2}\times\frac{115/\sqrt{3}}{98.7+32+0.4l_{\min}}=0.446(\mathrm{kA})$$

$$l_{\mathrm{min.B}}^{\mathrm{I}}=\frac{1}{0.4}\times\left(\frac{\sqrt{3}}{2}\times\frac{115/\sqrt{3}}{0.446}-98.7-32\right)=-4.44(\mathrm{km})$$

可见电流元件仍然没有保护范围。

令最小运行方式为计算运行方式，按两相短路计算电流元件定值，电流元件和电压元件可以按保护范围相同（75%）计算整定值：

$$I_{\mathrm{setB}}^{\mathrm{I}}=\frac{\sqrt{3}}{2}\times\frac{E_l/\sqrt{3}}{X_{\mathrm{s.max}}+X_{\mathrm{AB}}+l_1x_1}=\frac{115/2}{130.7+0.75\times24}=0.387(\mathrm{kA})$$

$$U_{\mathrm{set.B}}^{\mathrm{I}}=2I_{\mathrm{set.B}}^{\mathrm{I}}l_1x_1=2\times0.387\times0.75\times24=13.9(\mathrm{kV})$$

在最小运行方式下两相短路时，电流保护的最小保护范围为 $l_{\min}$。

$$I_{\text{set. B}}^{\text{I}}=\frac{\sqrt{3}}{2}\times\frac{E_l/\sqrt{3}}{X_{\text{s. max}}+X_{\text{AB}}+l_{\min}x_1}=\frac{\sqrt{3}}{2}\times\frac{115/\sqrt{3}}{98.7+32+0.4l_{\min}}=0.387(\text{kA})$$

$$l_{\text{min. B}}^{\text{I}}=\frac{1}{0.4}\times\left(\frac{\sqrt{3}}{2}\times\frac{115/\sqrt{3}}{0.387}-98.7-32\right)=45(\text{km})$$

校验最大运行方式BC线路20%处短路的母线残压：

$$U_{\text{B. re}}=\frac{0.2X_{\text{BC}}}{X_{\text{s. min}}+X_{\text{AB}}+0.2X_{\text{BC}}}\times 115=\frac{0.2\times 24}{49.4+32+0.2\times 24}\times 115=5.91(\text{kV})$$

显然保护范围超过BC线路长度的20%。

校验最小运行方式下末端三相短路保护是否误动：

$$U_{\text{B. re}}=\frac{X_{\text{BC}}}{X_{\text{s. max}}+X_{\text{AB}}+X_{\text{BC}}}\times 115=\frac{24}{98.7+32+24}\times 115=17.8(\text{kV})$$

大于电压元件定值，保护不会误动。

因此可确定B处电流、电压保护的电流元件动作值为0.387kA，电压元件定值为13.9kV。

保护的动作时间为继电器本身固有的动作时间，可以认为$t_{\text{set. B}}^{\text{I}}=0\text{s}$。

保护A的Ⅱ段电流元件定值

$$I_{\text{set. A}}^{\text{II}}=K_{\text{rel}}^{\text{II}}I_{\text{set. B}}^{\text{I}}=1.15\times 0.387=0.445(\text{kA})$$

电压元件定值

$$U_{\text{set. A}}^{\text{II}}=\frac{\sqrt{3}I_{\text{set. B}}^{\text{I}}Z_{\text{A-B}}+U_{\text{set. B}}^{\text{I}}}{K_{\text{rel}}}=\frac{\sqrt{3}\times 0.387\times 32+13.9}{1.15}=30.7(\text{kV})$$

显然电流元件灵敏度仍不能满足要求，因此应考虑与相邻线路的Ⅱ段保护配合进行整定，保护的动作时间$t_{\text{set. A}}^{\text{II}}=t_{\text{set. B}}^{\text{II}}+\Delta t=0.5+0.5=1\text{s}$。

③ 第Ⅲ段（过电流保护）的整定计算

$$I_{\text{set. A}}^{\text{II}}=\frac{K_{\text{rel}}^{\text{III}}K_{\text{ss}}}{K_{\text{re}}}I_{\text{L. max}}=\frac{1.15\times 2.0}{0.85}\times 0.075=0.203(\text{kA})$$

作为近后备保护时

$$K_{\text{sen. (1)}}^{\text{III}}=0.44/0.203=2.2>1.3$$

满足要求。

作为远后备保护时对C点短路

$$K_{\text{sen. (2)}}^{\text{III}}=0.37/0.203=1.82>1.3$$

满足要求。

对于D点短路，由于采用完全星形接线，△侧两相短路时，在星侧最大一相流过电流正是三相短路电流归算值，即

$$K_{\text{sen. (2)}}^{\text{III}}=0.33/0.203=1.63$$

满足要求。

动作时间 $t_{\text{set. A}}^{\text{III}}=t_1+3\Delta t=1.5+3\times 0.5=3(\text{s})$

第五节　线路零序电流保护的整定计算原理

一、 中性点直接接地电网中接地短路的零序电流保护

当中性点直接接地电网（又称大接地电流系统）中发生接地短路时，将出现很大的零序电流，而在正常运行情况下它们不存在或者很小，因此利用零序电流来构成接地短路的保护，就具有显著的优点。

在电力系统中发生接地短路时，可以利用对称分量的方法将电流和电压分解为正序、负序和零序分量，并利用综合序网来表示它们之间的关系。其中，零序电流可以看成是在故障点出现一个零序电压U_{k0}而产生的，它必须经过线路以及变压器接地的中性点构成回路。对零序电流的方向，仍然采用母线流向故障点为正，而零序电压的方向，是线路高于大地的电压为正。

零序分量的参数具有如下特点。

① 故障点的零序电压最高，系统中距离故障点越远处的零序电压越低。

② 零序电流的分布，主要决定于送电线路的零序阻抗和中性点接地变压器的零序阻抗，而与电源的数目和位置无关。

③ 对于发生故障的线路，两端零序功率的方向与正序功率的方向相反，零序功率方向实际上是由线路流向母线的。

④ 零序电流与零序电压之间的相位差由零序阻抗角决定，而与被保护线路的零序阻抗及故障点位置无关。

⑤ 在电力系统运行方式变化时，如果送电线路和中性点接地的变压器数目不变，则零序阻抗和零序等效网络就是不变的。

电网接地的零序电流保护也可按三段式电流保护的模式构成，可分为无时限零序电流速断保护、带时限零序电流速断保护和零序过电流保护三段，具体应用中考虑到零序网络的特点而有所变化。

（1）零序电流速断（零序Ⅰ段）保护

利用零序电流保护反映单相或两相接地短路故障，也可以求出零序电流$3I_0$随线路长度L变化的关系曲线，然后相似于相间短路电流保护的原则，进行保护的整定计算。

零序电流速断的整定原则如下。

① 躲开下一条线路出口处单相或两相接地短路时可能出现的最大零序电流$3I_{0.\max}$，引入可靠系数K_{rel}^{I}（一般取为1.2～1.3），即

$$I_{set}^{I}=K_{rel}^{I}\times 3I_{0.\max} \tag{3-51}$$

② 躲开断路器三相触头不同期合闸时所出现的最大零序电流$3I_{0.unb}$，引入

可靠系数 K_{rel}^{I}，即

$$I_{set}^{I}=K_{rel}^{I}\times 3I_{0.unb} \tag{3-52}$$

如果保护装置的动作时间大于断路器三相不同期合闸的时间，则可以不考虑这一条件。整定值应取其中较大者。

③ 按躲开非全相运行状态下又发生系统振荡时出现的最大零序电流来整定；按此条件整定，造成正常运行时，保护的动作电流过大，灵敏度或保护范围降低。

实际应用中可设置两个零序Ⅰ段，灵敏Ⅰ段按①、②条件整定，取两者的最大值，正常运行时投入，非全相运行时退出；不灵敏Ⅰ段按照③条件整定，在非全相运行时反映接地故障。

保护动作范围应不小于线路全长的15%～20%，保护动作时间为固有动作时间。

（2）零序电流限时速断（零序Ⅱ段）保护

零序Ⅱ段的工作原理与相间短路限时电流速断保护一样，其启动电流首先考虑和下一条线路的零序电流速断相配合，并带有高出一个 Δt 的时限，以保证动作的选择性。

但是，当两个保护之间的变电站母线上接有中性点接地的变压器时，如图3-21所示。

由于分支电路的影响，将使零序电流的分布发生变化，整定时应引入零序电流的分支系数 $K_{0.b}$，则零序Ⅱ段的启动电流应整定为

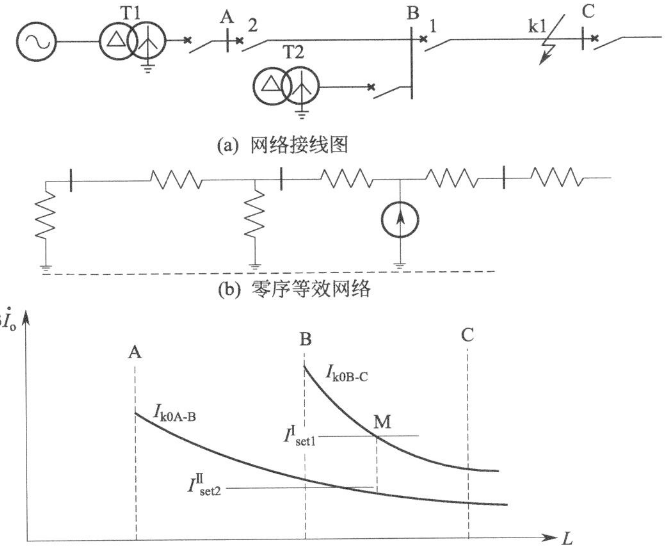

(c) 零序电流变化曲线

图3-21　有分支电路时，零序Ⅱ段保护的整定计算

$$I_{\mathrm{set.2}}^{\mathrm{II}}=\frac{K_{\mathrm{rel}}^{\mathrm{II}}}{K_{0.\mathrm{b}}}I_{\mathrm{set.1}}^{\mathrm{I}} \tag{3-53}$$

当两个保护之间的变电所母线上没有中性点接地的变压器时，则该支路从零序网络中断开，此时 $K_{0.\mathrm{b}}=1$，式中分支系数应取各种运行方式的最小值。

零序Ⅱ段的灵敏系数，应按照本线路末端接地短路时的最小零序电流来校验，并满足 $K_{\mathrm{sen}}\geqslant 1.5$ 的要求。当灵敏度不满足要求时可采用两个动作值不同的零序Ⅱ段，即与相邻线路Ⅰ段配合的零序Ⅱ段和与相邻线路Ⅱ段配合的零序Ⅱ段，动作时限分别整定，也可采用接地距离保护。

(3) 零序过电流（零序Ⅲ段）保护

零序Ⅲ段的作用相当于相间短路的过电流保护，在一般情况下是作为后备保护使用的，但在中性点直接接地电网中的终端线路上，它也可以作为主保护使用。

在零序过流保护中，对继电器的启动电流，原则上按照躲开下一条线路出口处相间短路时所流过的最大不平衡电流 $I_{\mathrm{unb.max}}$ 来整定，引入可靠系数 $K_{\mathrm{rel}}^{\mathrm{III}}$，即

$$I_{\mathrm{set.2}}^{\mathrm{III}}=K_{\mathrm{rel}}^{\mathrm{III}}I_{\mathrm{unb.max}} \tag{3-54}$$

同时作为后备保护，还必须要求各保护之间在灵敏系数上相互配合。因此零序过流保护的整定计算，必须按逐级配合的原则来考虑，具体来说，就是本保护零序Ⅲ段的保护范围，不能超出相邻线路上零序Ⅲ段的保护范围。当两个保护之间具有分支电路时，参照图 3-21 的分析，保护装置的启动电流应整定为

$$I_{\mathrm{set.2}}^{\mathrm{III}}=\frac{K_{\mathrm{rel}}^{\mathrm{III}}}{K_{0.\mathrm{b}}}I_{\mathrm{set.1}}^{\mathrm{III}} \tag{3-55}$$

式中 $K_{\mathrm{rel}}^{\mathrm{III}}$——可靠系数，一般取为 1.1～1.2；

$K_{0.\mathrm{b}}$——在相邻线路的零序Ⅲ段保护范围末段发生接地短路时，故障线路中零序电流与流过本保护装置中零序电流之比，分支系数取各种运行方式下的最小值。

保护装置的灵敏系数，当作为相邻元件的后备保护时，应按照相邻元件末端接地短路时，流过本保护的最小零序电流（应考虑分支电路时电流减小的影响）来校验。

二、中性点直接接地电网的方向性零序电流保护

在双侧或多侧电源网络中，由于零序电流的实际流向是由故障点流向各个中性点接地的变压器，因此在变压器接地数目比较多的复杂网络中，就需要考虑零序电流保护动作的方向性问题。

当被保护线路正方向发生接地故障时，由图 3-21 可见零序功率是由接地点的零序电压产生的，故障线路零序功率的方向为负，与正序功率方向相反（为

正)；而对非故障线路零序功率方向为正，正序功率方向为负，两者方向也相反。

为了保证保护动作的选择性，对反向故障可能误动的零序保护就需要装设方向元件，零序功率方向元件接入零序电流（$3I_0$）和零序电压（$3U_0$）。当保护范围内部故障时，从规定的电压、电流正方向看，进入继电器的电流相位超前电压为95°～110°，为保证继电器正确而且灵敏动作，取继电器的最大灵敏角 $\varphi_{sen}=-95°\sim-110°$。

由于越靠近故障点的零序电压越高，因此零序方向元件没有电压死区。

三、中性点非直接接地电网的单相接地保护

中性点非直接接地电网（又称小接地电流系统）包括中性点不接地、中性点经消弧线圈接地、中性点经电阻接地三种情况。在中性点非直接接地电网中发生单相接地时，由于故障点电流较小，而且三相之间的线电压仍然保持对称，对负荷供电没有影响，因此，一般只要求继电保护能有选择地发出信号，而不必跳闸；对中性点不接地电网，可以采用判别零序功率方向的保护，若故障线路和非故障线路零序电流有明显差别的，可以采用有选择的零序电流保护。

（1）中性点不接地电网中单相接地故障的特点

在正常运行情况下，近似认为三相对地有相同的等值电容 C_0，在相电压的作用下，每相都有一个超前于相电压 90°的电容电流，而且三相电容电流之和为零。若 A 相发生单相接地，则此时从接地点流回的电流为 B、C 相对地电容电流的相量和，其数值为 $3U_\phi\omega C_0$，即正常运行时，三相对地电容电流的代数和。

当网络中有发电机（G）和多条线路存在时，每台发电机和每条线路对地均有分布电容存在，设以 C_{0G}、$C_{0Ⅰ}$、$C_{0Ⅱ}$ 等集中的电容来表示，当线路Ⅱ A 相接地后，如果忽略负荷电流和电容电流在线路阻抗上的电压降，则全系统 A 相对地的电压均等于零，而各元件 A 相对地的电容电流也等于零，同时 B 相和 C 相的对地电压和电容电流也都升高$\sqrt{3}$倍，此时电容电流分布如图 3-22 所示。

由图 3-22 可见，在非故障线路Ⅰ上，A 相电流为零，B 相和 C 相中流有本身的电容电流，因此，在线路始端所反映的零序电流为

$$3\dot{I}_{0Ⅰ}=\dot{I}_{BⅠ}+\dot{I}_{CⅠ} \tag{3-56}$$

其有效值为

$$3I_{0Ⅰ}=3U_\phi\omega C_{0Ⅰ} \tag{3-57}$$

线路Ⅰ零序电流为其本身的电容电流，电容性无功功率的方向为由母线流向线路。

当母线上的出线很多时，上述结论可适用于每一条非故障线路。

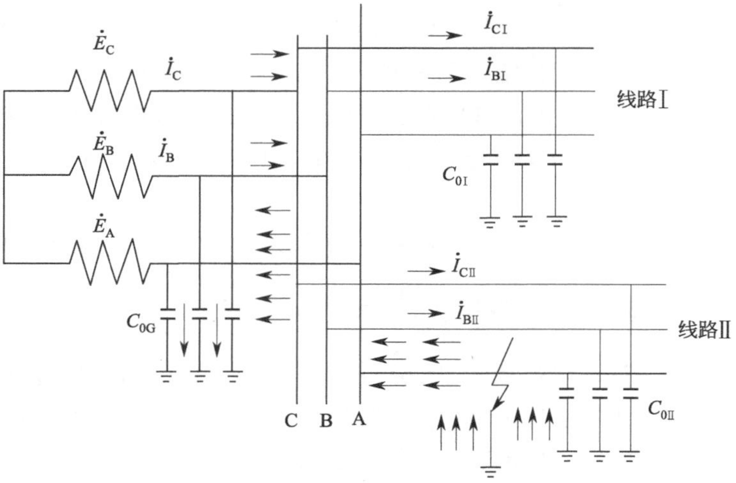

图 3-22　单相接地时，三相系统中电容电流分布图

对故障线路Ⅱ，由图可见，A 相单相接地时故障点通过 A 相流回的电流为系统的所有电容电流之和，即

$$\dot{I}_k=(\dot{I}_{BI}+\dot{I}_{CI})+(\dot{I}_{BII}+\dot{I}_{CII})+(\dot{I}_{BG}+\dot{I}_{CG}) \tag{3-58}$$

其有效值为

$$I_k=3U_\phi\omega(C_{0I}+C_{0II}+C_{0G})=3U_\phi\omega C_{0\Sigma} \tag{3-59}$$

由故障线路流向母线的零序电流，等于全系统非故障元件对地电容电流之和（但不包括故障线路本身），即

$$\dot{I}_{0II}=\dot{I}_{AII}+\dot{I}_{BII}+\dot{I}_{CII}=-(\dot{I}_{BG}+\dot{I}_{CG}+\dot{I}_{BI}+\dot{I}_{CI}) \tag{3-60}$$

其有效值为

$$3I_{0II}=3U_\phi\omega(C_{0\Sigma}-C_{0II}) \tag{3-61}$$

故障线路电容性无功功率的方向为由线路流向母线，与非故障线路相反。

可见可以根据故障后出现的零序电压、故障线路和非故障线路电流大小的差别以及零序功率的方向作为动作判据构成相应的保护。

（2）中性点经消弧线圈接地电网单相接地故障的特点

中性点经消弧线圈接地电网发生单相接地时，消弧线圈的感性电流与电网容性电流相抵消，使得接地点电流减小，故障线路与非故障线路零序电流的差别不大，而且由于感性电流与电容电流的补偿作用随运行方式变化，非故障线路与故障线路的零序功率方向区别也难以判断，因此无法通过比较故障线路与非故障线路的零序电流大小以及零序功率方向选择故障线路。

（3）绝缘监视装置（零序电压保护）

在中性点非直接接地系统中，只要在本电压网络中发生单相接地故障，则在同一电压等级的所有发电厂和变电站的母线上都会出现较高的零序电压，利用这一特点，在发电厂和变电站的母线上，一般装设反映单相接地的监视装置，它利用接地后出现的零序电压，带延时动作于信号，表明本级电压网络出现了单相接地故障。为此，可用一过电压继电器接于电压互感器二次接成开口三角形的一侧。由于这种保护方式无法判断故障发生在哪条线路，出现接地信号后，需要运行人员依次短时断开每条线路，以判断接地故障所在线路。

四、零序电流保护和零序功率方向保护

（1）零序电流保护

在中性点不接地电网中，利用故障线路零序电流较非故障线路零序电流大的特点来实现有选择性地发出信号或动作于跳闸。

这种保护一般使用在有条件安装零序电流互感器的线路上（如电缆线路或经电缆引出的架空线路）；当单相接地电流较大，足以克服零序电流过滤器中不平衡电流的影响时，保护装置也可以接于三个电流互感器构成的零序回路中。

图 3-22 中，当某一线路发生单相接地时，非故障线路的零序电流为其本身的电容电流，因此，为了保证动作的选择性，保护装置的动作电流应大于非故障线路自身的电容电流，即

$$I_{set}=K_{rel}3U_{\phi}\omega C_{0x} \tag{3-62}$$

式中　C_{0x}——被保护线路每相的对地电容。

如此整定后，还需要校验在本线路发生单相接地故障时保护动作的灵敏性，由于流经故障线路的零序电流为全网络中非故障线路电容电流的总和，因此灵敏系数为

$$K_{sen}=\frac{3U_{\phi}\omega(C_{0\Sigma}-C_{0x})}{K_{rel}3U_{\phi}\omega C_{0x}}=\frac{C_{0\Sigma}-C_{0x}}{K_{rel}C_{0x}} \tag{3-63}$$

式中，$C_{0\Sigma}$为同一电压等级网络中各元件或线路每相的对地电容。

（2）零序功率方向保护

利用故障线路与非故障线路零序功率方向不同的特点来实现中性点不接地电网有选择性的接地保护，动作于信号或跳闸。这种方式适用于零序电流保护不能满足灵敏系数的要求时和接线复杂的网络中。当所在网络中性点经消弧线圈接地时，由于补偿作用影响了故障线路的零序功率方向，这种保护将难以适用。

第六节　电网零序电流保护的整定计算算例

一、中性点直接接地电网

【算例 3-12】 在图 3-23 所示中性点直接接地网络中，已知：

（1）电源等值电抗：$X_1=X_2=4\Omega$，$X_0=8\Omega$；

（2）线路的单位电抗：$X_1=0.4\Omega/km$，$X_0=1.4\Omega/km$；

（3）变压器 T1 额定参数为：$S_N=40MV\cdot A$、电压比 110/10.5kV、$U_k\%=10.5$。

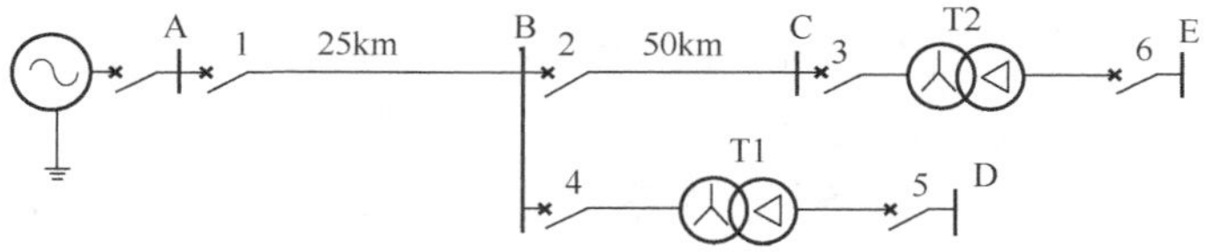

图 3-23　算例 3-12 电网一次接线图

试对线路断路器 1 的三段式零序电流保护进行整定（$K_{rel}^{I}=1.25$，$K_{rel}^{II}=1.15$）。

解：

（1）计算图中各点短路时的零序电流

线路 AB 阻抗为：$X_1=X_2=0.4\times25=10(\Omega)$，$X_0=1.4\times25=35(\Omega)$

线路 BC 阻抗为：$X_1=X_2=0.4\times50=20(\Omega)$，$X_0=1.4\times50=70(\Omega)$

变压器 T1 阻抗为：$X_1=X_2=\frac{0.105\times110^2}{40}=31.76(\Omega)$

B 母线短路时的零序电流计算：

各序阻抗为：$X_{1\Sigma}=X_{2\Sigma}=14\Omega$，$X_{0\Sigma}=43\Omega$

因为 $X_{0\Sigma}>X_{1\Sigma}$，所以单相接地电流大于两相接地短路电流，即 $I_{k0}^{(1)}>I_{k0}^{(1.1)}$，故动作电流按照躲过单相接地故障整定，灵敏度按照两相接地故障校核。

B 母线两相接地故障零序电流：

$$I_{k0B}^{(1.1)}=I_{k1}\frac{X_{2\Sigma}}{X_{2\Sigma}+X_{0\Sigma}}=\frac{E_{\phi}}{X_{1\Sigma}+\frac{X_{2\Sigma}X_{0\Sigma}}{X_{2\Sigma}+X_{0\Sigma}}}\frac{X_{2\Sigma}}{X_{2\Sigma}+X_{0\Sigma}}$$

$$=\frac{115\times10^3}{\sqrt{3}\times(13+2\times43)}=671(A)$$

$$3I_{k0B}^{(1.1)}=3\times671=2013(A)$$

B 母线单相接地零序电流：

$$I_{k0B}^{(1)}=\frac{E_{\phi}}{X_{1\Sigma}+X_{2\Sigma}+X_{0\Sigma}}=\frac{115\times10^{3}}{\sqrt{3}\times(2\times14+43)}=935(A)$$

$$3I_{k0B}^{(1)}=3\times935=2806(A)$$

B 母线处三相短路电流为

$$I_{kB}^{(3)}=\frac{115\times10^{3}}{\sqrt{3}\times(4+10)}=4740(A)$$

母线 C 短路时阻抗为

$$X_{1\Sigma}=X_{2\Sigma}=4+75\times0.4=34(\Omega),\ X_{0\Sigma}=8+75\times1.4=113(\Omega)$$

则 C 母线两相接地和单相接地短路零序电流：

$$3I_{k0C}^{(1.1)}=\frac{3\times115\times10^{3}}{\sqrt{3}\times\left(1+\frac{113}{34+113}\right)}\times\frac{1}{34+113}=766(A)$$

$$3I_{k0C}^{(1)}=\frac{3\times115\times10^{3}}{\sqrt{3}\times(2\times34+113)}=1100(A)$$

（2）各段保护的整定计算

① 零序电流Ⅰ段保护

$$I_{set.1}^{\mathrm{I}}=K_{rel}^{\mathrm{I}}\times3I_{k0B}^{(1)}=1.25\times2806=3507(A)$$

$$I_{set.2}^{\mathrm{I}}=K_{rel}^{\mathrm{I}}\times3I_{k0C}^{(1)}=1.25\times1100=1375(A)$$

② 零序电流Ⅱ段保护

$$I_{set.1}^{\mathrm{II}}=\frac{K_{rel}^{\mathrm{II}}I_{set.2}^{\mathrm{I}}}{K_{b.max}}=\frac{1.15\times1375}{1}=1581(A)$$

③ 零序Ⅲ段保护

因为是 110kV 线路，可不考虑非全相运行情况，保护 1 第三段按躲过线路 AB 末端三相短路的最大不平衡电流整定：

$$I_{set.1}^{\mathrm{III}}=K_{rel}^{\mathrm{III}}K_{np}K_{st}K_{er}I_{kB}^{(3)}=1.25\times1.5\times0.5\times0.1\times4740=444(A)$$

（3）各段保护的保护范围及灵敏度校验

① 保护Ⅰ段的保护范围

根据前述分析，单相接地时保护范围最大，最大保护范围设为 L_{max}。

$$I_{set.1}^{\mathrm{I}}=\frac{3\times115\times10^{3}}{\sqrt{3}\times(X_{1\Sigma1}+X_{2\Sigma1}+X_{0\Sigma1})}$$

$$3507=\frac{3\times115\times10^{3}}{\sqrt{3}\times(2\times4+8+2\times0.4L_{max}+1.4L_{max})}$$

解得最大保护区 $L_{max}=18.23$km，为线路全长的 73%，满足要求。

两相接地短路时保护范围最小，设为L_{min}

$$I_{set.1}^{I}=3I_{k1}\frac{X_{2\Sigma2}}{X_{2\Sigma2}+X_{0\Sigma2}}=\frac{3E_{\phi}}{X_{1\Sigma2}+2X_{0\Sigma2}}$$

$$3507=\frac{3\times115\times10^{3}}{\sqrt{3}\times[(4+0.4L_{min})+2\times(8+1.4L_{min})]}$$

解得最小保护区 $L_{min}=11.5\text{km}$，为线路全长的 46%，满足要求。动作时间为 0s。

② 保护Ⅱ段的灵敏度

按线路末端两相接地短路校验零序Ⅱ段灵敏度

$$K_{sen}=\frac{3I_{k0B}^{(1.1)}}{I_{set.1}^{II}}=\frac{2013}{1581}=1.3$$

满足要求。

动作时限：$t_{set.1}^{II}=0.5\text{s}$。

③ 保护Ⅲ段的灵敏度

按本线路末端两相接地短路校验零序Ⅲ段近后备灵敏度

近后备：$K_{sen}=\frac{2011}{444}=4.53$

由于相邻变压器为中性点不接地形式，因此其低压侧短路没有零序电流。故按相邻线路末端两相接地短路校验零序Ⅲ段远后备灵敏度。

远后备：$K_{sen}=\frac{766}{444}=1.73$

均满足灵敏度要求。

动作时限：$t_{set.1}^{III}=t_{set.2}^{III}+\Delta t$

【算例 3-13】 如图 3-24 所示网络对保护 1 进行零序Ⅱ段电流保护的整定，已知保护 3 的零序Ⅰ段动作电流为 1.2kA，动作时限为 0s，图中 k2 点为保护 3 的零序Ⅰ段动作范围末端，当该点发生接地短路时，零序电流的分布如图所示，其中括号内为 4 断路器断开时的零序电流值，k1 点接地时流过保护 1 的最小零序电流为 2.5kA。

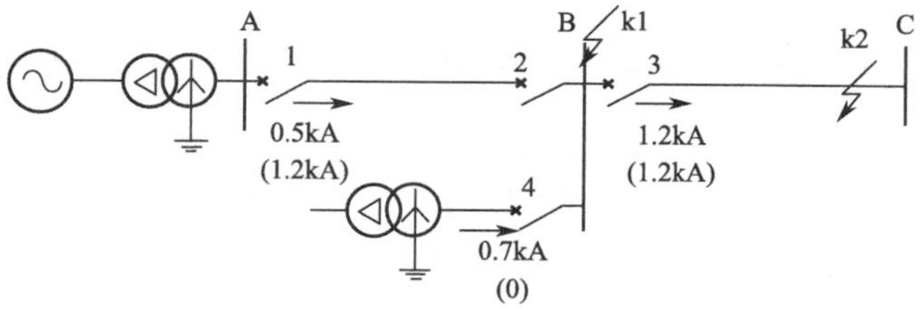

图 3-24 算例 3-13 系统一次接线图

解：

（1）求各种运行方式下的零序动作电流

① 所有断路器投入运行，保护 3 零序Ⅰ段保护范围末端短路时，流过保护 1 的电流为 0.5kA。

$$I_{set.1}^{Ⅱ}=\frac{K_{rel}^{Ⅱ}I_{set.3}^{Ⅰ}}{K_{0b}}=\frac{1.1\times1.2}{\frac{1.2}{0.5}}=0.55(kA)$$

② 断路器 4 断开，保护 3 零序Ⅰ段保护范围末端短路时，流过保护 1 的电流为 1.2kA。

$$I_{set.1}^{Ⅱ}=\frac{K_{rel}^{Ⅱ}I_{set.3}^{Ⅰ}}{K_{0b}}=\frac{1.1\times1.2}{1}=1.32(kA)$$

取最大值作为保护 1 零序Ⅱ段定值：$I_{set.1}^{Ⅱ}=1.32(kA)$

（2）计算保护 1 零序Ⅱ段的灵敏度

$$K_{sen}^{Ⅱ}=\frac{I_{B0min}}{I_{set.1}^{Ⅱ}}=\frac{2.5}{1.32}=1.89$$

满足要求。

（3）动作时限

$$t_{set.1}^{Ⅱ}=t_{set.3}^{Ⅰ}+\Delta t=0.5s$$

【算例 3-14】 图 3-25 所示网络，已知：

（1）$E_M=E_N=110/\sqrt{3}kV$

电源 M 的电抗　$X_{1M}=X_{2M}=20\Omega$，$X_{0M}=31\Omega$

电源 N 的电抗　$X_{1N}=X_{2N}=12.6\Omega$，$X_{0N}=25\Omega$

所有线路　$X_1=X_2=0.4\Omega/km$，$X_0=1.4\Omega/km$

（2）可靠系数 $K_{rel}^{Ⅰ}=1.25$，$K_{rel}^{Ⅱ}=1.15$

试确定线路 AC 上保护 1 的零序电流保护Ⅰ、Ⅱ段动作值，并校验保护范围和灵敏度。

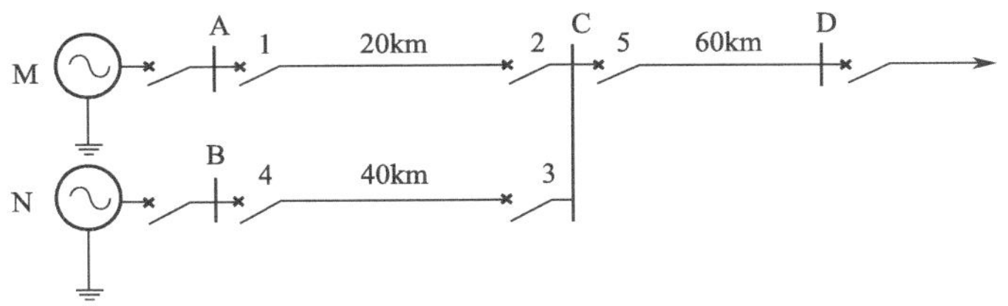

图 3-25　算例 3-14 一次接线图

解：

（1）阻抗及零序电流计算

AC 线路正、负、零序阻抗为

$$X_{1AC}=X_{2AC}=0.4\times20=8(\Omega)$$

$$X_{0AC}=1.4\times20=28(\Omega)$$

BC线路正、负、零序阻抗为

$$X_{1BC}=X_{2BC}=0.4\times40=16(\Omega)$$

$$X_{0BC}=1.4\times40=56(\Omega)$$

CD线路末端接地短路故障时，正、负、零序总阻抗为

$$X_{1\Sigma}=X_{2\Sigma}=\frac{(X_{1M}+X_{AC})(X_{1N}+X_{BC})}{X_{1M}+X_{AC}+X_{1N}+X_{BC}}+0.4L_{CD}$$

$$=\frac{(20+8)\times(12.6+16)}{20+8+12.6+16}+0.4\times60=38.15(\Omega)$$

$$X_{0\Sigma}=\frac{(31+28)\times(25+56)}{31+28+25+56}+1.4\times60=118.1(\Omega)$$

因 $X_{0\Sigma}>X_{1\Sigma}$，应采用单相接地的零序电流计算动作值。

① 母线接地故障

单相接地时，流过保护1的零序电流为

$$3I_{k0C}^{(1)}=\frac{3\times115\times10^3}{\sqrt{3}\times[2(X_{1M}+X_{1AC})+X_{0M}+X_{0AC}]}=\frac{3\times115\times10^3}{\sqrt{3}\times[2\times(20+8)+31+28]}$$

$$=1730(A)$$

两相接地时，流过保护1的零序电流为

$$3I_{k0C}^{(1.1)}=3I_{k1}\frac{X_{2M}+X_{2AC}}{X_{2M}+X_{2AC}+X_{0M}+X_{0AC}}=\frac{3E_{\phi}}{X_{2M}+X_{2AC}+2(X_{0M}+X_{0AC})}$$

$$=\frac{3\times115\times10^3}{\sqrt{3}\times[20+8+2\times(31+28)]}=1364(A)$$

单相接地时，流过保护3的零序电流为

$$3I_{k0C}^{(1)}=\frac{3\times115\times10^3}{\sqrt{3}\times[2(X_{1N}+X_{1BC})+X_{0N}+X_{0BC}]}=\frac{3\times115\times10^3}{\sqrt{3}\times[2\times(12.6+16)+25+56]}$$

$$=1441(A)$$

两相接地时，流过保护3的零序电流为

$$3I_{k0C}^{(1.1)}=\frac{3E_{\phi}}{X_{2N}+X_{2BC}+2(X_{0N}+X_{0BC})}=\frac{3\times115\times10^3}{\sqrt{3}\times[12.6+16+2\times(25+56)]}=1045(A)$$

② D母线接地故障

两个电源正常运行，均提供短路电流，则故障线路流过的零序电流为

$$3I_{k0D}^{(1)}=\frac{3\times115\times10^3}{\sqrt{3}\times(2X_{1\Sigma}+X_{0\Sigma})}=\frac{3\times115\times10^3}{\sqrt{3}\times(2\times38.15+118.1)}=1025(A)$$

此时保护1中流过零序电流为

$$3I_{k0D1}^{(1)}=3I_{k0D1}^{(1)}\frac{X_{0N}+X_{0BC}}{X_{0M}+X_{0AC}+X_{0N}+X_{0BC}}$$

$$=1025\times\frac{25+56}{31+28+25+56}=1025\times\frac{1}{1.73}=593(A)$$

若断路器 3 断开，则保护 1 与故障线路流过的零序电流相等：

$$3I_{k0D}^{(1)}=\frac{3\times115\times10^3}{\sqrt{3}\times[2\times(20+8+24)+31+28+84]}=806(A)$$

③ B 母线接地故障

B 母线单相接地时，流过保护 3 和保护 1 的零序电流相等：

$$3I_{k0B}^{(1)}=\frac{3\times115\times10^3}{\sqrt{3}\times[2\times(X_{1M}+X_{1AC}+X_{1CB})+X_{0M}+X_{0AC}+X_{0CB}]}$$

$$=\frac{3\times115\times10^3}{\sqrt{3}\times[2\times(20+8+16)+31+28+56]}=981(A)$$

B 母线两相接地时

$$3I_{k0B}^{(1)}=\frac{3\times115\times10^3}{\sqrt{3}\times[20+8+16+2\times(31+28+56)]}=727(A)$$

（2）零序电流Ⅰ段整定计算

① 保护 1 的零序Ⅰ段定值

$$I_{set.1}^{Ⅰ}=K_{rel}^{Ⅰ}\times3I_{k0B}^{(1)}=1.25\times1730=2076(A)$$

② 保护 2 的零序Ⅰ段定值

$$I_{set.2}^{Ⅰ}=K_{rel}^{Ⅰ}\times3I_{k0D}^{(1)}=1.25\times1025=1281(A)$$

③ 保护 3 的零序Ⅰ段定值

按躲过本线路末端最大零序电流整定，则

$$I_{set.3}^{Ⅰ}=K_{rel}^{Ⅰ}\times3I_{k0B}^{(1)}=1.25\times981=1226(A)$$

若不设方向元件，则保护 3 的Ⅰ段定值还需躲过 C 母线短路时流过的零序电流，则

$$I_{set.3}^{Ⅰ}=K_{rel}^{Ⅰ}\times3I_{k0C}^{(1)}=1.25\times1441=1801(A)$$

按此整定后，在保护出口处两相接地短路时保护 3 不能动作（流过保护 3 短路电流为 1364A），故需加方向元件。保护 3 的Ⅰ段定值取 1226A。

（3）零序电流Ⅱ段整定计算

断路器 1 的零序电流Ⅱ段保护要与保护 2 和保护 3 的零序电流Ⅰ段相配合，取两者的较大值作为整定值。由 D 点短路电流分析可见，考虑分支系数及运行方式影响，与保护 3 配合时定值较大，确定Ⅱ段定值为

$$I_{set.3}^{Ⅱ}=K_{rel}^{Ⅱ}I_{set.3}^{Ⅱ}=1.15\times1226=1410(A)$$

采用这个定值后，在保护 1 保护范围末端 C 母线两相接地短路时，短路电

流小于Ⅱ段动作值，因此不能保护线路全长。可以保留该电流Ⅱ段作为不灵敏Ⅱ段，动作时限与保护3的零序Ⅰ段配合，取0.5s。增加一段保护作为保护1的灵敏Ⅱ段，其动作值与保护3的Ⅱ段配合。

保护3的Ⅱ段可按末端有足够灵敏度整定，即保护3动作电流：

$$I_{\text{set.3}}^{\text{II}}=\frac{727}{1.3}=559(\text{A})$$

则保护1的不灵敏Ⅱ段动作电流：

$$I_{\text{set.1}}^{\text{II}}=K_{\text{rel}}^{\text{II}}I_{\text{set.3}}^{\text{II}}=1.15\times559=643(\text{A})$$

保护灵敏系数为

$$K_{\text{sen}}=\frac{1364}{643}=2.12$$

保护动作时间为

$$t_{\text{set.1}}^{\text{II}}=t_{\text{set.1}}^{\text{II}}+\Delta t=0.5+0.5=1\text{s}$$

二、中性点非直接接地电网

【算例3-15】 图3-26为中性点不接地电网接线示意图，所接电容为各相对地等值分布电容，线路每相对地电容为0.025×10^{-6}F/km，$f=50$Hz，发电机定子绕组每相对地电容0.25×10^{-6}F，系统三相电势对称，其中A相电势为$\dot{E}_{\text{A}}=10/\sqrt{3}\,\text{e}^{\text{j}0^\circ}$kV。当线路$L_3$的A相在k点发生单相接地时，试计算：

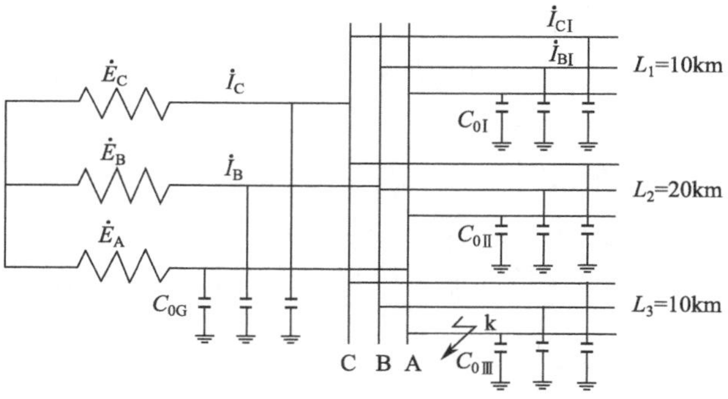

图3-26 算例3-15中性点不接地电网接线示意图

(1) 各相对地电压及零序电压；

(2) 各线路首端的零序电流$3I_0$；

(3) 接地点的电流；

(4) 线路L_3的零序电流保护的整定值及灵敏系数（取可靠系数$K_{\text{rel}}=1.5$）。

解：

(1) 由于A相发生单相接地，故A相对地电压为0。

$$\dot{U}_{AD}=0$$

$$\dot{U}_{BD}=\dot{E}_B-\dot{E}_A=10\times10^3e^{-j150^\circ}$$

$$\dot{U}_{CD}=\dot{E}_C-\dot{E}_A=10\times10^3e^{j150^\circ}$$

零序电压　$3\dot{U}_0=(\dot{U}_{AD}+\dot{U}_{BD}+\dot{U}_{CD})=-3\dot{E}_A$

（2）非故障线路零序电流为线路本身的电容电流，故障线路零序电流为非故障线路零序电流之和。

$$3I_{0L1}=3E_\phi\omega C_0L_1=3(10/\sqrt{3})10^3\times314\times0.025\times10^{-6}\times10=1.36(A)$$

$$3I_{0L2}=3E_\phi\omega C_0L_2=3(10/\sqrt{3})10^3\times314\times0.025\times10^{-6}\times20=2.72(A)$$

$$3I_{0g}=3E_\phi\omega C_{0g}=3(10/\sqrt{3})10^3\times314\times0.25\times10^{-6}=1.36(A)$$

$$\begin{aligned}3I_{0L3}&=3E_\phi\omega(C_{0\Sigma}-C_0L_3)=3I_{0L1}+3I_{0L2}+3I_{0g}\\&=1.36+2.72+1.36=5.44(A)\end{aligned}$$

（3）接地点流过电流为全系统电容电流之和

$$I_k^{(1)}=3E_\phi\omega C_{0\Sigma}=3E_\phi\omega(C_0L_1+C_0L_2+C_0L_3+C_{0g})=6.8(A)$$

（4）线路 L_3 的零序电流保护整定

按照躲过其他线路接地故障时本线路出现的零序电流整定（本线路正常运行时三相电容电流的代数和）

$$I_{0set.3}=K_{rel}3E_\phi\omega C_0L_3=1.5\times1.36=2.04(A)$$

（5）线路 L_3 的零序电流保护灵敏度

$$K_{sen}=\frac{3E_\phi\omega(C_{0\Sigma}-C_0L_3)}{I_{0set.3}}=\frac{5.44}{2.04}=2.7$$

灵敏度满足要求。

第四章　线路距离保护的整定计算

第一节　距离保护的作用原理

一、距离保护的基本概念

电流保护具有简单、可靠、经济的优点。其缺点是对复杂电网很难满足选择性、灵敏性、快速性的要求，因此在复杂网络中需要性能更加完善的保护装置。距离保护反映故障点到保护安装处的距离而动作，由于它同时反映故障后电流的升高和电压的降低而动作，因此其性能比电流保护更加完善。它基本上不受系统运行方式变化的影响（Ⅰ段）或受影响较小（Ⅱ、Ⅲ段）。

距离保护是反映故障点到保护安装处的距离，并且根据故障距离的远近确定动作时间的一种保护装置，当短路点距离保护安装处较近时，保护动作时间较短；当短路点距离保护安装处较远时，保护动作时间较长。

保护动作时间随短路点位置变化的关系 $t=f(L_k)$ 称为保护的时限特性。与电流保护一样，目前距离保护广泛采用三段式的阶梯时限特性。距离Ⅰ段为无延时的速动段；Ⅱ段为带有固定短延时的速动段，Ⅲ段作为后备保护，其时限需与相邻下级线路的Ⅱ段或Ⅲ段配合。

二、阻抗继电器的动作特性

在电流保护中直接将测量值与整定动作值比较，即可决定继电器是否动作。阻抗继电器反映故障后测量阻抗的减小而动作，而线路阻抗本身不能直接与整定值进行比较，而且在复数平面内，阻抗是一个向量，因此需要讨论阻抗继电器的动作特性或动作区域。

阻抗继电器的形式不同，其动作区域形状（特性）也不同，常用的动作特性包括：各种圆特性、四边形、苹果形、橄榄形、直线形等特性。

动作特性对应继电器的动作区域，当测量阻抗端点进入动作区域内，即满足继电器的动作特性，继电器动作，其他情况下，继电器均不应动作。动作方程则是阻抗继电器动作时各物理量之间必须满足的约束关系。可按幅值比较方式构成动作方程，也可按相位比较方式构成动作方程。

三、圆特性阻抗继电器

各种特性阻抗继电器具有不同特点及适用范围，这里重点分析圆特性的阻抗继电器。其他特性的阻抗继电器可以采用类似的分析方法。

1. 全阻抗继电器

(1) 动作特性

以保护安装地点为圆心，以整定阻抗为半径，作特性圆。如图 4-1 所示。

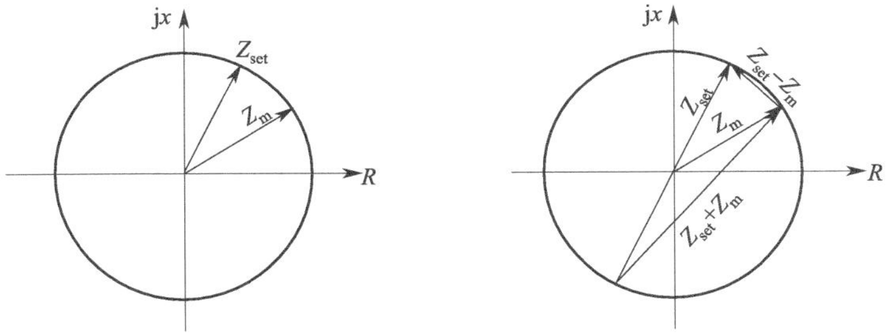

图 4-1 全阻抗继电器动作特性

(2) 特点

保护没有方向性；保护出口处没有死区。

(3) 动作范围

圆内为动作区，圆外为非动作区，启动阻抗恒等于整定阻抗，与加入继电器的电压和电流的夹角无关。

(4) 以幅值比较方式构成的动作方程

根据圆的特性，圆内任意一点到圆心的距离均小于圆的半径，当测量阻抗端点进入圆内时，阻抗继电器动作，因此圆内为动作区，圆周上为临界动作区。对应的动作方程表示为

$$|Z_m| \leqslant |Z_{set}| \tag{4-1}$$

实际比较时，引入电流量，上式变为两个电压量的比较

$$|U_m| \leqslant |I_m Z_{set}| \tag{4-2}$$

(5) 以相位比较方式构成的动作方程

$$270° \geqslant \arg \frac{Z_m + Z_{set}}{Z_m - Z_{set}} \geqslant 90° \tag{4-3}$$

或
$$90^\circ \geqslant \arg \frac{Z_{set}+Z_m}{Z_{set}-Z_m} \geqslant -90^\circ \tag{4-4}$$

2. 方向阻抗继电器

(1) 动作特性

以整定阻抗向量的 1/2 处为特性圆的圆心，以 1/2 整定阻抗为半径，圆周过原点（保护安装地点）作特性圆。

(2) 特点

保护具有明确的方向性；保护出口附近短路可能有死区。

(3) 动作范围

测量阻抗进入圆内，继电器动作。圆内为动作区，圆外为非动作区。

(4) 继电器启动阻抗

继电器启动阻抗随加入继电器的电压和电流的夹角而变化，当夹角为最大灵敏角时，在整定阻抗的方向上，继电器启动阻抗等于整定阻抗，达到最大值。$\varphi_r=\varphi_{set}=\varphi_{sen}$，如图 4-2 所示。

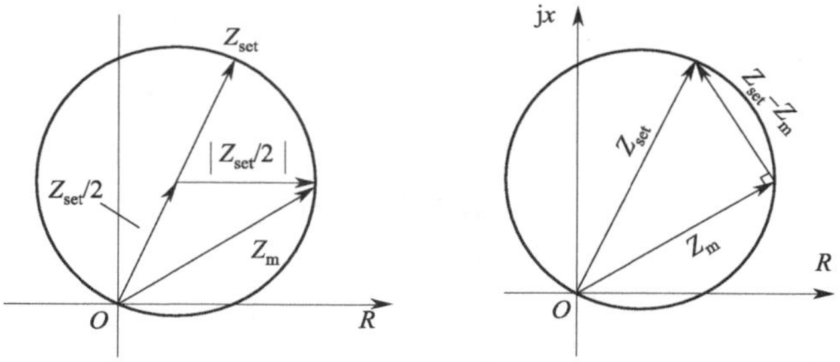

图 4-2　方向阻抗继电器动作特性

以幅值比较方式构成方向阻抗继电器的动作特性方程：
$$\left|Z_m-\frac{1}{2}Z_{set}\right| \leqslant \frac{1}{2}|Z_{set}| \tag{4-5}$$

以相位比较方式构成方向阻抗继电器的动作特性方程：
$$270^\circ \geqslant \arg \frac{Z_m}{Z_m-Z_{set}} \geqslant 90^\circ \tag{4-6}$$

或
$$90^\circ \geqslant \arg \frac{Z_m}{Z_{set}-Z_m} \geqslant -90^\circ$$

第二节 距离保护中几个阻抗的意义和区别

一、几个阻抗的定义

(1) 测量阻抗 Z_m

为保护安装地点的测量电压与流过保护的电流的比值。测量阻抗随着加入继电器的电压、电流的变化而变化。在正常运行时为综合负荷阻抗，此时测量阻抗较大；在发生短路故障时为线路的等值阻抗，其大小随短路点位置变化。

(2) 负荷阻抗 Z_L

正常运行条件下，额定电压与负荷电流的比值。其值随线路所带负荷变化，负荷较大时，负荷阻抗值较小；所带负荷较小时，负荷阻抗较大，当线路和元件给出额定电流时，可以得到额定负荷阻抗，由于线路正常运行时一般有较大的功率因数（$\cos\varphi=0.8\sim0.95$，对应阻抗角为 $31.8^\circ\sim18.2^\circ$）。

(3) 短路阻抗 Z_k

发生短路故障时，保护安装地点的残压与流过保护的短路电流的比值（线路阻抗），此时为保护安装地点到故障点的线路等值阻抗，其值较小，且阻抗角较大 $60^\circ\sim75^\circ$。

(4) 整定阻抗 Z_{set}

保护安装地点到保护范围末端的线路阻抗。整定阻抗是一个定值，当测量阻抗小于整定阻抗，阻抗继电器就会动作。对方向阻抗继电器而言，整定阻抗角选取线路阻抗的等值阻抗角，使发生短路时，距离保护有最大的保护范围，对应的角度称为最大灵敏角。

(5) 启动（动作）阻抗 Z_{op}

阻抗继电器刚好动作时，加在继电器上的电压与电流的比值。对全阻抗继电器而言，动作阻抗恒等于整定阻抗；对方向阻抗继电器，动作阻抗随加入继电器的电压和电流的夹角而变化，当阻抗角等于整定阻抗角时，距离保护有最大的保护范围，继电器动作最灵敏。

二、一次阻抗与二次阻抗

阻抗继电器需要接入电压和电流量，电压和电流分别来自电压互感器和电流互感器的二次侧。保护装置测量的阻抗和整定阻抗可分为一次阻抗和二次阻抗。

一次阻抗：保护接入的一次系统电压与电流的比值：

$$Z_p=U_k/I_k \tag{4-7}$$

二次阻抗：接入阻抗继电器的电压与电流的比值：

$$Z_{r}=\frac{U_{k}/n_{TV}}{I_{k}/n_{TA}}=\frac{n_{TA}}{n_{TV}}Z_{P} \tag{4-8}$$

对整定阻抗，若保护装置一次侧的整定阻抗为 Z_{set}，则二次侧的整定阻抗为：

$$Z_{r.set}=\frac{n_{TA}}{n_{TV}}Z_{set} \tag{4-9}$$

第三节　相间短路距离保护的整定计算原则

一、相间短路距离保护的接线方式

1. 对接线方式的基本要求

阻抗继电器通过接入的电压、电流的比来反映一次系统的阻抗变化，测量阻抗不仅反映阻抗的大小，还要反映阻抗的相角，因此与电流保护不同。距离保护的接线方式决定保护能否满足选择性以及灵敏性的要求。

根据距离保护的工作原理，加入继电器的电压和电流应满足以下要求：

① 阻抗继电器的测量阻抗应正比于保护安装地点到故障点之间的距离；

② 继电器的测量阻抗应与短路故障类型无关，即保护范围不随故障类型而变化。

2. 阻抗继电器的接线方式

为了适应不同的线路运行条件，阻抗继电器常用的有 0°、30°、−30°接线方式。类似于功率方向继电器接线方式的定义，所谓 0°接线方式是指加入继电器的电压为线电压，接入电流为对应的相电流之差。其物理意义是假定 $\cos\varphi=1$，则电流与对应相电压同相位，则加入继电器的电压电流的夹角为 0°，实际中仅用来表明接入电流、电压的组合形式。对 0°接线，每个继电器接入的电流、电压的接线组合如下：

K_1：$\dot{U}_{AB}$，$\dot{I}_{A}-\dot{I}_{B}$；

K_2：$\dot{U}_{BC}$，$\dot{I}_{B}-\dot{I}_{C}$；

K_3：$\dot{U}_{CA}$，$\dot{I}_{C}-\dot{I}_{A}$。

二、相间短路距离保护的整定计算原则

下面以图 4-3 为例说明距离保护的整定计算原则。

(1) 距离Ⅰ段的整定

距离保护Ⅰ段为无延时的速动段，只反映本线路的故障。整定阻抗应躲过本

线路末端短路时的测量阻抗，考虑到阻抗继电器和电流、电压互感器的误差，须引入可靠系数 K_{rel}，对断路器 2 处的距离保护Ⅰ段定值：

$$Z_{set.2}^{I}=K_{rel}^{I}L_{A\text{-}B}z_1 \tag{4-10}$$

式中　$L_{A\text{-}B}$——被保护线路的长度；

z_1——被保护线路单位长度的正序阻抗，Ω/km；

K_{rel}^{I}——可靠系数，由于距离保护属于欠量保护，所以可靠系数取 0.8～0.85。

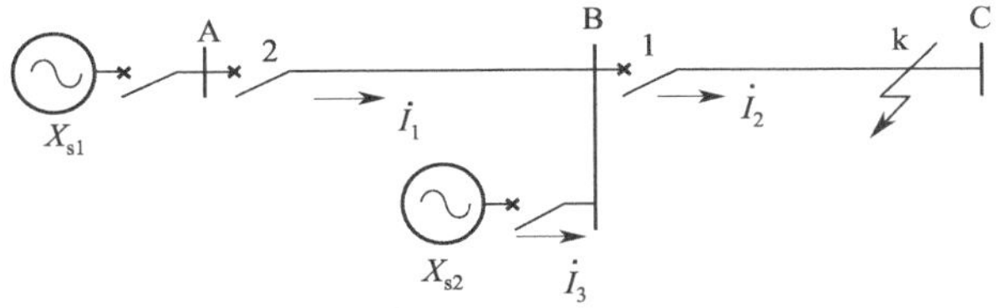

图 4-3　距离保护整定计算说明

（2）距离Ⅱ段的整定

距离保护Ⅰ段只能保护线路全长的 80%～85%，与电流保护一样，需设置Ⅱ段保护。整定阻抗应与相邻线路或变压器保护Ⅰ段配合。

① 分支系数对测量阻抗的影响

当相邻保护之间有分支电路时，保护安装处测量阻抗将随分支电流的变化而变化，因此应考虑分支系数对测量阻抗的影响，如图线路 B-C 上 k 点短路时，断路器 2 处的距离保护测量阻抗为

$$Z_{m2}=\frac{\dot{U}_A}{\dot{I}_1}=\frac{\dot{I}_1Z_{A\text{-}B}+\dot{U}_B}{\dot{I}_1}=Z_{A\text{-}B}+\frac{\dot{I}_2}{\dot{I}_1}Z_k=Z_{A\text{-}B}+K_bZ_k \tag{4-11}$$

$$K_b=\frac{\dot{I}_2}{\dot{I}_1}=1+\frac{\dot{I}_3}{\dot{I}_1}=1+\frac{X_{s1}+X_{AB}}{X_{s2}} \tag{4-12}$$

$$K_{b.min}=1+\frac{X_{s1.min}+X_{AB}}{X_{s2.max}} \tag{4-13}$$

式中　$\dot{U}_A$，$\dot{U}_B$——母线 A、B 测量电压；

$Z_{A\text{-}B}$——线路 A-B 的正序阻抗；

Z_k——短路点到母线 B 处线路的正序阻抗；

K_b——分支系数。

对如图 4-3 所示网络，显然 $K_b>1$，此时测量阻抗 Z_{m2} 大于短路点到保护安装处之间的线路阻抗 $Z_{A\text{-}B}+Z_k$，这种使测量阻抗变大的分支称为助增分支，I_3 称为助增电流。若为外汲电流的情况，则 $K_b<1$，使得相应测量阻抗减小。

② 整定阻抗的计算

相邻线路距离保护Ⅰ段保护范围末端短路时，保护 2 处的测量阻抗为

$$Z_{m2}=Z_{A\text{-}B}+\frac{\dot{I}_2}{\dot{I}_1}Z_{set.1}^{I}=Z_{A\text{-}B}+K_bZ_{set.1}^{I} \tag{4-14}$$

按照选择性要求，此时保护不应动作，考虑到运行方式的变化影响，分支系数应取最小值 $K_{b.min}$，引入可靠系数 K_{rel}^{II}，距离Ⅱ段的整定阻抗为

$$Z_{set.2}^{II}=K_{rel}^{II}(Z_{A\text{-}B}+K_{b.min}Z_{set.1}^{I}) \tag{4-15}$$

式中　K_{rel}^{II}——可靠系数，与相邻线路配合时取 0.80～0.85。

若与相邻变压器配合，整定计算公式为

$$Z_{set.2}^{II}=K_{rel}^{II}(Z_{A\text{-}B}+K_{b.min}Z_T) \tag{4-16}$$

式中，可靠系数 K_{rel}^{II} 取 0.70～0.75；Z_T 为相邻变压器阻抗。

距离Ⅱ段的整定阻抗应分别按照上述两种情况进行计算，取其中的较小者作为整定阻抗。

③ 灵敏度的校验

距离保护Ⅱ段应能保护线路的全长，并有足够的灵敏度，要求灵敏系数应满足

$$K_{sen}=\frac{Z_{set.2}^{II}}{Z_{A\text{-}B}}\geqslant 1.3 \tag{4-17}$$

如果灵敏度不满足要求，则距离保护Ⅱ段应与相邻元件的保护Ⅱ段相配合，以提高保护动作灵敏度。

④ 动作时限的整定

距离Ⅱ段的动作时限，应比与之配合的相邻元件保护动作时间高出一个时间级差 Δt，动作时限整定为

$$t_2^{II}=t_i^{(x)}+\Delta t \tag{4-18}$$

式中　$t_i^{(x)}$——与本保护配合的相邻元件保护Ⅰ段或Ⅱ段最大动作时间。

（3）距离Ⅲ段的整定

① 距离Ⅲ段的整定阻抗

a. 与相邻下级线路距离保护Ⅱ或Ⅲ段配合

$$Z_{set.2}^{III}=K_{rel}^{III}(Z_{A\text{-}B}+K_{b.min}Z_{set.1}^{(x)}) \tag{4-19}$$

式中　$Z_{set.1}^{(x)}$——与本保护配合的相邻元件保护Ⅱ段或Ⅲ段整定阻抗。

b. 与相邻下级线路或变压器的电流、电压保护配合

$$Z_{set.2}^{III}=K_{rel}^{III}(Z_{A\text{-}B}+K_{b.min}Z_{min}) \tag{4-20}$$

式中　Z_{min}——相邻元件电流、电压保护的最小保护范围对应的阻抗值。

c. 躲过正常运行时的最小负荷阻抗

当线路上负荷最大（$I_{L.max}$）且母线电压最低（$U_{L.min}$）时，负荷阻抗最小，其值为

$$Z_{L.min}=\frac{\dot{U}_{L.min}}{\dot{I}_{L.max}}=\frac{(0.9\sim0.5)\dot{U}_N}{\dot{I}_{L.max}} \tag{4-21}$$

式中　$\dot{U}_N$——母线额定电压。

与过电流保护相同，由于距离Ⅲ段的动作范围大，需要考虑电动机自启动时保护的返回问题，采用全阻抗继电器时，整定阻抗为

$$Z_{set.2}^{Ⅲ}=\frac{1}{K_{rel}K_{ss}K_{re}}Z_{L.min} \tag{4-22}$$

式中　K_{rel}——可靠系数，一般取1.2～1.25；

K_{ss}——电动机自启动系数，取1.5～2.5；

K_{re}——阻抗测量元件的返回系数，取1.15～1.25。

若采用全阻抗继电器保护的灵敏度不能满足要求，可以采用方向阻抗继电器，考虑到方向阻抗继电器的动作阻抗随阻抗角变化，整定阻抗计算如下

$$Z_{set.2}^{Ⅲ}=\frac{Z_{L.min}}{K_{rel}K_{ss}K_{re}\cos(\varphi_{set}-\varphi_L)} \tag{4-23}$$

式中　φ_{set}——整定阻抗的阻抗角；

φ_L——负荷阻抗的阻抗角。

按上述三个原则计算，取其中较小者为距离保护Ⅲ段的整定阻抗。

② 灵敏度的校验

距离Ⅲ段既作为本线路保护Ⅰ、Ⅱ段的近后备，又作为相邻下级设备的远后备保护，并满足灵敏度的要求。

作为本线路近后备保护时，按本线路末端短路校验，计算公式如下

$$K_{sen(1)}=\frac{Z_{set.2}^{Ⅲ}}{Z_{A\text{-}B}}\geqslant1.5 \tag{4-24}$$

作为相邻元件或设备的近后备保护时，按相邻元件末端短路校验，计算公式如下

$$K_{sen(2)}=\frac{Z_{set.2}^{Ⅲ}}{Z_{A\text{-}B}+K_{b.max}Z_{next}}\geqslant1.2 \tag{4-25}$$

式中　$K_{b.max}$——分支系数最大值；

Z_{next}——相邻设备（线路、变压器等）的阻抗。

③ 动作时间的整定

距离Ⅲ段的动作时限，应比与之配合的相邻元件保护动作时间（相邻Ⅱ段或Ⅲ段）高出一个时间级差Δt，动作时限整定为

$$t_2^{Ⅲ}=t_i^{(x)}+\Delta t \tag{4-26}$$

式中　$t_i^{(x)}$——与本保护配合的相邻元件保护Ⅱ段或Ⅲ段最大动作时间。

第四节　接地距离保护的整定计算原则

一、接地距离保护的接线方式

对线路发生单相及两相接地故障采用三段式接地距离保护可以提高保护动作的选择性和灵敏性。由于要反映单相接地故障，接地距离保护的阻抗测量元件应采用相电压和相电流接线方式，测量阻抗应正比于短路点到保护安装处的距离，而且测量值与接地故障的类型无关。

如图 4-4 断路器 1 安装有三段式接地距离保护，k 点 A 相发生单相接地短路时，A 相接地故障电流为 $\dot{I}_A$，设故障点 A 相电压为 $\dot{U}_{kA}$，保护安装处 A 相母线电压为

$$\dot{U}_A=\dot{U}_{kA}+\dot{I}_{A1}z_1L_k+\dot{I}_{A2}z_2L_k+\dot{I}_{A0}z_0L_k \tag{4-27}$$

式中　$\dot{U}_A$——保护安装处 A 相电压；

$\dot{I}_{A1},\dot{I}_{A2},\dot{I}_{A0}$——流过保护安装处的 A 相正序、负序、零序电流；

z_1，z_2，z_0——被保护线路单位长度的正序、负序、零序阻抗，假设 $z_1=z_2$。

显然 $Z_m=\dfrac{\dot{U}_A}{\dot{I}_A}\neq z_1L_k$，即按此接线，接地故障时不能正确测量保护安装处到故障点的距离，主要原因是零序电流的影响。

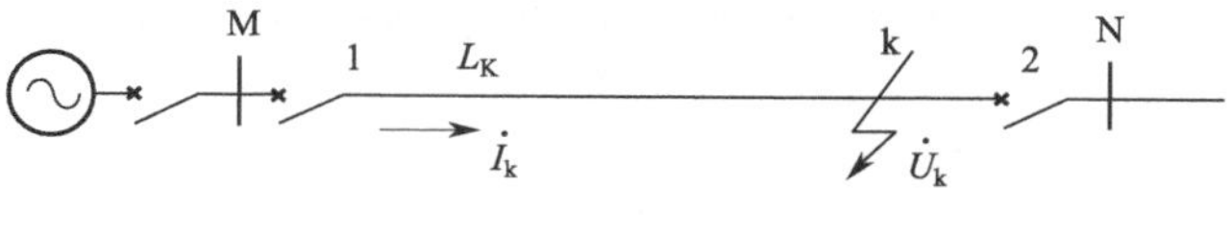

图 4-4　接地距离保护接线方式分析

A 相单相接地时，$\dot{U}_{kA}=0$，则式(4-27) 可变为

$$\dot{U}_A=\dot{U}_{kA}+\left[(\dot{I}_{A1}+\dot{I}_{A2}+\dot{I}_{A0})+3\dot{I}_{A0}\frac{z_0-z_1}{3z_1}\right]z_1L_k=(\dot{I}_A+K3\dot{I}_0)z_1L_k \tag{4-28}$$

式中　K——零序电流补偿系数。

考虑到接地故障时零序电流对测量阻抗的影响，引入零序电流补偿，实际测量阻抗表示为

$$Z_m=\frac{\dot{U}_A}{\dot{I}_A+K3\dot{I}_0}=z_1L_k \tag{4-29}$$

对任意相故障测量阻抗为

$$Z_{mi}=\frac{\dot{U}_i}{\dot{I}_i+K3\dot{I}_0}=z_1L_k \tag{4-30}$$

式中　$\dot{U}_i$，$\dot{I}_i$——接地故障时保护安装处的相电压及对应相电流。

二、接地距离保护的整定计算原则

（1）接地距离Ⅰ段

$$Z_{set}^{Ⅰ}=K_{rel}^{Ⅰ}Z_L \tag{4-31}$$

式中　Z_L——被保护线路的正序阻抗；

$K_{rel}^{Ⅰ}$——可靠系数，取 $K_{rel}^{Ⅰ}\leqslant 0.7$。

（2）接地距离Ⅱ段

① 与相邻接地距离Ⅰ段配合

$$Z_{set}^{Ⅱ}=K_{rel}(Z_L+K_bZ_{set.N}^{Ⅰ}) \tag{4-32}$$

式中　Z_L——被保护线路正序阻抗；

K_b——相邻线路故障时的分支（助增）系数，选出正序与零序助增系数两者中较小值；

$Z_{set.N}^{Ⅰ}$——相邻线路接地距离Ⅰ段动作阻抗；

K_{rel}——可靠系数，取 $K_{rel}=0.7\sim0.8$。

② 躲相邻线路中点故障

$$Z_{set}^{Ⅱ}=K_{rel}\left(Z_L+K_b\frac{Z_{NL}}{2}\right) \tag{4-33}$$

式中　Z_{NL}——相邻线路正序阻抗。

③ 与相邻线路零序电流Ⅰ段配合（只考虑单相接地故障）

a.
$$Z_{set}^{Ⅱ}=K_{rel}\frac{U_\phi+2U_2+U_0}{2I_1+(1+3K)I_0} \tag{4-34}$$

b.
$$Z_{set}^{Ⅱ}=K_{rel}(Z_L+K_bZ_N) \tag{4-35}$$

式中　Z_L——被保护线路正序阻抗；

U_ϕ——电源相电压，可取额定相电压值；

K_b——相邻线路零序Ⅰ段保护范围末端故障时的分支（助增）系数，选正序与零序助增系数两者中较小值；

Z_N——相邻线路对应于零序电流保护的保护范围末端的正序阻抗；

K_{rel}——可靠系数，取 $K_{rel}=0.7$；

U_2，U_0，I_1，I_0——相邻线路零序电流Ⅰ段保护范围末端单相接地故障时，本保护各序电压、电流测量值。

④ 躲相邻线路末端故障

$$Z_{set}^{II}=K_{rel}(Z_L+K_bZ_{NL}) \tag{4-36}$$

⑤ 躲变压器小电流接地系统侧母线三相短路

$$Z_{set}^{II}=K_{rel}(Z_L+K_{b1}Z_T) \tag{4-37}$$

式中 Z_T——变压器正序阻抗；

K_{b1}——正序分支（助增）系数。

⑥ 躲变压器其他（大电流接地系统）母线接地故障

a. 单相接地故障

$$Z_{set}^{II}=K_{rel}\frac{U_\phi+2U_2+U_0}{2I_1+(1+3K)I_0} \tag{4-38}$$

b. 两相接地故障

$$Z_{set}^{II}=K_{rel}\frac{a^2U_2+aU_1+U_0}{a^2I_1+aI_2+(1+3K)I_0} \tag{4-39}$$

式中 U_1，U_2，U_0 和 I_1，I_2，I_0——变压器其他侧母线接地故障时在保护安装处测得的各相序电压和电流相量；

K_{rel}——可靠系数，取 $K_{rel}\leqslant 0.7$。

（3）接地距离Ⅲ段

① 按本线路末端接地故障有足够灵敏度整定

$$Z_{set}^{III}=K_{sen}Z_L \tag{4-40}$$

式中 Z_L——本线路正序阻抗；

K_{sen}——距离Ⅲ段灵敏系数，取1.8～3。

② 与相邻线路接地距离Ⅱ段配合

$$Z_{set1}^{III}=K_{rel}(Z_L+K_bZ_{set.N}^{II}) \tag{4-41}$$

式中 Z_L——本线路正序阻抗；

$Z_{set.N}^{II}$——相邻线路接地距离Ⅱ段动作阻抗；

K_{rel}——可靠系数，取0.7～0.8；

K_b——分支（助增）系数，选用正序助增系数与零序助增系数两者中的较小值。

动作时间为

$$t^{III}=t_N^{II}+\Delta t \tag{4-42}$$

式中 t_N^{II}——相邻线路接地距离Ⅱ段动作时间。

③ 与相邻线路接地距离Ⅲ段配合

$$Z_{set}^{III}=K_{rel}(Z_L+K_bZ_{set.N}^{III}) \tag{4-43}$$

式中 $Z_{set.N}^{III}$——相邻线路接地距离Ⅲ段动作阻抗。

动作时间为

$$t^{\mathrm{III}}=t_{\mathrm{N}}^{\mathrm{III}}+\Delta t \tag{4-44}$$

式中　$t_{\mathrm{N}}^{\mathrm{III}}$——相邻线路接地距离Ⅲ段动作时间。

三、接地距离保护的补偿系数及分支系数的确定

由于要反映单相接地故障，对三段式接地距离保护阻抗测量元件采用相电压和相电流接线方式，考虑到接地故障时零序电流对测量阻抗的影响，引入零序电流补偿，实际测量阻抗表示为

$$Z_{\mathrm{m}}=\frac{\dot{U}_{\mathrm{m}}}{\dot{I}_{\mathrm{m}}+K3\dot{I}_{0}} \tag{4-45}$$

式中　$\dot{U}_{\mathrm{m}}$——保护安装处相电压测量值；

$\dot{I}_{\mathrm{m}},\dot{I}_{0}$——流过保护安装处的对应相电流、零序电流测量值。

接地距离Ⅰ段的整定计算与相间距离Ⅰ段整定计算相同，而接地距离Ⅱ段与相邻线路接地距离Ⅰ段或接地距离Ⅱ段配合时既要考虑正序电流分支系数，同时也要考虑零序电流分支系数，从而使得接地距离保护的整定计算相对复杂。下面以图 4-5 为例加以说明。

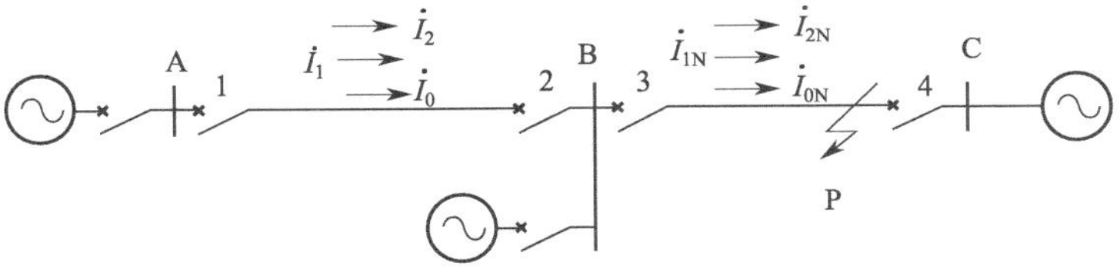

图 4-5　接地距离保护配合说明图

图 4-5 中假定全系统阻抗角相等且正序阻抗角等于零序阻抗角，A 侧系统的零序系统阻抗 $Z_{0\mathrm{s}}$。

对于接地距离保护，在接线方式中采用了零序电流补偿系数 K，由于零序阻抗角和正序阻抗角相等，故 $K=\dfrac{Z_0-Z_1}{3Z_1}$，当接地距离Ⅱ段与相邻线路的接地距离保护配合时，相邻线路的 K 值可能与本线路 K 值不同，使测量阻抗发生变化。同时接地距离保护的第Ⅱ、Ⅲ段整定中的正序分支系数和零序分支系数不仅大小不同，而且各自随运行方式的变化而变化，并没有固定的比例关系，使得接地距离保护的整定计算变得复杂。图 4-5 中如果线路的正序阻抗等于负序阻抗，接地距离保护 3 的第Ⅰ段的整定阻抗为 $Z_{0\mathrm{set.3}}^{\mathrm{I}}$，在保护 3 第Ⅰ段保护范围末端 P 点发生单相接地短路时，保护 1 的测量阻抗为 $Z_{\mathrm{m1}}=\dfrac{\dot{U}_{\mathrm{m}}}{\dot{I}_{\mathrm{m}}+K3\dot{I}_{0}}$。

为了使保护 1 和保护 3 配合，则保护 1 第Ⅱ段的整定阻抗为

$$Z_{\text{set.1}}^{\text{II}}=K_{\text{rel}}^{\text{II}}Z_{\text{m1}}=K_{\text{rel}}^{\text{II}}\frac{\dot{U}_{\text{m}}}{\dot{I}_{\text{m}}+K3\dot{I}_{0}} \tag{4-46}$$

式中，$\dot{I}_{\text{m}}=\dot{I}_1+\dot{I}_2+\dot{I}_0$，$\dot{U}_{\text{m}}=\dot{U}_1+\dot{U}_2+\dot{U}_0$。

各序电压可分别表示为

$$\begin{cases}\dot{U}_1=\dot{U}_{\text{k1}}+\dot{I}_1Z_{\text{1AB}}+\dot{I}_{\text{1n}}Z_{\text{set.3}}^{\text{I}}\\\dot{U}_2=\dot{U}_{\text{k2}}+\dot{I}_2Z_{\text{1AB}}+\dot{I}_{\text{2n}}Z_{\text{set.3}}^{\text{I}}\\\dot{U}_0=\dot{U}_{\text{k0}}+\dot{I}_0Z_{\text{0AB}}+\dot{I}_{\text{0n}}Z_{\text{0set.3}}^{\text{I}}\end{cases} \tag{4-47}$$

式中，$\dot{I}_1$、$\dot{I}_2$、$\dot{I}_0$ 和 $\dot{I}_{\text{1n}}$、$\dot{I}_{\text{2n}}$、$\dot{I}_{\text{0n}}$ 分别为流过保护 1 和相邻保护 3 的各序电流；$\dot{U}_{\text{k1}}$、$\dot{U}_{\text{k2}}$、$\dot{U}_{\text{k0}}$ 为故障点各序电压；Z_{1AB}、Z_{0AB} 为线路 AB 的正序、零序阻抗；$Z_{\text{0set.3}}^{\text{I}}$ 为与距离保护 3 的Ⅰ段保护范围相对应的零序阻抗。

发生单相接地故障时：$\dot{U}_{\text{k1}}+\dot{U}_{\text{k2}}+\dot{U}_{\text{k0}}=0$，$\dot{I}_{\text{1n}}=\dot{I}_{\text{2n}}=\dot{I}_{\text{0n}}$。

即故障点各序电流相等。

将式(4-46) 代入式(4-47)，整理后得：

$$Z_{\text{set.1}}^{\text{II}}=K_{\text{rel}}^{\text{II}}\frac{(\dot{I}_1+\dot{I}_2+\dot{I}_0)Z_{\text{1AB}}+\dfrac{3\dot{I}_0(Z_{\text{0AB}}-Z_{\text{1AB}})}{3Z_{\text{1AB}}}Z_{\text{1AB}}+(\dot{I}_{\text{1n}}+\dot{I}_{\text{2n}}+\dot{I}_{\text{0n}})Z_{\text{set.3}}^{\text{I}}+\dfrac{3\dot{I}_{\text{0n}}(Z_{\text{0set.3}}^{\text{I}}-Z_{\text{set.3}}^{\text{I}})}{3Z_{\text{set.3}}^{\text{I}}}Z_{\text{set.3}}^{\text{I}}}{\dot{I}_{\text{m}}+\dot{K}3\dot{I}_0} \tag{4-48}$$

式中，$\dot{K}=\dfrac{Z_{\text{0AB}}-Z_{\text{1AB}}}{3Z_{\text{1AB}}}$ 为线路 AB 的零序电流补偿系数；令 $\dot{K}_{\text{n}}=\dfrac{Z_{\text{0set.3}}^{\text{I}}-Z_{\text{set.3}}^{\text{I}}}{3Z_{\text{set.3}}}$为相邻线路的零序电流补偿系数。则式(4-48) 可简化为

$$Z_{\text{set.1}}^{\text{II}}=K_{\text{rel}}^{\text{II}}\left(Z_{\text{1AB}}+\frac{\dot{I}_{\text{1n}}+\dot{I}_{\text{2n}}+\dot{I}_{\text{0n}}+K3\dot{I}_{\text{0n}}}{\dot{I}_1+\dot{I}_2+\dot{I}_0+K3\dot{I}_0}Z_{\text{set.3}}^{\text{I}}\right) \tag{4-49}$$

令 $K_{\text{b1}}=\dfrac{I_{\text{1n}}}{I_1}$（正序电流分支系数），$K_{\text{b2}}=\dfrac{I_{\text{2n}}}{I_2}$（负序电流分支系数），$K_{\text{b0}}=\dfrac{I_{\text{0n}}}{I_0}$（零序电流分支系数），并考虑 $K_{\text{b1}}=K_{\text{b2}}$，则式(4-49) 可写为

$$Z_{\text{set.1}}^{\text{II}}=K_{\text{rel}}^{\text{II}}\left[Z_{\text{1AB}}+K_{\text{b1}}Z_{\text{set.3}}^{\text{I}}+\frac{(K_{\text{b0}}-K_{\text{b1}})(1+3K)3\dot{I}_0}{\dot{I}_{\text{m}}+K3\dot{I}_0}Z_{\text{set.3}}^{\text{I}}+\frac{(K_{\text{n}}-K)3K_{\text{b0}}\dot{I}_0}{\dot{I}_{\text{m}}+K3\dot{I}_0}Z_{\text{set.3}}^{\text{I}}\right] \tag{4-50}$$

在实际整定计算中，若采用式(4-50)整定接地距离保护，将使计算十分复杂。根据我国 DL/T 559—2018《220～750kV 电网继电保护装置运行整定规程》规定，接地距离保护与相邻线路接地距离Ⅰ段配合时 $Z_{set.1}^{Ⅱ}=K_{rel}^{Ⅱ}(Z_{AB}+K_bZ_{set.3}^{Ⅰ})$，其中，$K_b$ 选用正序分支系数和零序分支系数中的较小值。

第五节　距离保护的整定计算算例

【算例 4-1】 如图 4-6 所示网络，保护 1、2、3、4 均采用带记忆回路的方向阻抗继电器构成的距离保护，线路阻抗为 0.4Ω/km，全系统阻抗角均为 70°，两侧电源电势 $E_m=E_n$，设故障前负荷电流为零，继电器动作条件为 $-90°\leqslant\arg\dfrac{\dot{I}Z_{set}-\dot{U}}{\dot{U}_p}\leqslant90°$，式中 $\dot{U}$、$\dot{I}$ 为保护安装处的电流和电压；$\dot{U}_p$ 为极化电压。试对保护 3 的距离Ⅰ段进行整定，然后求其在正向和反向短路时 $t=0$s 的动态特性表达式，特性圆的圆心相量 Z_C，半径 r 和圆的方程，并在复平面上画出该动态圆（Ⅰ段整定时，取可靠系数 $K_{rel}=0.85$）。

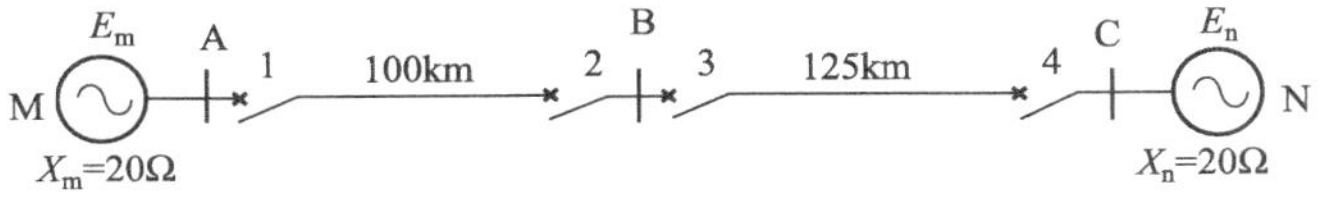

图 4-6　算例 4-1 图

解：

$$Z_{set.3}^{Ⅰ}=K_{rel}Z_{BC}=0.85\times0.4\times L_{AB}=42.5(\Omega)$$

正向故障时的动态特性阻抗表达式：$-90°\leqslant\dfrac{Z_{set.3}^{Ⅰ}e^{j70°}-Z_m}{Z_se^{j70°}+Z_m}\leqslant90°$，代入数据，M 侧等值至母线 B 的系统阻抗为 60Ω，则

$-90°\leqslant\dfrac{42.5e^{j70°}-Z_m}{60e^{j70°}+Z_m}\leqslant90°$，如图 4-7 所示，正向圆心相量 $Z_{CP}=8.75e^{-j110°}\Omega$，半径 $r_P=60-8.75=51.25\Omega$，圆的方程 $R^2+X^2+6R+16.4X-2550=0$。

反向故障时动态特性的阻抗表达式：$-90°\leqslant\dfrac{Z_{set.3}^{Ⅰ}e^{j70°}-Z_m}{Z_m-Z_se^{j70°}}\leqslant90°$，由 N 侧电源归算至 B 母线的阻抗为 70Ω，代入数据则：$-90°\leqslant\dfrac{42.5e^{j70°}-Z_m}{Z_m-70e^{j70°}}\leqslant90°$，圆心相量 $Z_{CO}=56.25e^{j70°}\Omega$，半径 $r_o=13.75\Omega$，圆的方程 $R^2+X^2-38.5R-107.7X+2234.6=0$。

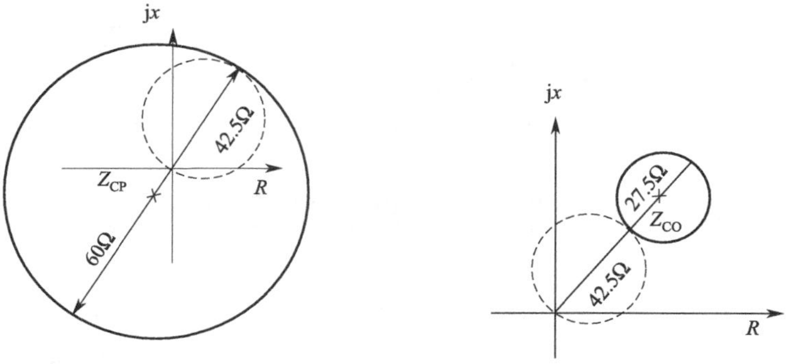

图 4-7 算例 4-1 正反向短路阻抗动态特性示意图

【算例 4-2】 在图 4-6 所示网络中，如系统发生振荡，Ⅰ、Ⅱ段均采用方向元件，要求：

（1）指出振荡中心位于何处？

（2）分析保护 1、保护 4 的Ⅰ段和Ⅱ段以及保护 2，保护 3 的Ⅰ段中有哪些保护要受振荡影响？

（3）求可能使保护 1 距离Ⅱ段的测量元件误动的 δ 角的范围及其误动时间，确认该段保护能否误动（计算中取Ⅰ段可靠系数 $K_{rel}^{I}=0.85$，Ⅱ段的定值按保护本线路末端灵敏系数为 1.5 来整定，动作时间为 0.5s，系统电势 $E_M=E_N$，振荡周期 $T=2s$，线路阻抗 $X_1=0.4\Omega/km$，全系统阻抗角均等于 70°）。

解：

（1）根据已知条件，M 侧电源到 N 侧电源之间系统总阻抗为

$$\begin{aligned}Z_{\Sigma}&=Z_M+Z_N+Z_{AB}+Z_{BC}\\&=20+20+0.4(100+125)\\&=130(\Omega)\end{aligned}$$

由于两侧电源电势幅值相等，而且各阻抗角相同，因此振荡中心位于总阻抗的$\frac{1}{2}$处。由图可知该点在线路 BC 上距 B 母线 12.5km 处。

（2）对保护 1，其Ⅰ段保护范围为本线路全长的 85%，振荡中心在保护范围以外，因此不受影响；保护 1 的Ⅱ段动作阻抗为 1.5×40＝60Ω，保护范围末端为相邻线路距离 B 母线 50km，振荡中心在动作范围内，故受振荡影响；

对保护 4，其Ⅰ段保护范围末端距离 C 母线 106.25 km，振荡中心位于保护范围以外，故不受振荡影响，其Ⅱ段保护范围延伸至下段线路，故受振荡影响；

对保护 2 的Ⅰ段，振荡中心位于其保护范围的反方向，故不受振荡影响；

对保护 3 的Ⅰ段，振荡中心位于保护范围内，故受振荡影响。

(3) 如图 4-8 所示，实线为稳态特性圆，虚线为暂态动作特性，继电器启动时对应的振荡角分别为 δ 和 δ'，图中 $op=15\sqrt{3}$，$op'=\sqrt{65\times15}=5\sqrt{39}$

$$\tan\frac{\delta}{2}=\frac{65}{15\sqrt{3}}，\ \tan\frac{\delta'}{2}=\frac{65}{5\sqrt{39}}$$

对应 $\delta=2\times68.21°=136.42°$，$\delta'=2\times64.34°=128.68°$

对电力系统振荡中的阻抗变化其特性按稳态特性分析，则保护 1 的距离Ⅱ段可以启动的振荡角度为

$$\delta=136.4°\sim(360°-136.4°)$$

$$t_{\delta}=T\frac{360-2\delta}{360}=2\times\frac{360°-2\times136.4°}{360°}=0.484\text{s}$$

该时间小于Ⅱ段保护动作时间（$t^{\mathrm{II}}=0.5\text{s}$），故该段保护不会误动。

【算例 4-3】 试根据下列数据整定点 1 处距离保护的Ⅰ段和Ⅱ段（图 4-9）的一次动作阻抗，已知 AB 线路长 25km，$Z_1=0.45\Omega/\text{km}$；BC 为两条平行线路，其中一回线路的全阻抗为 31.4Ω，另一回路线的全阻抗为 34.6Ω；平行线路上未装设横联差动保护（取可靠系数 $K_{\text{rel}}^{\mathrm{I}}=K_{\text{rel}}^{\mathrm{II}}=0.8$）。

解：

$$Z_{\text{set.1}}^{\mathrm{I}}=K_{\text{rel}}^{\mathrm{I}}Z_1l_{AB}=0.8\times0.45\times25=9(\Omega)$$

$$Z_{\text{set.2}}^{\mathrm{I}}=K_{\text{rel}}^{\mathrm{I}}Z_{BC1}=0.8\times31.4=25.12(\Omega)$$

$$Z_{\text{set.1}}^{\mathrm{I}}=K_{\text{rel}}^{\mathrm{I}}Z_{BC2}=0.8\times34.6=27.68(\Omega)$$

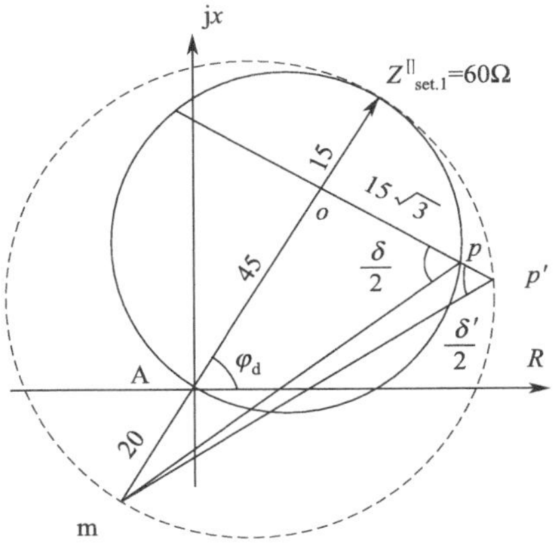

图 4-8　算例 4-2 保护受振荡影响分析示意图

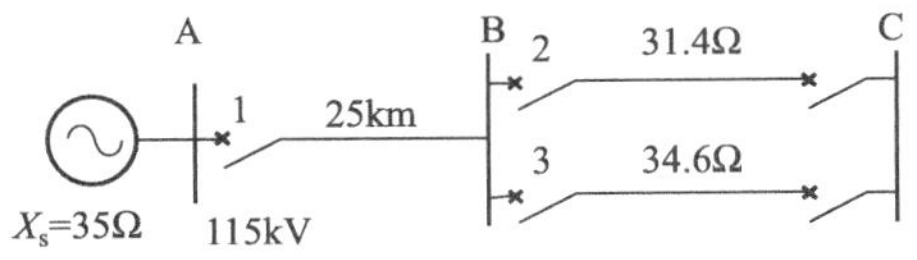

图 4-9　算例 4-3 网络接线图

保护 1 的距离Ⅱ段需与两个相邻线路的Ⅰ段配合，取较小值作为整定值。

(1) 与保护 2 距离Ⅰ段配合

$$K_{\text{b.min2}}=\frac{34.6+0.2\times31.4}{31.4+34.6}=0.62$$

$$Z_{set.1}^{Ⅱ}=0.8(Z_{AB}+K_{b.min2}Z_{set.2}^{Ⅰ})=0.8\times(11.25+0.62\times25.12)=21.5(\Omega)$$

（2）与保护 3 距离Ⅰ段配合

$$K_{b.min3}=\frac{31.4+0.2\times34.6}{31.4+34.6}=0.58$$

$$Z_{set.1}^{Ⅱ}=0.8(Z_{AB}+K_{b.min3}Z_{set.3}^{Ⅰ})=0.8\times(11.25+0.58\times27.68)=21.8(\Omega)$$

取Ⅱ段定值为 21.5Ω。

保护动作灵敏度为 $$K_{sen}=\frac{Z_{set.1}^{Ⅱ}}{Z_{AB}}=\frac{21.5}{11.25}=1.911$$

满足要求。

【算例 4-4】 如图 4-10 所示，已知 AB 线路长 30km，单位长度阻抗 $Z_1=0.4\Omega/km$；BC 为平行双回线路，线路长度均为 60km，假设平行双回线路上装设距离保护（取可靠系数 $K_{rel}^{Ⅰ}=K_{rel}^{Ⅱ}=0.8$）。试根据所给参数整定断路器 1 的距离保护的Ⅰ段和Ⅱ段一次动作阻抗（图 4-10 等值电路见图 4-11）。

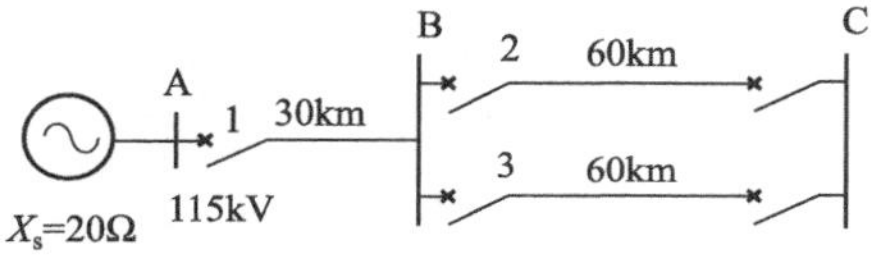

图 4-10 算例 4-4 的网络接线图

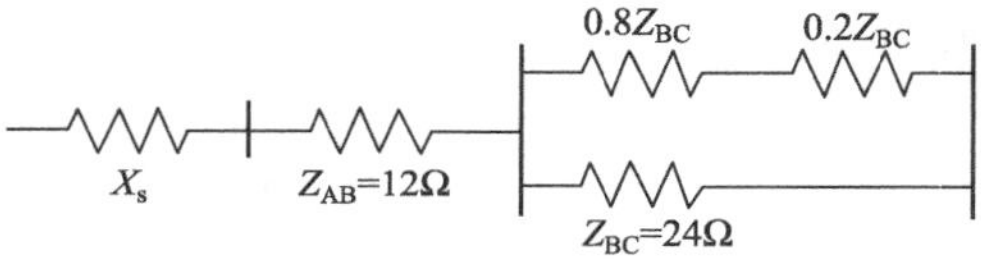

图 4-11 算例 4-4 等值电路

解：

$$Z_{set.1}^{Ⅰ}=K_{rel}^{Ⅰ}Z_1 l_{AB}=0.8\times0.4\times30=9.6(\Omega)$$

$$Z_{set.2}^{Ⅰ}=Z_{set.3}^{Ⅰ}=K_{rel}^{Ⅰ}Z_{BC1}=0.8\times0.4\times60=19.2(\Omega)$$

由于相邻双回线路的长度及距离Ⅰ段的定值相同，仅需与任意一条线路的Ⅰ段配合作为整定值。

$$K_{b.min}=\frac{Z_{BC}+0.2Z_{BC}}{2Z_{BC}}=\frac{24+0.2\times24}{2\times24}=0.6$$

$$Z_{set.1}^{Ⅱ}=0.8(Z_{AB}+K_{b.min}Z_{set.2}^{Ⅰ})=0.8\times(12+0.6\times19.6)=19.0(\Omega)$$

保护动作灵敏度为 $$K_{sen}=\frac{Z_{set.1}^{Ⅱ}}{Z_{AB}}=\frac{19.0}{12}=1.58$$

满足要求。

【算例 4-5】 如图 4-12 所示，各线路均装有距离保护，试对保护 1 的相间短路距离保护Ⅰ、Ⅱ、Ⅲ段进行整定计算，即求各段动作阻抗 $Z_{set}^{Ⅰ}$、$Z_{set}^{Ⅱ}$、Z_{set}，动作时间 $t^{Ⅰ}$、$t^{Ⅱ}$、t 和校验其灵敏性，即求 $l_{sen}\%$、$K_{sen}^{Ⅱ}$、$K_{sen(1)}$、$K_{sen(2)}$。已知线路 A-B 的最大负荷电流为 $I_{L.max}=350A$，功率因数 $\cos\varphi_L=0.9$，所有线路

单位阻抗 $z_1=0.4\Omega/\text{km}$，阻抗角 $\varphi_L=70°$，自启动系数 $K_{ss}=1.5$，正常时母线最低电压 $U_{L.min}=0.9U_N$（$U_N=110\text{kV}$）。其他参数见图 4-12。

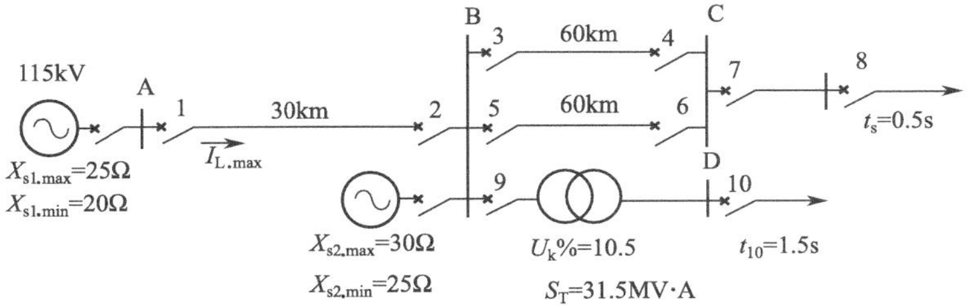

图 4-12　算例 4-5 的网络接线图

解：

（1）有关元件阻抗的计算

A-B 线路的正序阻抗　$Z_{AB}=z_1 l_{AB}=0.4\times30=12(\Omega)$

B-C 每回线路的正序阻抗　$Z_{BC}=z_1 L_{BC}=0.4\times60=24(\Omega)$

变压器的等值阻抗

$$Z_T=U_k\%\frac{U_T^2}{S_T}=0.105\times\frac{115^2}{31.5}=44.1(\Omega)$$

（2）距离Ⅰ段的整定

① 整定阻抗　$Z_{set.1}^{\text{I}}=K_{rel}^{\text{I}}Z_{AB}=0.85\times12=10.2(\Omega)$

② 动作时间（第Ⅰ段实为保护装置的固有动作时间）　$t^{\text{I}}=0\text{s}$

③ 保护范围　$l_{min}\%=\dfrac{Z_{set.1}^{\text{I}}}{Z_{AB}}\times100\%=85\%$

（3）距离Ⅱ段的整定

① 整定阻抗

按下列两个条件选择：

a. 与相邻线路保护 3（或保护 5）的Ⅰ段配合

$$Z_{set.1}^{\text{II}}=K_{rel}^{\text{II}}(Z_{AB}+K_{b.min}Z_{set.3}^{\text{I}})$$

$$Z_{set.3}^{\text{I}}=K_{rel}^{\text{I}}Z_{BC}=0.85Z_{BC}=0.85\times24=20.4(\Omega)$$

式中，$K_{b.min}$ 为保护 3 的Ⅰ段末端发生短路时对保护 1 而言的最小分支系数。如图 4-12 所示，当保护 3 的Ⅰ段末端 k_1 点短路时，分支系数可按下式求出

$$K_{b.min}=\frac{I_2}{I_1}=\frac{X_{s1}+Z_{AB}+X_{s2}}{X_{s2}}\times\frac{(1+0.15)Z_{BC}}{2Z_{BC}}=\left(\frac{X_{s1}+Z_{AB}}{X_{s2}}+1\right)\times\frac{1.15}{2}$$

可以看出，为了使 $K_{b.min}$ 为最小，X_{s1} 应选用可能的最小值，即 $X_{s1.min}$，而 X_{s2} 应选用可能最大值，即 $X_{s2.max}$，而相邻线路的并列平行二分支应投入，因而

$$K_{b.min}=\left(\frac{20+12}{30}+1\right)\frac{1.15}{2}=1.19$$

因而，Ⅱ段的定值为

$$Z_{set.1}^{Ⅱ}=K_{rel}^{Ⅱ}(Z_{AB}+K_{b.min}Z_{set.3}^{I})=0.8\times(12+1.19\times20.4)=29(\Omega)$$

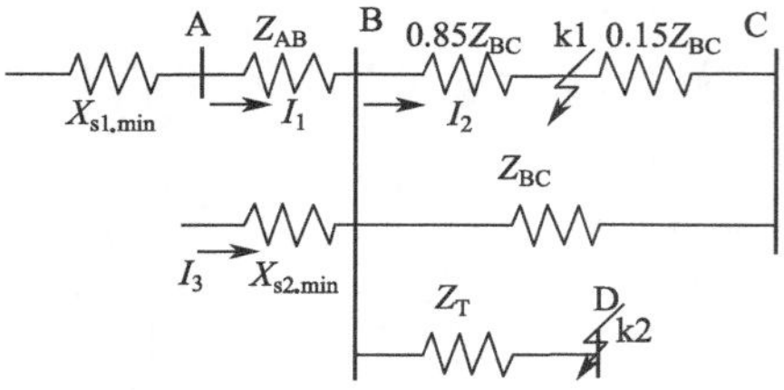

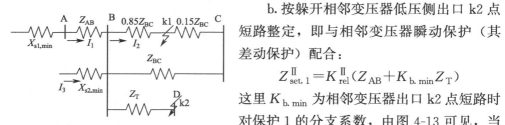

图 4-13　距离Ⅱ段分支系数的等值电路

b. 按躲开相邻变压器低压侧出口 k2 点短路整定，即与相邻变压器瞬动保护（其差动保护）配合：

$$Z_{set.1}^{Ⅱ}=K_{rel}^{Ⅱ}(Z_{AB}+K_{b.min}Z_{T})$$

这里 $K_{b.min}$ 为相邻变压器出口 k2 点短路时对保护 1 的分支系数，由图 4-13 可见，当 k2 点短路时

$$K_{b.min}=\frac{I_2}{I_1}=\frac{X_{s1}+Z_{AB}+X_{s2}}{X_{s2}}=\frac{20+12}{30}+1=2.07$$

$$Z_{set.1}^{Ⅱ}=K_{rel}^{Ⅱ}(Z_{AB}+K_{b.min}Z_{T})=0.7\times(12+1.19\times44.1)=72.2(\Omega)$$

此处取 $K_{rel}^{Ⅱ}=0.7$ 是因为变压器的电抗计算值一般误差比较大。

取以上两个计算结果中较小值为整定值，即取 $Z_{set.1}^{Ⅱ}=29\Omega$。

② 灵敏性校验

按本线路末端短路求得灵敏系数为

$$K_{sen}=\frac{Z_{set.1}^{Ⅱ}}{Z_{AB}}=\frac{29}{12}=2.42>1.5$$

满足要求。

③ 动作时间

与相邻线路保护的Ⅰ段动作时限相配合

$$t_1^{Ⅱ}=t_3^{I}+\Delta t=t_5^{I}+\Delta t=0.5(s)$$

（4）距离Ⅲ段的整定

① 整定阻抗

按躲开最小负荷阻抗整定

$$Z_{L.min}=\frac{\dot{U}_{L.min}}{\dot{I}_{L.max}}=\frac{0.9\times110}{\sqrt{3}\times0.35}=163.5(\Omega)$$

设相间距离Ⅲ段采用方向阻抗继电器，整定计算公式为

$$Z_{set.1}^{Ⅲ}=\frac{Z_{L.min}}{K_{rel}K_{ss}K_{re}\cos(\varphi_{set}-\varphi_{L})}$$

取 $K_{rel}=1.2$，$K_{re}=1.15$，$K_{ss}=1.5$ 和 $\varphi_{set}=\varphi_D=70°$，当 $\cos\varphi_L=0.9$ 时，$\varphi_L=25.8°$，可得

$$Z_{set.1}^{Ⅲ}=\frac{163.5}{1.2\times1.15\times1.5\cos(70°-25.8°)}=110.2(\Omega)$$

② 灵敏性校验（求灵敏系数）

a. 当本线路末端短路时，灵敏系数为

$$K_{sen(1)}=\frac{Z_{set.1}^{Ⅲ}}{Z_{AB}}=\frac{110.2}{12}=9.18>1.5$$

满足要求。

b. 当相邻元件末端短路时的灵敏系数

相邻线路末端短路时

$$K_{sen(2)}=\frac{Z_{set.1}^{Ⅲ}}{Z_{AB}+K_{b.max}Z_{next}}$$

确定式中 $K_{b.max}$ 为相邻线路 BC 末端短路时对保护 1 而言的最大分支系数。该系数如图 4-14 所示，可按下式计算

$$K_{b.max}=\frac{I_2}{I_1}=\frac{X_{s1.max}+Z_{AB}}{X_{s2.min}}+1=\frac{25+12}{25}+1=2.48$$

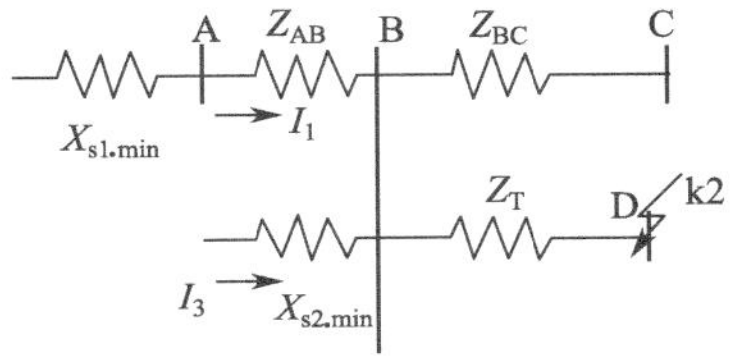

图 4-14　距离Ⅲ段灵敏度的等值电路

此时，X_{s1} 取可能最大值，即取 $X_{s1}=X_{s1.max}$，X_{s2} 应取可能最小值，即取 $X_{s2}=X_{s2.min}$，而相邻平行线路处于一回线停运状态（这时分支系数为最大）。

于是 $K_{sen(2)}=\dfrac{110.2}{12+2.48\times24}=1.54>1.2$，满足要求。

相邻变压器低压侧出口 k2 点短路时，此时的最大分支系数仍为 2.48，故灵敏系数为

$$K_{sen(2)}=\frac{Z_{set.1}^{Ⅲ}}{Z_{AB}+K_{b.max}Z_T}=\frac{110.2}{12+2.48\times44.1}=0.9<1.2$$

作为变压器的远后备保护不满足要求，变压器需增加近后备保护。

③ 动作时间

$$t_1=t_3+3\Delta t \text{ 或 } t_1=t_{10}+2\Delta t$$

取其中较长者为整定时限

$$t_1=t_{10}+2\Delta t=1.5+2\times0.5=2.5(s)$$

【算例 4-6】 如图 4-15 所示系统中，发电机以发电机-变压器组方式接入系统，最大开机方式为 4 台机全开，最小运行方式为两侧各开 1 台机，变压器 T5

和 T6 可能 2 台也可能 1 台运行。其参数为：$E_{\phi}=115/\sqrt{3}$ kV；$X_{1.G1}=X_{2.G1}=X_{1.G2}=X_{2.G2}=15\Omega$，$X_{1.G3}=X_{2.G3}=X_{1.G4}=X_{2.G4}=10\Omega$，$X_{1.T1}\sim X_{1.T4}=10\Omega$，$X_{0.T1}\sim X_{0.T4}=30\Omega$，$X_{1.T5}=X_{1.T6}=20\Omega$，$X_{0.T5}=X_{0.T6}=40\Omega$；$L_{A\text{-}B}=60$km，$L_{B\text{-}C}=40$km；线路阻抗 $Z_1=Z_2=0.4\Omega/\text{km}$，$Z_0=1.2\Omega/\text{km}$，线路阻抗角均为 $\varphi_d=75°$，$I_{A\text{-}BLmax}=I_{C\text{-}BLmax}=300$A，负荷功率因数角为 30°；$K_{rel}=1.1$，$K_{ss}=1$，$K_{rel}^{I}=0.85$，$K_{rel}^{II}=0.75$，变压器均装有快速差动保护。

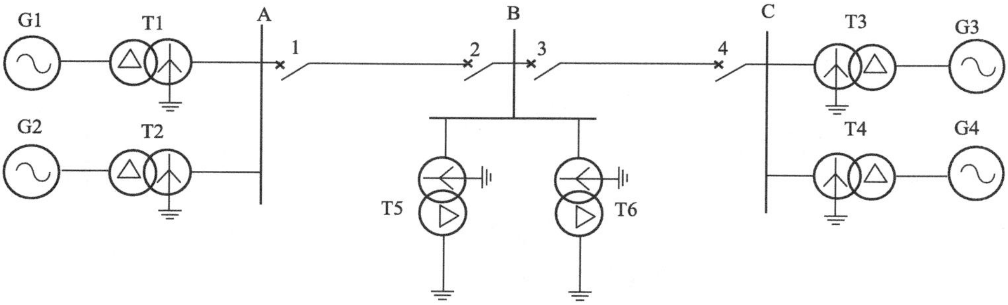

图 4-15　算例 4-6 图

（1）为了快速切除线路上的各种短路，线路 A-B，B-C 应在何处配备三段式距离保护，各选用何种接线方式？各选用何种动作特性？

（2）整定保护 1～4 的距离Ⅰ段，并按照选定的动作特性，在一个阻抗复平面上画出各保护的动作区域。

（3）分别求出保护 1、4 距离Ⅱ段的最大、最小分支系数。

（4）分别求出保护 1、4 距离Ⅱ、Ⅲ段的定值及时限，并校验灵敏度。

解：

（1）应在线路的 A-B、B-C 的两侧均配备三段式距离保护，包括三段式相间距离保护和三段式接地距离保护。

三段式相间距离保护各保护均采用零度接线方式，Ⅰ、Ⅱ段选用方向阻抗继电器。三段式接地距离保护采用按相连接的具有零序电流补偿的零度接线方式。

（2）
$$Z_{0.A\text{-}B}=L_{A\text{-}B}Z_0=60\times1.2=72(\Omega)$$
$$Z_{1.B\text{-}C}=L_{B\text{-}C}Z_1=40\times0.4=16(\Omega)$$
$$Z_{0.B\text{-}C}=L_{B\text{-}C}Z_0=40\times1.2=48(\Omega)$$
$$Z_{set.1}^{I}=Z_{set.2}^{I}=K_{rel}^{I}Z_{1.A\text{-}B}=0.85\times24=20.4(\Omega)$$
$$Z_{set.3}^{I}=Z_{set.4}^{I}=K_{rel}^{I}Z_{1.B\text{-}C}=0.85\times16=13.6(\Omega)$$

保护范围如图 4-16 所示，保护 1、2 的动作区域为大圆圆内及圆周上，保护 3、4 的动作区域为小圆圆内及圆周上。

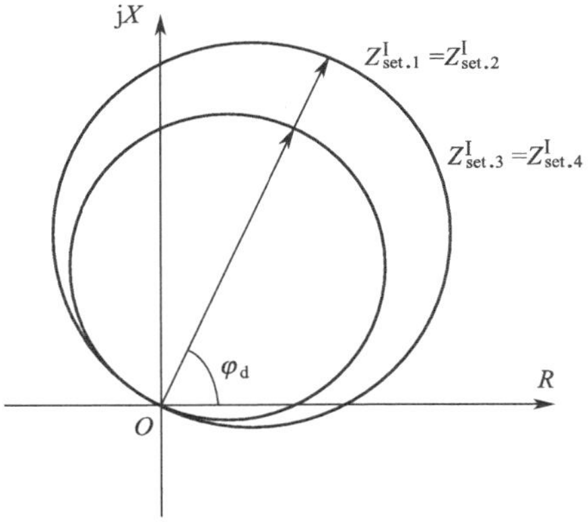

图 4-16　算例 4-6 动态特性示意图

(3) 保护 1 的最小分支系数为 G1、G2 全运行，G3、G4 仅一台运行

$$K_{br1min}=1+\frac{0.5X_{1.G1}+0.5X_{1.T1}+Z_{1.A\text{-}B}}{Z_{1.B\text{-}C}+X_{1.G3}+X_{1T3}}=1+\frac{0.5(15+10)+24}{16+10+10}=2.0$$

保护 1 的最大分支系数为 G1、G2 一台运行，G3、G4 全运行

$$K_{br1max}=1+\frac{X_{1.G1}+X_{1.T1}+Z_{1.A\text{-}B}}{Z_{1.B\text{-}C}+0.5X_{1G3}+0.5X_{1T3}}=1+\frac{15+10+24}{16+0.5(10+10)}=2.9$$

保护 4 的最小分支系数为 G3、G4 全运行，G1、G2 仅一台运行

$$K_{br4min}=1+\frac{Z_{1.B\text{-}C}+0.5X_{1.G3}+0.5X_{1.T3}}{X_{1.G1}+X_{1.T1}+Z_{1.A\text{-}B}}=1+\frac{16+0.5(10+10)}{15+10+24}=1.5$$

保护 4 的最大分支系数为 G3、G4 仅一台运行，G1、G2 全运行

$$K_{br4max}=1+\frac{Z_{1.B\text{-}C}+X_{1.G3}+X_{1.T3}}{0.5X_{1.G1}+0.5X_{1.T1}+Z_{1.A\text{-}B}}=1+\frac{16+10+10}{0.5(15+10)+24}=2.0$$

(4) 保护的整定

① 保护 1 的整定

Ⅱ段与保护 3 的Ⅰ段相配合时

$$Z^{\text{II}}_{set.1}=K^{\text{II}}_{rel}(Z_{1.A\text{-}B}+Z^{\text{I}}_{set.2})=0.75\times(24+13.6)=28.2(\Omega)$$

Ⅱ段按躲开变压器低压侧出口处短路时

$$Z^{\text{I}}_{set.1}=K^{\text{II}}_{rel}(Z_{1.A\text{-}B}+K_{br1min}Z_{1T5}/2)=0.75\times(24+2.0\times20/2)=33.0(\Omega)$$

取二者较小值　　$Z^{\text{I}}_{set.1}=28.2(\Omega)$

$$K_{set.1}^{\mathrm{II}}=\frac{Z_{set.1}^{\mathrm{II}}}{Z_{1.A\text{-}B}}=\frac{28.2}{24}=1.175<1.25$$

保护 1 的Ⅲ段： $Z_{Lmin1}=\frac{U_{min}}{I_{A\text{-}BLmax}}=\frac{0.9\times 115/\sqrt{3}}{0.3}=199.2(\Omega)$

$$Z_{set.1}^{\mathrm{III}}=\frac{1}{K_{rel}K_{ss}K_{re}}Z_{Lmin1}=\frac{1}{1.1\times 1.2\times 1.0}\times 199.2=150.9(\Omega)$$

作为近后备时： $K_{sen.1近}^{\mathrm{III}}=\frac{Z_{set.1}^{\mathrm{III}}}{Z_{1.A\text{-}B}}=\frac{150.9}{24}=6.3>1.5$ 满足要求

作为相邻线路远后备时： $K_{sen.1远}^{\mathrm{III}}=\frac{Z_{set.1}^{\mathrm{III}}}{Z_{1A\text{-}B}+Z_{1B\text{-}C}}=\frac{150.9}{24+16}=3.8>1.2$

满足要求。

作为变压器的远后备保护时：

$$K_{sen.1远}^{\mathrm{III}}=\frac{Z_{set.1}^{\mathrm{III}}}{Z_{1.A\text{-}B}+K_{br1max}Z_{1T5}}=\frac{150.9}{24+2.9\times 2.0}=1.84>1.2$$

满足要求。

② 保护 4 的整定

保护 4 的Ⅱ段与保护 2 的Ⅰ段相配合时

$$Z_{set.4}^{\mathrm{II}}=K_{rel}^{\mathrm{II}}(Z_{1.B\text{-}C}+Z_{set.2}^{\mathrm{I}})=0.75\times(16+20.4)=27.3(\Omega)$$

按躲开变压器低压侧出口处短路时

$$Z_{set.4}^{\mathrm{II}}=K_{rel}^{\mathrm{II}}(Z_{B\text{-}C}+K_{br4min}Z_{1.T5}/2)=0.75\times(16+1.5\times 20/2)=23.5(\Omega)$$

取二者较小者作为整定值，故：$Z_{set.4}^{\mathrm{II}}=23.5(\Omega)$

$$K_{sen.4}^{\mathrm{II}}=\frac{Z_{set.4}^{\mathrm{II}}}{Z_{1.B\text{-}C}}=\frac{23.5}{16}=1.47>1.25$$

满足要求。

保护 4 的Ⅲ段： $Z_{Lmin4}=Z_{Lmin1}=199.2(\Omega)$，$Z_{set.4}^{\mathrm{III}}=Z_{set.1}^{\mathrm{III}}=150.9(\Omega)$

作为近后备时： $K_{sen.4近}^{\mathrm{III}}=\frac{Z_{set.1}^{\mathrm{III}}}{Z_{1.B\text{-}C}}=\frac{150.9}{16}=9.4>1.5$

满足要求。

作为相邻线路远后备时： $K_{sen.4远}^{\mathrm{III}}=\frac{Z_{set.1}^{\mathrm{III}}}{Z_{1.A\text{-}B}+Z_{1.B\text{-}C}}=\frac{150.9}{24+16}=3.8>1.2$

满足要求。

作为变压器的远后备保护时：

$$K_{sen.4远}^{\mathrm{III}}=\frac{Z_{set.1}^{\mathrm{III}}}{Z_{1.B\text{-}C}+K_{br4max}Z_{1T5}}=\frac{150.9}{16+2.0\times 20}=2.7>1.2$$

满足要求。

【算例 4-7】 如图 4-17 所示系统的母线 C、D、E 均为单侧电源。全系统阻抗角均为 80°，$Z_{1.G1}=Z_{1.G2}=15\Omega$，$Z_{1.A\text{-}B}=30\Omega$，$Z_{6.set}^{\mathrm{I}}=24\Omega$，$Z_{6.set}^{\mathrm{II}}=39\Omega$，$t_6^{\mathrm{II}}=0.4\mathrm{s}$，系统最短振荡周期 $T=0.9\mathrm{s}$。试解答：

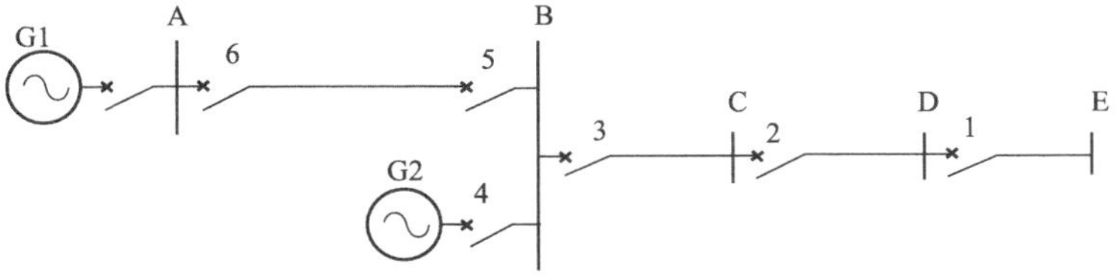

图 4-17　算例 4-7 图

(1) G1、G2 两机电动势幅值相同，找出振荡中心在何处？

(2) 分析发生振荡期间母线 A、B、C、D 电压的变化规律及线路 B-C 电流变化。

(3) 线路 B-C、C-D、D-E 的保护是否需要加装振荡闭锁？为什么？

(4) 距离保护 6 的Ⅰ、Ⅱ段采用方向阻抗特性，是否需要装振荡闭锁？

解：

(1) 由于全系统阻抗角均为 80°，且两侧 G1、G2 两机电动势幅值相同，振荡中心不随振荡角度 δ 的改变而移动，位于系统纵向总阻抗（$Z_{1.G1}+Z_{1.G2}+Z_{1.A\text{-}B}$）之中点，由于两侧系统的阻抗相同，因此振荡中心即线路 AB 的中点。

(2) 以 A 侧电源电势为参考电压，$\dot{U}_{1.G1}=U_{1.G1}$，$\dot{U}_{1.G2}=U_{1.G2}e^{-j\delta}$，则由 A 流向 B 侧的电流 $\dot{I}$ 为

$$\dot{I}_{A\text{-}B}=\frac{\dot{U}_{1.G1}-\dot{U}_{1.G2}}{Z_{1.G1}+Z_{1.G2}+Z_{1.A\text{-}B}}=\frac{1-e^{-j\delta}}{Z_{1.G1}+Z_{1.G2}+Z_{1.A\text{-}B}}U_{1.G1}$$

在振荡时，系统中性点电位仍保持为零，故线路两侧母线的电压为

$$\dot{U}_A=\dot{U}_{1.G1}-\dot{I}Z_{1.G1}=U_{1.G1}e^{-j\delta}-\frac{1-e^{-j\delta}}{Z_{1.G1}+Z_{1.G2}+Z_{1.A\text{-}B}}U_{1.G1}Z_{1.G1}$$

$$\dot{U}_B=\dot{U}_{1.G2}+\dot{I}Z_{1.G2}=U_{1.G2}e^{-j\delta}+\frac{1-e^{-j\delta}}{Z_{1.G1}+Z_{1.G2}+Z_{1.A\text{-}B}}U_{1.G1}Z_{1.G2}$$

由于振荡发生在线路 AB 上，母线 B 后面的线路为单侧电源，由发电机 G2 控制，故都不发生振荡，但由于 B 母线电压随振荡变化，所以母线 C、D 的电压以及线路 B-C 电流会随振荡变化，但与 AB 线路相比，受振荡影响相对较小。

母线 A、B 的电压随振荡角 δ 的变化曲线如图 4-18 所示。

(3) 由于母线 B 后面的线路为单侧电源线路，其测量阻抗不随振荡变化，所以线路 B-C、C-D、D-E 的保护都不需要加装振荡闭锁。

(4) 保护 6 的Ⅰ段采用方向阻抗特性时，其保护范围为线路 AB 长度的 80%，

由于振荡中心是线路AB的中点，位于保护范围内，故Ⅰ段必须加装振荡闭锁。

保护6的Ⅱ段采用方向阻抗特性时，需计算不同振荡周期阻抗继电器的动作时间。

如图4-19所示，$op=6\sqrt{10}$，$\tan\frac{\delta}{2}=\frac{30}{6\sqrt{10}}=\frac{\sqrt{10}}{2}$

得 $\delta=2\times57.7°=115.4°$

保护动作时间 $t=\frac{360°-2\times115.4°}{360°}T=0.359T$

计算结果可见，最短振荡周期0.9s，对应Ⅱ段测量元件保持动作状态的时间为0.323s。当振荡周期超过1.114s时，继电器保持动作状态的时间将超过0.4s，即超过了保护6距离Ⅱ段的动作时限，将不能躲开振荡的影响，故必须加装振荡闭锁装置。

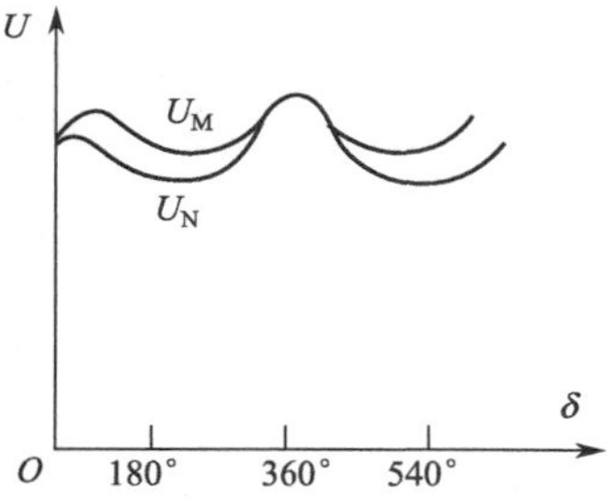

图4-18 算例4-7母线A、B的电压变化曲线

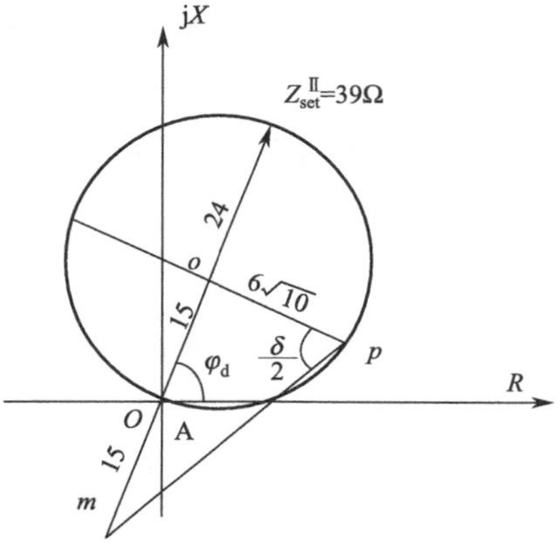

图4-19 算例4-7保护6方向阻抗特性示意图

【算例4-8】 如图4-20所示，对接地距离保护1的Ⅰ段和Ⅱ段进行整定计算，已知正序分支系数$K_{b1}=1.4$，$K_{rel}^{Ⅰ}=K_{rel}^{Ⅱ}=0.7$，A母线额定电压为230kV，变压器T归算至230kV侧的阻抗为$Z_T=44.5Ω$，线路参数：$Z_{1AB}=11.5Ω$，$Z_{1BC}=9.5Ω$，$Z_{0AB}=28.5Ω$，$Z_{0BC}=24.6Ω$，全系统阻抗角相等且正序阻抗角等于零序阻抗角，系统A的零序系统阻抗$Z_{0s}=7.2Ω$，在保护3的Ⅰ段保护范围末端发生单相接地短路时保护1处测量的故障相电流，$I_{\phi}=4.36$kA，$I_0=1.17$kA。

解：

（1）接地距离保护1的Ⅰ段整定

$$Z_{set.1}^{Ⅰ}=K_{rel}^{Ⅱ}Z_{1AB}=0.7\times11.5=8.05(Ω)$$

动作时间取0s。

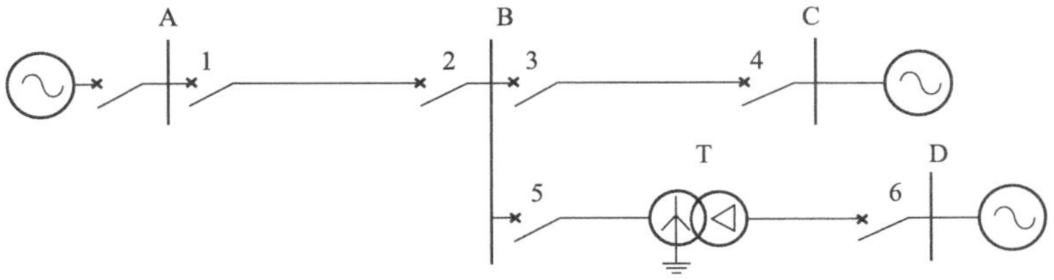

图 4-20　算例 4-8 图

（2）接地距离保护 1 的Ⅱ段整定

动作阻抗按与相邻保护Ⅰ段配合整定，相邻线路保护 3 的Ⅰ段整定阻抗为

$$Z_{set.3}^{Ⅰ}=K_{rel}^{Ⅱ}Z_{1BC}=0.7\times9.5=6.65(\Omega)$$

① 已知正序分支系数为 $K_{b1}=1.4$，零序分支系数可按图 4-21 求出。

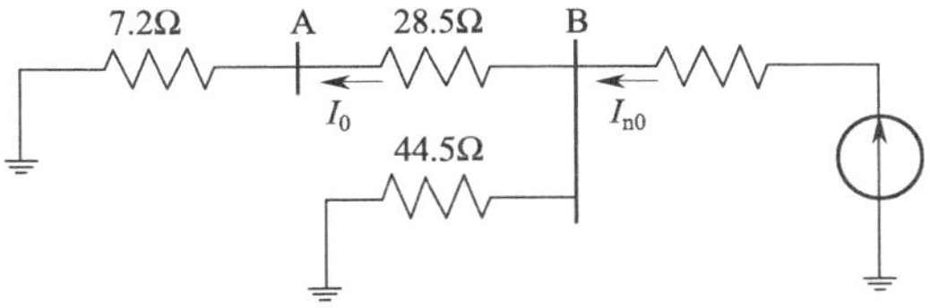

图 4-21　算例 4-8 零序等值电路图

$$K_{b0}=\frac{I_{n0}}{I_0}=\frac{7.2+28.5+44.5}{44.5}=1.80$$

按照简化计算式，可采用下式计算。其中 K_b 取零序与正序分支系数中的较小值。

$$Z_{set.1}^{Ⅱ}=K_{rel}^{Ⅱ}(Z_{1AB}+K_bZ_{set.3}^{Ⅰ})=0.7(11.5+1.4\times6.65)=14.6(\Omega)$$

保护动作灵敏度

$$K_{sen.1}^{Ⅱ}=\frac{Z_{set.1}^{Ⅱ}}{Z_{1AB}}=\frac{14.6}{11.5}=1.27$$

满足要求。动作时间取 0.5s。

② 计算零序补偿系数

本线路零序补偿系数

$$\dot{K}=\frac{Z_0-Z_1}{3Z_1}=\frac{28.5-11.5}{3\times11.5}=0.49$$

相邻线路零序补偿系数

$$\dot{K}_n=\frac{Z_{0n}-Z_{1n}}{3Z_{1n}}=\frac{24.6-9.5}{3\times9.5}=0.53$$

将已知数据代入整定计算公式

$$Z_{\text{set.1}}^{\text{II}}=K_{\text{rel}}^{\text{II}}\left[Z_{1AB}+K_{b1}Z_{\text{set.3}}^{\text{I}}+\frac{(K_{b0}-K_{b1})(1+3\dot{K})\times 3\dot{I}_0}{\dot{I}_m+\dot{K}\times 3\dot{I}_0}Z_{\text{set.3}}^{\text{I}}+\frac{(\dot{K}_n-\dot{K})\times 3K_{b0}\dot{I}_0}{\dot{I}_m+\dot{K}\times 3I_0}Z_{\text{set.3}}^{\text{I}}\right]$$

$$=0.7\left\{11.5+\left[1.4+\frac{(1.8-1.4)(1+3\times 0.49)\times 3\times 1.17}{4.36+3\times 1.17}+\frac{(0.53-0.49)\times 3\times 1.8\times 1.17}{4.36+3\times 1.17}\right]\times 6.65\right\}$$

$$=16.8(\Omega)$$

保护动作灵敏度

$$K_{\text{sen.1}}^{\text{II}}=\frac{Z_{\text{set.1}}^{\text{II}}}{Z_{1AB}}=\frac{16.8}{11.5}=1.46$$

满足要求。动作时间取 0.5s。

可见两种算法定值差别不大，在一般情况下可以采用简化计算公式。当保护配合关系难以满足时，可以采用后者进行较准确地计算。

第五章　输电线路纵联保护的整定计算

第一节　输电线路纵联保护原理

一、输电线路纵联保护概述

前述线路的电流保护和距离保护仅反映线路单侧电气量的变化，因此无法从测量值上区分故障是发生在本线路末端还是发生在相邻线路始端，因而不能保证瞬时切除线路全长范围内的故障，必须采用具有阶梯形时限特性的阶段式保护，以满足选择性和灵敏性的要求。对 220kV 及以上电网，要求快速切除全线路的故障，采用纵联保护可以满足这一要求。

纵联保护是指通过某种通信通道将输电线两端的保护装置纵向连接起来，将各端的电气量（电流、功率方向等）传送到对端，然后对两端的电气量进行比较，以判断故障在本线路范围内还是在线路范围外，从而决定是否切除被保护线路，实现全线路故障的瞬时切除。理论上，纵联保护具有绝对的选择性，在整定计算上不需要与其他保护配合。

二、输电线路纵联保护工作原理

输电线路纵联保护原理如图 5-1 所示，各端电流参考方向由母线指向线路，电流互感器二次电流按照减极性标示，为保证正常运行及外部故障时，两侧电流互感器二次电流大小相等，两侧电流互感器应选用相同变比。根据图示参考方向，二次侧流入差动继电器的电流为 $\dot{I}_{R}$。

$$\dot{I}_{R}=\dot{I}_{M2}+\dot{I}_{N2}=\frac{1}{n_{TA}}(\dot{I}_{M}+\dot{I}_{N}) \tag{5-1}$$

式中　$\dot{I}_{M}$，$\dot{I}_{N}$——线路 M、N 侧的一次电流；

$\dot{I}_{M2}$，$\dot{I}_{N2}$——线路 M、N 侧的二次电流；

n_{TA}——电流互感器变比。

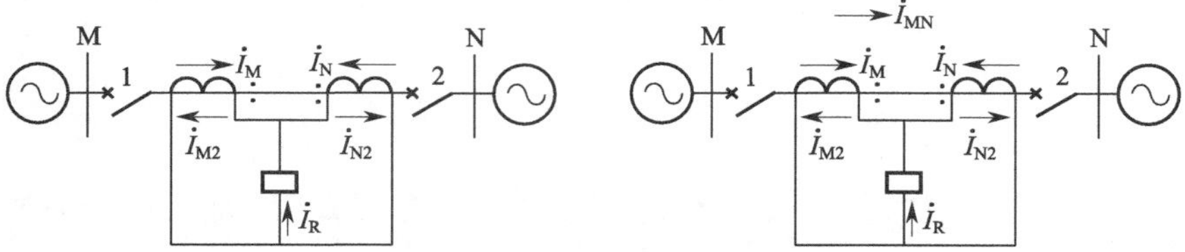

(a) 保护接线原理图　　(b) 正常运行状态

图 5-1　输电线路纵联保护原理分析

① 被保护线路正常运行时，如图 5-1 所示，线路 MN 两侧电流互感器流过的是同一个电流 $\dot{I}_{MN}$，其最大值为线路的额定电流或最大负荷电流，显然，按照给定的参考方向来看，$\dot{I}_M=\dot{I}_{MN}=\dot{I}_{L.max}$，$\dot{I}_N=-\dot{I}_{MN}$，则理想情况下

$$I_R=\frac{1}{n_{TA}}|\dot{I}_M+\dot{I}_N|=\frac{1}{n_{TA}}|\dot{I}_{L.max}-\dot{I}_{L.max}|=0 \tag{5-2}$$

② 保护范围内发生短路故障时，两侧电源均向故障点提供短路电流，如图 5-2 所示，流入继电器电流为故障电流的二次值。由于正常运行时，两侧电源电势相位差较小，两侧电源提供短路电流相位接近，流入继电器电流具有较大值。理想情况下，两侧电流相位相同。

$$\dot{I}_R=\frac{1}{n_{TA}}(\dot{I}_M+\dot{I}_N)=\frac{1}{n_{TA}}\dot{I}_{k1} \tag{5-3}$$

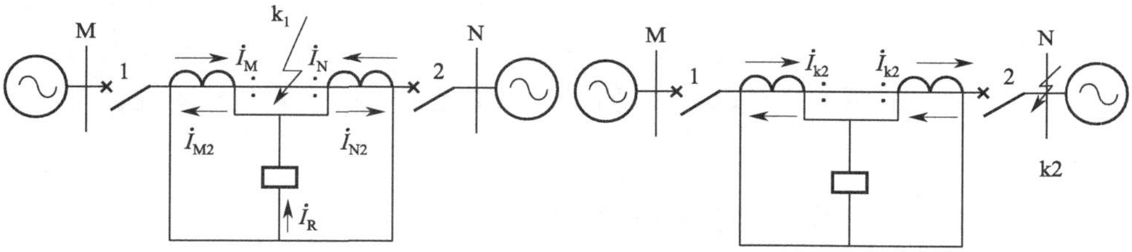

(a) 保护范围内部故障　　(b) 保护范围外部故障

图 5-2　差动保护内、外部故障电流分析

③ 保护范围以外发生短路故障时，如图 5-2 所示，两侧电流互感器一次侧流过的是同一个电流，理想情况下，电流互感器的二次侧电流大小相等，形成环流，进入差动继电器的电流为零。由于电流互感器有误差，且误差随一次电流的增加而增大，从而使得差回路电流不为零，流入继电器的电流为两侧电流互感器特性误差形成的不平衡电流。因此外部故障短路电流越大，流入继电器的不平衡电流越大。

三、输电线路纵联保护分类

输电线的纵联保护随着所采用的通道不同，在装置原理、结构、性能和适用范围等方面具有很大差别，判别元件和通道是纵联保护构成的主要部分。目前纵联保护可以分成两类。

第一类是载波纵联保护，其特点是将电气量用间接方式传送至对侧。由于传送电气量的不同，又可分为方向比较、相位比较以及电流差动三种方式。目前220kV及以上电网大多采用电力载波通道为主，判断回路多采用闭锁跳闸方式，这种方式在线路发生内部故障时，即使通道被破坏（断线、接地故障）信号不能送达对方，保护仍能正确动作。

远距离高压电网采用以输电线路载波通道作为通信通道的纵联保护方式，即所谓的高频保护。高频保护根据信号的比较方式可分为两类：第一类为高频闭锁方向保护，包括高频闭锁功率方向保护、高频闭锁距离保护、高频闭锁零序保护、电压相位比较式保护等；第二类为电流相位差动比较方式。

第二类是输电线纵联差动保护或导引线保护，其特点是将电气量直接经专用导线传送至对侧。由于受传送距离的影响，又分为两种方式，一种是电缆线直接连接方式，另一种是将电流互感器二次电流变换后远距离传送的方式。这类保护方式由于需要另设传输通道，一般用于发电机、变压器以及变电站母线，称为纵联差动保护。对输电线路一般用于较短距离线路，即采用短线路光纤纵差保护。

随着超高压、大电网的发展，线路纵联保护在电网中占有重要地位，由于系统稳定要求及继电保护配合需要，纵联保护往往用来作为线路主保护。各种保护因其构成不同，适用范围及使用条件也不相同，但其共同特点如下。

① 不反映被保护线路以外的故障，故在定值选择上不需要与相邻线路配合，也不能作为相邻线路的后备保护。

② 能反映各种类型的短路故障。

③ 动作时间一般约为2周波，能与快速重合闸配合，提高系统的稳定性。

④ 它由线路两侧装置构成一套完整保护系统，故要求两侧装置同型号，且两侧应同时投入运行。

⑤ 载波高频保护，在运行中要求定期交换通道信号，以监视其通道及装置的完好状态。

进入20世纪90年代，随着技术进步及成本的降低，新建高压架空输电线路通过采用光纤复合架空地线（OPGW：一种具有电力架空地线和通信双重功能的金属光缆）和光纤复合架空相线（OPPC：一种具有电力架空相线和通信双重功能的金属光缆）实现了长距离的光纤纵差保护，并为线路主保护双重化提供便利。

第二节 输电线路纵联保护的整定计算

一、高频闭锁方向保护整定计算

通过比较被保护线路两侧的功率方向可以构成方向高频保护，对高频闭锁方向保护，由于其闭锁信号通常由短路功率方向为负一侧发出，为保证保护动作的可靠性，避免非故障线路误动，保护需要两套启动元件。

整套保护装置通常由启动元件和方向元件构成。有的启动元件和方向元件接全电压和全电流，也有的接零（负）序电压和电流，也有将启动元件与方向元件两功能综合在一起，选用阻抗继电器来完成，即采用方向阻抗继电器。对于接全电压和全电流的装置，在系统振荡时，可能会误动作，应附有振荡闭锁装置；对接负序、零序分量的保护装置，由于振荡时三相依然对称，保护不会误动。

1. 高频闭锁方向保护的整定计算原则

① 采用闭锁方式的各类高频保护均需采用两个启动元件，以保证动作的选择性配合。具体要求如下。

a. 反映各种短路故障的高定值启动元件按被保护线路末端发生金属性故障有灵敏度整定，灵敏系数应大于 2。

低定值启动元件按躲过最大负荷电流下的不平衡电流整定，并保证在被保护线路末端故障时有足够灵敏度，灵敏系数应大于 4。

b. 方向判别元件在被保护线路末端发生金属性故障时应有足够灵敏度，灵敏系数大于 3。若采用方向阻抗元件作为方向判别元件时，灵敏系数应大于 2。

c. 故障测量元件的定值应保证线路末端故障时的灵敏度，要求灵敏系数大于 2。若采用阻抗元件作为故障测量元件时，灵敏系数应大于 1.5。

② 对高频闭锁方向零序电流或高频闭锁距离保护的收发信机回路的启停，要求如下。

a. 启动发信元件按本线路末端故障有足够灵敏度整定，并与本侧停信元件相配合。

b. 停信元件按被保护线路末端发生金属性故障有灵敏度整定，灵敏系数大于 1.5～2。

③ 线路上装设独立的速断跳闸元件应按躲过线路末端故障整定。

④ 对以反方向元件启动发闭锁信号的方向高频闭锁保护，其反方向动作元件在反方向故障时应可靠动作，闭锁正向跳闸元件，并与线路对侧的正方向动作元件灵敏度相配合。

2. 启动元件的整定

为防止在区外故障时，由于线路两侧电流互感器误差和启动元件动作值的误差，而出现单侧启动元件动作的情况，以致造成误跳闸，往往在线路两侧分别装设两只灵敏度不同的启动元件。灵敏度高的启动元件用于发信（低定值元件），灵敏度低的启动元件用于启动跳闸回路（高定值元件），并且它们之间有一定的灵敏度配合关系，在动作时间上也要求有一定差别，以确保低定值元件先于高定值元件的动作，从而有效防止误切非故障线路。

（1）全电流、全电压启动元件整定

① 电流元件整定　对于跳闸回路启动元件，按以下两个条件整定。

a. 按大于本线路最大负荷电流整定，即

$$I_{set.st}=\frac{K_{rel}I_{L.max}}{K_{re}} \tag{5-4}$$

式中　$I_{L.max}$——最大负荷电流；

K_{rel}——可靠系数，取2.5～3；

K_{re}——返回系数，取0.85；

$I_{set.st}$——跳闸回路启动元件动作值。

b. 按保证线路末端有足够灵敏度整定，即

$$I_{set.st}=\frac{I_{kmin}}{K_{sen}} \tag{5-5}$$

式中　I_{kmin}——线路末端发生各种金属性故障时，流过本侧的最小故障电流值；

K_{sen}——灵敏系数，取1.5～2。

选取两个条件中的最大值作为启动元件的动作值。

启动发信的电流元件：按与启动跳闸元件配合整定，即

$$I_{set.ss}=\frac{I_{set.st}}{K_{co}} \tag{5-6}$$

式中　$I_{set.ss}$——启动发信元件动作值；

K_{co}——配合系数，取1.6～2。

② 电压元件整定　按躲过最低运行电压整定，即

$$U_{set}=\frac{(0.9\sim0.95)U_L}{K_{rel}K_{re}} \tag{5-7}$$

式中　U_L——额定相间（线）电压；

K_{rel}——可靠系数，取1.2；

K_{re}——返回系数，取1.15。

电压元件灵敏度校验

$$K_{sen}=\frac{U_{set}}{U_{rev}} \tag{5-8}$$

式中 U_{rev}——线路末端故障时，保护安装处的残压一次值；

K_{sen}——灵敏系数，要求大于1.5。

（2）负序电流、负序电压启动元件整定

① 负序电流元件整定

启动跳闸元件：

a.保证线路末端故障有灵敏度整定，即

$$I_{set.st2}=\frac{I_{kmin2}}{K_{sen}} \tag{5-9}$$

式中 I_{kmin2}——线路末端发生各种非对称故障时，流过本侧的最小负序电流值，当还有零序启动元件时，可只考虑两相短路的负序电流；

K_{sen}——灵敏系数，取2。

b.对于超高压线路，还要求大于空载充电电流，由于开关不同期合闸所产生的负序电容电流为

$$I_{set.st2}=K_{rel}I_{C2} \tag{5-10}$$

式中 I_{C2}——负序电容电流，可按实际参数计算；

K_{rel}——可靠系数，取2.5～3。

实际选取动作值应大于条件b，小于条件a，以确保灵敏性和选择性。

启动发信元件：按与启动跳闸元件配合整定，即

$$I_{set.ss2}=\frac{I_{set.st2}}{K_{co}} \tag{5-11}$$

式中 K_{co}——配合系数，取1.6～2。

② 负序电压元件整定　按大于正常负荷状态下的负序不平衡电压整定，即

$$U_{set2}=K_{rel}U_{unb} \tag{5-12}$$

式中 U_{unb}——最大不平衡电压值，一般在3V以下；

K_{rel}——可靠系数，取1.2。

灵敏度校验：

$$K_{sen}=\frac{U_{rev2.min}}{U_{set2}} \tag{5-13}$$

式中 $U_{rev2.min}$——线路末端故障时保护安装处的最小负序电压值；

K_{sen}——灵敏系数，要求大于1.5。

（3）零序电流启动元件整定

① 启动跳闸元件

a.按线路末端发生接地故障时有灵敏度整定，即

$$I_{set.st0}=\frac{3I_{0.min}}{K_{sen}} \tag{5-14}$$

式中　$3I_{0.\min}$——线路末端发生接地故障时，流过本保护之最小零序电流；

K_{sen}——灵敏系数，取 1.5～2。

b. 对超高压线路，还要求启动元件动作值大于空载充电开关不同期时的零序电容电流，即

$$I_{set.st0}=K_{rel}I_{co} \tag{5-15}$$

式中　I_{co}——零序电容电流，可按实际参数计算；

K_{rel}——可靠系数，取 2.5～3。

实际选取动作值应大于条件 b，小于条件 a，以确保灵敏性和选择性。

② 启动发信元件　按与启动跳闸元件配合整定，即

$$I_{set.ss0}=\frac{I_{set.st0}}{K_{co}} \tag{5-16}$$

式中　K_{co}——配合系数，取 1.6～2。

3. 方向元件的整定

方向元件用于区分区内、外部故障，一般情况下，接全电压和全电流的功率方向继电器具有较高灵敏度，故可以不做校验。对于负序和零序功率方向元件，当线路较短时，保护安装处仍具有较高的负序或零序功率，也可以不做校验。而对长线路的大电源侧，当线路末端发生不对称故障时，保护安装处的负序或零序电压很低，对应的负序或零序功率可能较低，从而出现保护死区，此时需校验功率方向继电器的灵敏度，即

$$K_{sen}=\frac{U_{rev2}I_{k2}}{P_{set2}}\text{及}K_{set}=\frac{3U_{rev0}\times 3I_0}{P_{set0}} \tag{5-17}$$

式中　U_{rev2}，$3U_{rev0}$——线路不对称短路时，保护安装处的负序或零序最低残压；

I_{k2}，$3I_0$——线路短路时，保护装置通过的最小负序电流或零序电流；

P_{set2}，P_{set0}——负序或零序功率方向继电器动作功率，详见各产品样本；

K_{sen}——灵敏系数，要求大于 4。

二、高频闭锁距离、零序保护整定计算

1. 保护原理

方向比较式纵联保护可以快速切除保护范围内的各种故障，但却不能作为变电站母线和相邻线路的后备保护，而电网距离保护既可以作为线路的主保护，也可以作为相邻线路的后备保护，通过阶梯形时限特性配合，满足快速切除故障及选择性要求。但是距离保护只能瞬时切除线路 80%左右的故障，两侧有近 40%的范围故障不能瞬时动作，对 220kV 及以上电网要求主保护必须全线快速切除各种类型故障，显然距离保护难以满足稳定运行要求。若将构成距离保护的主要

元件——阻抗继电器，作为高频闭锁方向保护的停信元件，则线路内部故障时既能全线瞬动，同时对母线及相邻元件又能起一定的后备作用。为此，在距离保护上配上收发信机，利用相应的高频通道，即可构成高频闭锁距离保护，高频保护停用时，仍可作为一般的距离保护使用。同理，在零序电流方向保护上配上收发信机，可构成高频闭锁零序保护。

2. 高频闭锁距离保护的整定

（1）距离（测量）元件的整定

在构成高频闭锁距离保护时，方向阻抗元件Ⅰ、Ⅱ、Ⅲ段与振荡闭锁装置构成“与”门，启动停信，原距离保护的Ⅰ、Ⅱ、Ⅲ段仍然独立，阻抗继电器作为测量元件保持原有的整定配合关系，其整定计算仍按线路距离保护整定原则进行，不失距离保护的完整性。

（2）启动元件的整定

负序电流与零序电流元件作为装置的启动元件，与相电流辅助启动元件配合，启动发信并构成振荡闭锁回路。这是国产高频闭锁距离保护中普遍采用的方法，由于启动发信与启动跳闸元件灵敏度配合的需要，负序与零序电流元件按以下原则整定：

① 本线末两相短路，负序电流元件灵敏度大于 4；

② 本线末单相或两相接地短路，负序或零序电流元件灵敏度大于 4；

③ 距离保护第Ⅲ段保护范围末端两相短路，负序电流元件灵敏度大于 2；

④ 距离保护第Ⅲ段保护范围末端单相或两相接地短路，负序或零序电流元件灵敏度均大于 2。

相电流元件的整定为

$$I_{set}=\frac{K_{rel}I_{L.max}}{K_{re}} \tag{5-18}$$

式中 $I_{L.max}$——最大负荷电流；

K_{rel}——可靠系数，取 1.2～1.3；

K_{re}——返回系数，取 0.85。

3. 高频闭锁零序电流方向保护的整定

阶段式零序方向电流保护与高频收发信机配合，即构成高频闭锁零序保护。它能快速切除全相运行时的各种接地故障，可以与相间距离保护共用高频通道设备，构成既能快速切除接地故障，又能快速切除相间故障的高频闭锁距离、零序保护，且阶段式零序方向保护各段仍可发挥其自身的功能。高频通道停用时，仍可作为一般阶段式零序方向电流保护运行。

（1）停信元件动作值整定

取零序方向电流保护Ⅱ段定值作为停信元件动作值，其要求是应保证本线路末端故障时的灵敏度，按照原有零序电流保护整定配合关系进行整定计算即可。

（2）发信元件动作值整定

① 按与本侧或对侧（其中较小者）停信元件配合整定，即

$$I_{set.st}=\frac{I_{set.ss}}{K_{co}} \tag{5-19}$$

式中　K_{co}——配合系数，取1.6～2；

$I_{set.ss}$——配合的停信元件定值。

② 按与相邻线路零序保护Ⅲ段或Ⅵ段配合整定，即

$$I_{set.st}=K_{rel}K_{b}I_{set.n0}^{(i)} \tag{5-20}$$

式中　$I_{set.n0}^{(i)}$——相邻线路零序Ⅲ（Ⅵ）段动作值；

K_{rel}——可靠系数，取1.3；

K_{b}——分支系数，取最大值。

当按条件②计算所得值小于条件①时，可按条件①确定发信元件定值。

三、相差动高频保护整定计算

1. 保护原理及整定计算原则

（1）保护原理

相差动高频保护的基本原理是比较被保护线路两侧电流的相位，通过比较内、外部故障时两侧工频电流相位相对的变化关系，判断故障是发生在保护范围内部还是外部。由于它仅比较被保护线路两侧电流的相位，故保护具有动作不受系统振荡影响，装置本身与电压回路无关的特点。

相差动高频保护主要组成部分有启动元件、操作滤过器及相位比较元件等。

（2）整定计算原则

相差高频保护实际进行相位比较的电流为复合电流（操作电流），即 $\dot{I}_1+K\dot{I}_2$，适当选择系数 K 有利于保护的动作，在对称故障和不对称故障时均可保证保护的快速动作。作为闭锁原理的保护相差高频保护也需要两个启动元件进行配合整定。

① 反映不对称故障的启动元件整定

a. 高定值启动元件应按被保护线路末端两相短路、单相接地及两相短路接地故障有足够的灵敏度整定，负序电流元件（I_2）的灵敏度一般要求大于4.0，最低不得小于2.0，同时要可靠躲过三相不同步时的线路充电电容电流，可靠系数大于2.0。

b. 低定值启动元件应按躲过最大负荷电流下的不平衡电流整定，可靠系数取2.5。

c. 高、低定值启动元件的配合比值取 1.6～2。

d. 若单独采用负序电流元件作为启动元件的灵敏度不满足要求时可采用负序电流加零序电流分量的启动元件 $\dot{I}_2+K\dot{I}_0$。

② 反映对称故障的启动元件整定

a. 低定值相电流启动元件定值应大于被保护线路正常工作时的最大负荷电流，可靠系数大于 1.5。

b. 高定值相电流启动元件定值应为低定值相电流启动元件的 1.6～2.0 倍，并在线路末端发生三相金属性故障时有足够的灵敏度，灵敏系数不小于 1.5，并可靠躲过线路稳态充电电容电流，可靠系数应不小于 2.0.

③ 反映对称故障的阻抗继电器定值应可靠躲过正常运行时的最小负荷阻抗，可靠系数小于 0.7，并保证在线路末端发生三相短路故障时的灵敏系数大于 1.5。

a. 线路末端三相短路的最小短路电流应大于阻抗继电器最小精确工作电流的 2 倍。

b. 若采用低电压元件代替阻抗元件时，低电压元件定值应低于系统最低运行电压，可靠系数小于 0.7，并能保证在线路末端单相短路时的灵敏度，灵敏系数大于 1.5。

c. 如用电流元件代替阻抗元件时，电流元件的定值应可靠躲过线路稳态充电电容电流，其可靠系数不小于 2.0，而对末端金属性三相短路时的灵敏系数不小于 1.5。

④ $\dot{I}_1+K\dot{I}_2$操作滤过器的 K 值，一般选 $K=6$，线路两侧的相差保护应取相同的 K 值，K 值与两侧电流互感器变比是否相同无关。

⑤ 闭锁角的定值随线路长度和误差增大而提高，闭锁角一般可整定为 60°～80°。

⑥ 为保证线路两侧相差动启动元件灵敏度的配合，两侧应采用原理相同的移动元件和选取相同的一次动作电流。

2. 启动元件的整定

国产相差动高频保护的启动元件多采用 $\dot{I}_2+K\dot{I}_0$ 复合电流元件。

(1) $\dot{I}_2+K\dot{I}_0$ 启动元件高定值

① 负序分量启动元件按躲过最大负荷时的不平衡电流整定：

$$I_{set.st2}=0.02K_{rel}I_{L.max} \tag{5-21}$$

式中 $I_{set.st2}$——当仅采用负序量启动时之动作值；

K_{rel}——可靠系数，取 2.5；

$I_{L.max}$——被保护线路的最大负荷电流。

② 按躲过线路一侧带电投入时，由于断路器三相不同期合闸而产生的负序电容电流整定：

$$I_{set.st2}=K_{rel}\frac{l}{100}I_{C2} \tag{5-22}$$

式中　K_{rel}——可靠系数，取 2；

l——被保护线路长度，km；

I_{C2}——每千米的充电负序电流值。

取以上两式中较大值折算至二次侧，选择接近的整定抽头。

低定值动作电流的确定：取高定值的 25%～50%，有些厂家的产品已按 0.25～0.5 倍高定值在装置中调好。

③ 灵敏度校验

$$K_{sen}=\frac{I_{kmin2}}{I_{set.st2}}I_{C2} \tag{5-23}$$

式中　I_{kmin2}——被保护线路发生各种短路时，流入本保护的最小负序电流；

K_{sen}——灵敏度，不得小于 2。

④ 当采用负序分量启动不能达到要求的灵敏度时，可采用 $\dot{I}_2+K\dot{I}_0$ 复合电流启动。此时启动元件的动作电流，可近似地按躲过线路单相充电产生的负序和三倍零序电容电流之和整定，即

$$I_{set.st}=K_{rel}\frac{l}{100}(\dot{I}_{C2}+3\dot{I}_{0C}) \tag{5-24}$$

式中　K_{rel}——可靠系数，取 1.7～2；

$\dot{I}_{C2}+3\dot{I}_{0C}$——每千米线路充电的负序和零序电流，可按实际参数计算。

将上式计算值折算至电流互感器二次侧，在装置中选择合适的抽头，应注意零序电流抽头一般不宜选得过小，以防在相邻线路切除故障后，被保护线路的低值启动元件不能返回。

(2) 接入 KI_0 时灵敏度校验

$$K_{sen}=K_s\left(\frac{I_{kmin2}}{I_{set.st2}}+\frac{3I_{0min}}{I_{set.st0}}\right)\geqslant 2\sim 3 \tag{5-25}$$

式中　I_{kmin2}，$3I_{0min}$——被保护线路发生各种短路时，流经本保护的最小负序及零序电流；

$I_{set.st2}$，$I_{set.st0}$——分别为负序及零序高定值的一次值；

K_s——修正系数，考虑滤过器非线性关系而引入，取 K_s=0.9。

(3) 相电流辅助启动元件

低定值按躲过最大负荷电流整定

$$I_{set.st}=\frac{K_{rel}I_{L.max}}{K_{re}} \tag{5-26}$$

式中 $I_{set.st}$——一次动作电流；

$I_{L.max}$——所在线路的最大负荷电流；

K_{rel}——可靠系数，取 1.5；

K_{re}——返回系数，取 0.85。

高定值为低定值的 2 倍。

(4) 三相短路判别相电流元件

① 按线路末端三相短路有灵敏度整定

$$I_{set.st}=\frac{I_{kmin}}{K_{sen}} \tag{5-27}$$

式中 I_{kmin}——线路末端最小三相短路电流；

K_{sen}——灵敏系数，要求大于 1.5。

② 按大于本线路的电容电流整定

$$I_{set.st}=K_{rel}I_C \tag{5-28}$$

式中 K_{rel}——可靠系数，取 2；

I_C——线路电容电流值。

取以上两条件中较大值作为整定值，当该整定值小于线路最大负荷电流时，则应将其断开不用，以防正常时启动元件经常处于动作状态，此时可采用阻抗启动元件代替。

(5) 阻抗元件

① 按躲过正常运行方式下的最小负荷阻抗整定

$$Z_{set.st}\leqslant 0.7Z_{L.min} \tag{5-29}$$

其中

$$Z_{L.min}=\frac{(0.9\sim0.95)U_N}{\sqrt{3}K_{rel}K_{re}I_{L.max}\cos(\varphi_S-\varphi_L)} \tag{5-30}$$

式中 $Z_{L.min}$——最小负荷阻抗值；

$I_{L.max}$——最大负荷电流值；

U_N——线路额定电压；

K_{rel}——可靠系数，取 1.2；

K_{re}——返回系数，取 1.15；

φ_S——继电器最大灵敏角；

φ_L——线路阻抗角。

② 按保证动作灵敏度整定

$$Z_{set.st}=K_{sen}Z_{line} \tag{5-31}$$

式中 Z_{line}——被保护线路阻抗值；

K_{sen}——灵敏系数，对 50km 以下线路，取 2～2.5；对 50～200km 线路，取不低于 1.4；对 200km 以上线路，取不低于 1.3。

3. 闭锁角的整定

理想情况下，相差高频保护内、外部故障的区别非常明显。内部故障时，两侧电流相位相同，两侧发信机均在正半周发信，高频通道内只在正半周有高频信号，两侧收信机收到的高频信号有 180°的间断角。外部故障时，线路两侧流过的是同一个电流，但反映到电流互感器的二次侧，两侧电流相位相差 180°，两侧发信机各在自己的正半周发信，则整个周期内，两侧轮流发出高频信号，高频通道内的高频信号是连续的，两侧收信机收到的高频信号的间断角为零。

实际计算中，由于多种因素的影响，当线路在区内、外故障时，两侧电流的二次值并非完全同相或反相，从而使高频信号的相位差出现较大误差，内、外部故障的区别并不明显，从而影响保护装置对故障的正确判断。

为了防止外部故障时，由于两侧高频信号相位差造成高频保护误动，需整定比相元件的闭锁角，闭锁角的整定值，应保证在外部故障时可靠闭锁高频保护。

保护装置相位特性曲线上动作电流的大小，决定了保护动作角 φ_{set} 的大小，而动作角 $\varphi_{set}=180°-\varphi_b$，由闭锁角 φ_b 决定。主要影响因素如下。

① 高频信号在通道中传输时间延迟引起的角误差

$$\delta_{ch}=0.06°l$$

式中　l——被保护线路长度公里数。

② 电流互感器的角误差 $\delta_{TA}\leqslant 7°$。

③ 保护装置操作滤过器等元件的误差 $\delta_p=15°$。

④ 在采用单相重合闸的线路上，因电容电流引起负序电流的附加相角差 δ_{a2}，一般在中长线路（约 150km 以上）应加以考虑。

对于闭锁角的整定，要求在外部故障时，能可靠闭锁。因此，闭锁角应大于误差角，并增加一个裕度角 δ_{mg}，一般取 15°。

（1）对 30km 以内的短线路

$$\varphi_b=\delta_{TA}+\delta_P+\delta_{ch}+\delta_{mg}=37°+0.06°l \tag{5-32}$$

（2）对于大于 30km 的长线路，还应考虑反射信号拍频的影响，即

$$\varphi_b=2(0.06°l)+\delta_{seg}+\delta_{mg} \tag{5-33}$$

式中　δ_{seg}——重叠角，一般约为 10°～35°，可实测。

（3）若采用单相重合闸，还要考虑非全相运行时，负序电流引起的附加相角差 δ_{a2}，即

$$\varphi_b=\delta_{TA}+\delta_P+0.06°l+\delta_{a2}+\delta_{mg} \tag{5-34}$$

闭锁角的整定，可以保证外部故障时保护不会误动，同时要求在保护范围内部故障时，保护要有足够的灵敏度，具体分析如下。

① 当保护区内发生三相短路故障时，除了电流互感器角度误差（δ_{TA}）、传输角度误差（δ_{ch}）、保护装置角度误差（δ_P）影响两侧高频信号相位外，线路两侧系统电势间有相位差，正常运行时为保证系统稳定，一般要求其相位差不大于70°；故障点两侧系统或线路阻抗角可能不同，考虑最不利的情况，两侧电流的相位差将达到很大的角度，如图 5-3 所示。

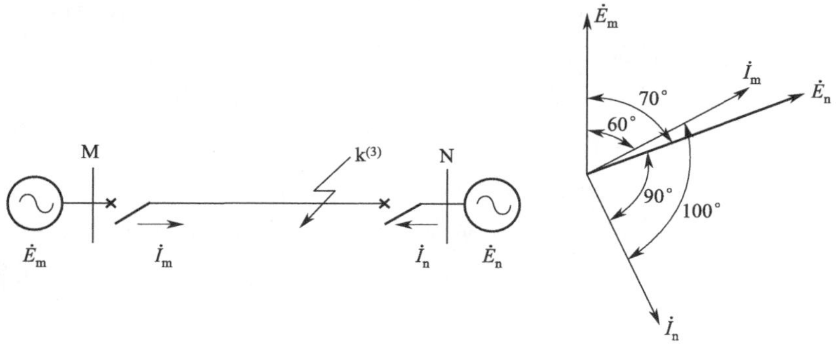

(a) 系统图　(b) 相位图

图 5-3　三相短路电流相位图

假设 $\dot{E}_m$ 超前 $\dot{E}_n$ 的相位角 δ_e 为 70°，Z_m 的阻抗角为 60°，Z_n 阻抗角为 90°，则

$\dot{I}_m$ 超前 $\dot{I}_n$ 的相角差达到 100°，综合上述因素，两侧高频信号的间断角为

M 侧 $$\delta_m=180°-(122°+0.06l) \tag{5-35}$$

N 侧 $$\delta_n=180°-(122°-0.06l) \tag{5-36}$$

其中 $$122°=\delta_e+\varphi_n-\varphi_m+\delta_{TA}+\delta_P$$

式中　δ_m，δ_n——M、N 侧比相元件测量到的最小间断角；

φ_m，φ_n——M、N 侧等值阻抗角。

当线路长度超过一定值时，两侧比相元件中相位超前一侧测量到的间断角小于闭锁角，使得该侧保护拒绝动作。因此，高频相差保护的应用，将受到线路长度的限制。对于上述一侧拒动问题，目前采用三相跳闸停信的方法，以加速对侧跳闸，这种在一侧保护动作跳闸后，另一侧保护随之跳闸的情况称为相继动作。

② 当发生单相接地短路或两相接地短路以及两相短路时，因相电流的相位受线路两侧电源电势差的影响，较三相短路时小，两侧比相元件收到高频信号的间断角相对较大，故保护产生相继动作的可能性大为降低。由于相差高频保护通常采用复合电流（$\dot{I}_1+K\dot{I}_2$）作为操作电流，负序电流的引入使得不对称故障时两侧电流相位差明显减小，从而有利于保护的动作。

综上所述，闭锁角一般可按下述情况选用：

a. 线路长度为 50km 以内，取 $\varphi_b = \pm 45°$；

b. 线路长度为 50～150km，$\varphi_b = \pm 52°$；

c. 线路长度为 150km 以上，$\varphi_b = \pm 60°$。

在采用单相重合闸的长线路上，闭锁角整定为 60°或 60°以上。

第三节　输电线路纵联保护整定的计算算例

【算例 5-1】 线路装设有高频闭锁方向保护，为了保证保护的正确动作，闭锁式保护需设置两个灵敏度不同的相电流启动元件，已知被保护线路的最大工作电流为 230A，试计算高、低定值启动元件的一次动作电流。可靠系数 $K_{rel} = 1.2$，返回系数 K_{re} 取 0.85，高定值动作值不低于低定值动作值的 1.5 倍。

解：（1）低定值启动元件用于启动发信回路，按躲过本线路最大负荷电流整定：

$$I_{set.1} = \frac{K_{rel} I_{L.max}}{K_{re}} = \frac{1.2 \times 230}{0.85} = 324.7(\text{A})$$

（2）高定值启动元件用于启动跳闸回路，高低定值之间应满足配合关系：

$$I_{set.h} \geqslant 1.5 I_{set.1} = 1.5 \times 324.7 = 487(\text{A})$$

【算例 5-2】 在图 5-4 所示线路上装设相差高频保护，若线路长度为 370km，试问保护动作角 φ_{set} 是多少？如果 N 端发生短路时，$\arg\left(\frac{\dot{I}_M}{\dot{I}_N}\right) = 100°$，两端保护是否会发生相继动作？当线路长度超过多少千米时，才会发生相继动作？

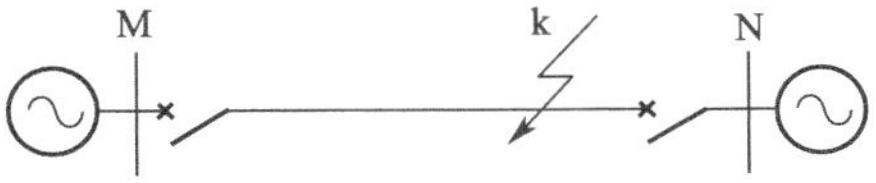

图 5-4　算例 5-2 系统图

解：（1）闭锁角 φ_b 的确定

$$\varphi_b > \delta_{TA} + \delta_P + \frac{l}{100} \times 6°$$

式中　δ_{TA}——电流互感器角误差，取 7°；

δ_P——操作元件以及保护引起的角误差，取 15°；

l——被保护线路长度，km。

为保证区外短路可靠闭锁，设裕度角为 $\delta_{mg} = 15°$，取

$$\varphi_b = \delta_{TA} + \delta_P + \frac{l}{100} \times 6° + \delta_{mg} = 7° + 15° + \frac{370}{100} \times 6° + 15° = 59.2°$$

（2）动作角 φ_{set}

$$0 \leqslant \varphi_{set} < 180 - \varphi_b = 120.8°$$

或

$$180° + \varphi_b = 239.2° < \varphi_{set} \leqslant 360°$$

（3）当N端区内k点发生短路故障时 $\arg\left(\frac{\dot{I}_M}{\dot{I}_N}\right)=100°$，超前一侧（M侧）的工作条件最不利，此时M侧收到两侧高频电流相位差 φ_M 为

$$\varphi_M=\delta_{TA}+\delta_P+\frac{l}{100}\times6°+\arg\left(\frac{\dot{I}_M}{\dot{I}_N}\right)=7°+15°+\frac{370}{100}\times6°+100°=144.2°$$

大于120.8°，故M侧高频保护不能瞬时动作。

对N侧，两侧高频电流相位差为 φ_N

$$\varphi_N=\delta_{TA}+\delta_P+\arg\left(\frac{\dot{I}_M}{\dot{I}_N}\right)-\frac{l}{100}\times6°=7°+15°+100°-\frac{370}{100}\times6°=99.8°<120.8°$$

故N侧保护可以瞬时动作，M侧随之动作，故将发生相继动作。

（4）发生相继动作时，对应线路长度的计算

是否发生相继动作，决定于相位超前一侧，闭锁角 φ_b 随线路长度而变化，对相位超前一侧 $\varphi_M=180°-\varphi_b$，设线路长度为 l_X。

$$\varphi_M=\delta_{TA}+\delta_P+\frac{l_X}{100}\times6°+\arg\left(\frac{\dot{I}_M}{\dot{I}_N}\right)=180°-\left(\delta_{TA}+\delta_P+\frac{l_X}{100}\times6°+\delta_{mg}\right)$$

$$7°+15°+100°+\frac{6°}{100}l_X=180°-\left(7°+15°+\frac{6°}{100}l_X+15°\right)$$

解得 $l_X=175\text{km}$

即线路长度超过175km时，将会发生相继动作。

【算例5-3】 网络如图5-5所示，在线路MN上装有相差动高频保护，靠近母线N侧k点发生短路故障，已知M侧等值阻抗角为 $\varphi_{ZM}=60°$，N侧阻抗角为 $\varphi_{ZN}=80°$，电流互感器角度误差 $\delta_{TA}=7°$，保护角度误差 $\delta_P=15°$，两侧电源电势关系 $\dot{E}_N=E_Me^{-j70°}$，裕度角为 $\delta_{mg}=15°$，线路长度为300km。

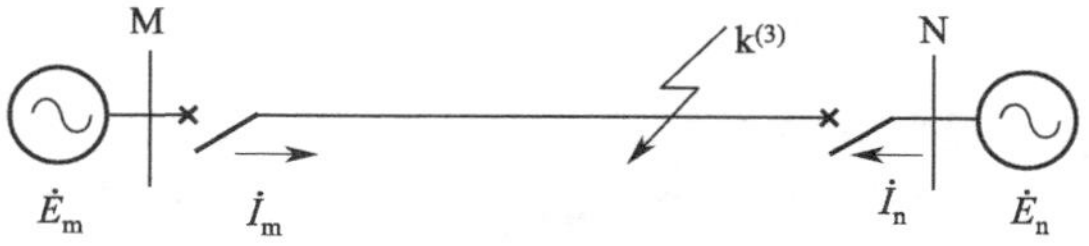

图5-5 算例5-3系统图

试求：（1）保护的闭锁角 φ_b、动作角 φ_{set}。

（2）在此闭锁角下，当k点发生三相短路时，两侧保护能否同时动作，如不能，线路长度小于多少时才能同时动作？

（3）在此闭锁角下，当k点发生不对称短路时，保护不发生相继动作的最大线路长度是多少（不计正序电流的影响）？

解：（1）闭锁角的整定应保证外部故障时保护不误动，考虑各种角度误差：

$$\varphi_b=\delta_{TA}+\delta_P+\frac{l}{100}\times6°+\delta_{mg}=7°+15°+\frac{300}{100}\times6°+15°=55°$$

动作角 φ_{set} 的计算：

$$0\leqslant\varphi_{set}<180-\varphi_b=125° \text{或} 180°+\varphi_b=235°<\varphi_{set}\leqslant360°$$

（2）假定保护闭锁角保持不变（$\varphi_b=55°$）

k 点三相短路时，相位超前一侧即 M 侧的角度误差为

$$\varphi_M=\delta_{TA}+\delta_P+\delta_e+(\varphi_{ZN}-\varphi_{ZM})+\frac{l}{100}\times6°=7°+15°+70°+80°-60°+\frac{300}{100}\times6°=130°$$

对应的高频信号间断角为 50°，小于闭锁角，M 侧保护不能立即动作于跳闸。

N 侧角度误差：

$$\varphi_N=\delta_{TA}+\delta_P+\delta_e+(\varphi_{ZN}-\varphi_{ZM})-\frac{l}{100}\times6°=7°+15°+70°+80°-60°-\frac{300}{100}\times6°=94°$$

显然 N 侧高频信号间断角为 86°，大于闭锁角，N 侧保护可以立即动作跳闸。

N 侧动作跳闸后，M 侧相继动作，切除 M 侧故障电流。

设两侧保护不发生相继动作的线路长度为 l_X，可得下式：

$$180°-\varphi_M=180°-[\delta_{TA}+\delta_P+\delta_e+(\varphi_{ZN}-\varphi_{ZM})+0.06°l_X]=55°$$

$$180°-(7°+15°+70°+20°+0.06°l_X)=55°$$

解得 $l_X=216.7$km。

（3）发生不对称短路时，由于发信机操作电流为 $\dot{I}_1+K\dot{I}_2$，忽略正序电流 $\dot{I}_1$ 的影响，则造成角度误差的因素只有电流互感器的角度差，保护装置的角度差，以及两侧阻抗角差和线路传输引起的角度差。此时有

$$180°-\varphi_M=180°-[\delta_{TA}+\delta_P+(\varphi_{ZN}-\varphi_{ZM})+0.06°l_X]=55°$$

$$180°-(7°+15°+20°+0.06°l_X)=55°$$

解得 $l_X=1383.3$km。

即不对称故障时，高频保护不发生相继动作的最大线路长度为 1383.3km。

注：实际上，为了保证外部故障时保护不误动，高频保护的闭锁角将随线路长度变化，而不是保持固定不变。若考虑线路长度变化引起的闭锁角变化，不对称短路时，不使高频保护发生相继动作的最大线路长度应按下式计算：

$$180°-[\delta_{TA}+\delta_P+(\varphi_{ZN}-\varphi_{ZM})+0.06°l_X]=\delta_{TA}+\delta_P+0.06°l_X+\delta_{mg}$$

代入数据得：

$$180°-(7°+15°+20°+0.06°l_X)=37°+0.06°l_X$$

解得 $l_X=841.7$km，远小于（3）的计算值。

第六章　电力变压器保护的整定计算

第一节　电力变压器的主要保护方式

电力变压器是电力系统中十分重要的供电元件，与发电机相比，电力变压器有较高的运行可靠性，同时电网大量的电力变压器是十分贵重的元件，其故障不但会对供电可靠性和系统的正常稳定运行带来严重影响，还将造成极为严重的经济损失，因此，必须根据变压器的容量和重要程度，考虑装设性能良好、工作可靠的继电保护装置。

根据有关规程的规定，对电力变压器的下列故障及异常运行方式，应按规定装设相应的保护装置：

① 绕组及引出线的相间短路和在中性点直接接地侧的单相接地短路；

② 绕组的匝间短路；

③ 外部相间短路引起的过电流；

④ 中性点直接接地电网中外部接地短路引起的过电流及中性点过电压；

⑤ 过负荷；

⑥ 油面降低；

⑦ 变压器温度升高和冷却系统故障。

电力变压器继电保护装置的配置原则一般为：

① 针对变压器内部的各种短路及油面下降应装设瓦斯保护，其中轻瓦斯延时动作于信号，重瓦斯瞬时动作于断开各侧断路器。

② 应装设反映变压器绕组和引出线的相间短路及绕组匝间短路的纵联差动保护或电流速断保护作为主保护，瞬时动作于断开各侧断路器。

③ 对由外部相间短路引起的变压器过电流，根据变压器容量和运行情况的不同及对变压器灵敏度的要求，可采用过电流保护、复合电压启动的过电流保护、负序电流和单相式低电压启动的过电流保护或阻抗保护作为后备保护，带时限动作于跳闸。

④ 对 110kV 及以上中性点直接接地电网，应根据变压器中性点接地运行的具体情况和变压器的绝缘情况装设零序电流保护和零序电压保护，带时限动作于跳闸。

⑤ 为防止长时间的过负荷对设备的损坏，应根据可能的过负荷情况装设过负荷保护，带时限动作于信号。

⑥ 对变压器温度升高和冷却系统的故障，应按变压器标准的规定，装设作用于信号或动作于跳闸的装置。

根据规程的有关规定，变压器应根据其重要程度、电压等级及容量大小，采用对应的保护方式。重点叙述如下。

（1）对变压器出线套管及本体内部的短路故障，应按下列规定装设相应的保护装置为主保护：

① 对 6.3MV·A 以下厂用工作变压器和并列运行的变压器以及10MV·A 以下厂用备用变压器和单独运行的变压器，当后备保护时限大于 0.5s 时，应装设电流速断保护；

② 当变压器纵差动保护对单相接地短路灵敏性不符合要求时，可增设零序电流差动保护；

③ 本条规定的各侧保护装置，瞬时动作于断开变压器的各侧断路器。

（2）对由外部相间短路引起的变压器过电流可采用下列保护装置作为变压器后备保护：

① 过电流保护。宜用于降压变压器，保护装置的整定值应考虑事故时可能出现的过负荷。

② 复合电压启动的过电流保护。宜用于升压变压器、系统联络变压器和过电流保护不符合灵敏性要求的降压变压器。

③ 阻抗保护。对升压变压器和系统联络变压器，当采用复合电压启动的过电流保护灵敏度不满足时，采用阻抗保护。

（3）110kV 及以上中性点直接接地电网，如变压器的中性点直接接地运行，对外部单相接地引起的过电流应装设零序电流保护。

零序电流保护可由两段组成，每段各带两个时限并均以较短的时限动作于缩小故障影响范围，以较长的时限有选择地动作于断开变压器各侧断路器。

双绕组或三绕组变压器零序电流保护应接到中性点引出线电流互感器上。

第二节 变压器纵联差动保护的整定计算

一、变压器纵联差动保护基本原理

以双绕组变压器为例说明变压器差动保护的工作原理，图 6-1 为变压器差动保护单相原理接线图。其中 $\dot{I}_1$、$\dot{I}_2$ 分别为变压器两侧的一次电流，$\dot{I}_1'$、$\dot{I}_2'$ 分别为两侧电流互感器的二次电流。图中标出了各侧电流的参考正方向及同名端。由于变压器两侧一次电流不相等，为保证正常运行以及外部故障时变压器差动保护不误动，两侧电流互感器的二次电流在保护的差动回路中形成环流，理想情况下使得进入继电器的电流为零。因此在变压器差动保护中必须适当选取两侧电流互感器的变比。由于两侧一次电流不同，因此两侧电流互感器的变比不同，设高、低压侧电流互感器的变比分别为 n_{TA1}、n_{TA2}。

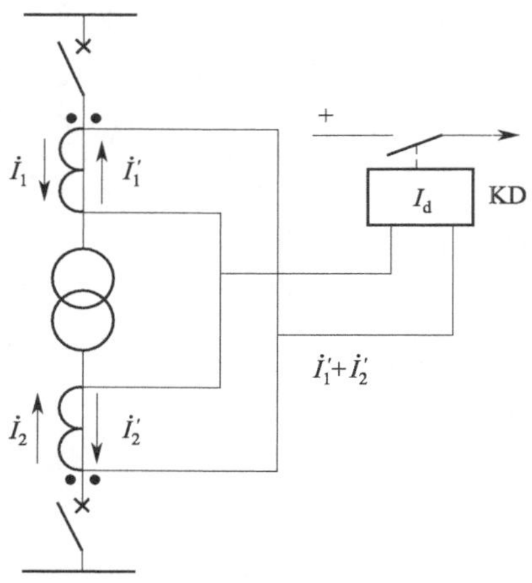

图 6-1 变压器差动保护单相原理接线

（1）正常运行及外部故障时，流入继电器的电流

$$\dot{I}_r=\dot{I}_1'+\dot{I}_2'=\frac{\dot{I}_1}{n_{TA1}}+\frac{\dot{I}_2}{n_{TA2}}=0 \tag{6-1}$$

（2）内部故障时，流过差动继电器的电流为短路电流

$$\dot{I}_1'+\dot{I}_2'=\dot{I}_k' \tag{6-2}$$

显然，为了保证正常时差动继电器可靠不动作，由式(6-1) 可知两侧电流互感器变比应满足：

$$\frac{I_1}{n_{TA1}}=\frac{I_2}{n_{TA2}}$$

上式变形可得

$$\frac{n_{TA2}}{n_{TA1}}=\frac{I_2}{I_1}=\frac{U_1}{U_2}=n_T \tag{6-3}$$

即两侧电流互感器的比值等于变压器的变比，可保证正常运行时，流入继电器的二次电流为零，而在内部故障时，流入继电器的电流为短路电流，其值很大，可以保证继电器灵敏快速地动作。

二、变压器纵联差动保护的不平衡电流

与线路纵联差动保护相同，理想情况下，外部故障和正常运行时，希望流入继电器的二次电流为零。实际运行时，由于一些不利因素的影响，差动回路中的电流并不为零，甚至还会出现较大的值（称为不平衡电流 I_{unb}），从而影响差动保护正确地区分内外部故障，甚至导致差动保护的误动作，与线路纵联差动保护不同，影响变压器差动保护不平衡电流的因素较多。

1. 由变压器接线方式引起的不平衡电流

三相变压器常采用 YNd11 接线，即各侧绕组为 $Y_0/\triangle$-11 接线；正常运行时变压器三角侧相电流的相位超前星形侧相电流 30°。如图 6-2 所示。此时即便两侧电流互感器变比满足式(6-3)，二次回路得到的差流也不为零，必须通过电流互感器二次侧的接线来校正相位不同引起的不平衡电流。

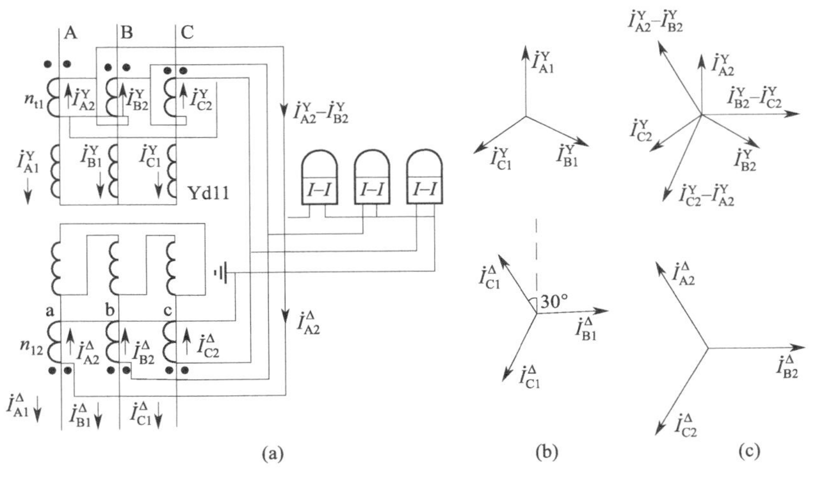

图 6-2　正常运行时变压器差动保护原理接线及电流相位关系

（a）变压器纵差保护原理接线；（b）电流互感器原边电流向量图；（c）差动回路两侧的电流向量图

在采用常规保护的接线中，通常采用的校正方式是将三角侧的电流互感器二次侧接成星形，而星形侧电流互感器二次侧接成三角形，如图 6-2 所示，这样就可使变压器两侧电流互感器的二次电流同相位。对二次侧采用三角接线的电流互感器，其输出电流为绕组电流的$\sqrt{3}$倍，为保证正常运行时流入差动回路电流为零，应使该侧电流互感器的变比为原来的$\sqrt{3}$倍。则有

$$\frac{n_{TA2}}{n_{TA1}/\sqrt{3}}=n_{T} \tag{6-4}$$

2. 由电流互感器计算变比与实际选定变比不同引起的不平衡电流

以上通过正确选择两侧电流互感器的变比，理论上就可使继电器差动回路电流为零，实际上厂家生产的各级互感器都有一定的标准或规范，我们根据计算结果去选定标准变比，变压器变比也是固定的，因此造成实际选定的各侧电流互感器变比不能满足式(6-4）或式(6-3）（全星形或全三角形），从而形成不平衡电流。不平衡电流可根据选定变比计算：

$$I_{unb}=\frac{\dot{I}_1}{n_{TA1}}+\frac{\dot{I}_2}{n_{TA2}}=\frac{n_T\dot{I}_1}{n_{TA2}}+\frac{\dot{I}_2}{n_{TA2}}+\left(1-\frac{n_{TA1}}{n_{TA2}}n_T\right)\frac{\dot{I}_1}{n_{TA1}}=\Delta f_d\frac{\dot{I}_1}{n_{TA1}} \quad (6\text{-}5)$$

$$\Delta f_d=1-\frac{n_{TA1}}{n_{TA2}}n_T$$

式中，Δf_d 为变比差系数。

发生外部故障时由于短路电流显著增大，此不平衡电流随之增大。当变压器外部发生短路时，可能产生的最大不平衡电流为

$$I_{unbmax}=\Delta f_d I_{k.max} \quad (6\text{-}6)$$

式中，$I_{k.max}$ 为折算到电流互感器二次侧的变压器外部短路时流过差动保护的最大穿越电流。

对具有速饱和特性的差动继电器，通常采用平衡线圈来降低此不平衡电流的影响；对微机保护，通过软件设置平衡系数减小其影响。

3. 由于改变变压器调压分接头产生的不平衡电流

带负荷调整变压器分接头，是电力系统常用的调整系统电压的方法，实际上分接头的调整就是改变变压器的变比，而保护在整定计算时计算的依据是额定变比或额定分接头，因此分接头的调整导致两侧二次电流平衡关系发生变化，必然产生不平衡电流。同样这一不平衡电流随外部故障的短路电流增大而增大，其最大值为

$$I_{unbmax}=\Delta U I_{k.max} \quad (6\text{-}7)$$

式中，ΔU 为由变压器的分接头引起的相对误差，一般取变压器调压范围的一半，如变压器有载调压的范围为±5%，则计算中可取 0.5。与前两项不平衡电流不同，该不平衡电流无法通过接线或平衡线圈的整定来消除。

4. 由于电流互感器误差引起的不平衡电流

电流互感器在正常运行时工作在线性区域，其误差较小，当流过的一次电流增大时，如果进入其饱和区域，电流互感器的误差会显著增加。

对变压器来说，由于两侧（双绕组）或三侧（三绕组）的一次电流不同，选择的电流互感器的型号不同、电压等级不同、变比不同，导致各侧电流互感器的特性有较大差别。与发电机纵差保护和线路纵差保护相比，外部故障时，这一因

素引起的变压器差动回路不平衡电流相对较大。

(1) 稳态情况下的不平衡电流

稳态情况下，各侧电流互感器特性不同引起的不平衡电流为

$$I_{unbmax}=K_{st}K_{er}I_{k.max} \tag{6-8}$$

式中，K_{st} 为电流互感器的同型系数；K_{er} 为电流互感器的比误差，计算差动保护的不平衡电流时，该系数可取 10%。

当差动保护各连接电流互感器的变比、型号等一致时，电流互感器的同型系数可取 0.5；否则同型系数取为 1。

(2) 暂态情况下的不平衡电流

变压器差动保护是瞬时动作的，因此还需要考虑外部短路时暂态情况下差动回路的不平衡电流。由于系统的电磁特性，发生短路故障时，在一次侧短路电流中含有非周期分量，由于非周期分量中主要是直流分量，很难变换到电流互感器的二次侧，加上直流分量电流易导致电流互感器饱和，从而使电流互感器的误差增大，当考虑暂态过程影响时，应在稳态不平衡电流的基础上增加一个非周期分量影响系数 K_{ap}，考虑暂态特性的外部最大不平衡电流为

$$I_{unbmax}=K_{ap}K_{st}K_{er}I_{k.max} \tag{6-9}$$

式中，非周期分量系数 K_{ap} 一般取 1.5～2。

在常规保护中可通过在差动回路中接入具有速饱和特性的中间变流器以降低暂态不平衡电流。

5. 由于变压器励磁涌流产生的不平衡电流

正常运行时，变压器的励磁电流较小；在外部故障时，由于母线和线路电压降低，励磁电流将更小，因此在正常运行和外部故障时，励磁电流对变压器差动保护的影响可以忽略不计。

在变压器空载投入或外部故障切除后电压恢复的过程中，可能出现数值较大的励磁电流，称之为励磁涌流，励磁涌流在最大时可达到额定电流的 6～8 倍，由于励磁涌流只在变压器的一侧（电源侧）出现，因此在差动保护二次回路中不能相互抵消，从而形成差动回路的不平衡电流，可能造成变压器差动保护的误动作。

变压器励磁涌流的特点：

① 励磁涌流往往含有大量非周期分量，使电流波形偏至时间轴的一侧；

② 涌流中包含大量的高次谐波，且以二次谐波为主；

③ 波形之间有间断，而且铁芯饱和程度越高，涌流越大，间断角越大。

根据励磁涌流的这些特点，可以采取相应措施减小励磁涌流对差动保护的影响：

① 利用励磁电流含有大量的非周期分量的特点，采用速饱和中间变流器，可以显著降低差动回路的不平衡电流；

② 利用励磁涌流中二次谐波含量较大的特点采用二次谐波制动，当出现励磁涌流时利用励磁涌流中的二次谐波实现制动，将差动保护闭锁，避免保护误动；

③ 利用励磁涌流中波形具有间断的特点，采用间断角鉴别的方法区别励磁涌流和内部故障。当间断角大于整定值时，将差动保护闭锁。

三、由 BCH-2 型继电器构成的差动保护整定计算

1. 确定基本侧

在变压器的各侧中，取二次额定电流最大一侧作为基本侧，各侧二次额定电流的计算方法如下：

① 按额定电压及变压器的额定容量计算各侧一次额定电流 I_{N1}；

② 按接线系数计算出各侧电流互感器的一次额定电流；

③ 按下式计算各侧电流互感器的二次额定电流

$$I_{N2}=\frac{K_{con}I_{N1}}{n_{TA}} \tag{6-10}$$

式中 K_{con}——电流互感器接线系数，星形接线 $K_{con}=1$；三角形接线 $K_{con}=\sqrt{3}$；

n_{TA}——对应各侧电流互感器变比。

2. 确定动作电流计算值

（1）躲开变压器的励磁涌流

$$I_{set}=K_{rel}I_{N1.b} \tag{6-11}$$

式中 K_{rel}——可靠系数，取 $K_{rel}=1.3$；

$I_{N1.b}$——变压器基本侧额定一次电流。

（2）躲开电流互感器二次回路断线时变压器的最大负荷电流

$$I_{set}=K_{rel}I_{L.max} \tag{6-12}$$

式中 K_{rel}——可靠系数，取 $K_{rel}=1.3$；

$I_{L.max}$——变压器基本侧的最大负荷电流，当无法确定时，可用变压器的额定电流计算。

（3）躲开外部短路时的最大不平衡电流

$$I_{set}=K_{rel}I_{unb.max}=K_{rel}(I_{unb.1}+I_{unb.2}+I_{unb.3}) \tag{6-13}$$

其中

$$I_{unb.1}=K_{unp}K_{st}\Delta f_{T}I_{k.max}$$

$$I_{unb.2}=\Delta U_{h}I_{k.h.max}+\Delta U_{m}I_{k.m.max}$$

$$I_{unb.3}=\Delta f_{ca.1}I_{k.1.max}+\Delta f_{ca.2}I_{k.2.max}$$

式中　$I_{k.max}$——最大外部短路电流周期分量；

Δf_T——电流互感器相对误差，取 $\Delta f_T=0.1$；

K_{unp}——非周期分量系数；

K_{st}——电流互感器同型系数；

ΔU_h，ΔU_m——变压器高、中压侧可调分接头引起的变比误差；

$I_{k.h.max}$，$I_{k.m.max}$——在所计算的外部短路情况下，流经相应调压侧最大短路电流的周期分量；

$I_{k.1.max}$，$I_{k.2.max}$——在所计算的外部短路时，流过接有平衡线圈的对应侧的电流互感器的短路电流；

$\Delta f_{ca.1}$，$\Delta f_{ca.2}$——继电器整定匝数与计算匝数不等引起的相对误差。

当三绕组变压器仅一侧有电源时，式(6-13) 中的各短路电流为同一数值 $I_{k.max}$。若外部短路电流不流过某一侧时，则式中相应项为零。

当为双绕组变压器时，式(6-13) 简化为

$$I_{set}=K_{rel}I_{unb.max}=1.3(K_{st}\Delta f_T+\Delta U+\Delta f_{ca})I_{k.max} \tag{6-14}$$

式中　$I_{k.max}$——外部短路时流过基本侧的最大短路电流；

K_{st}——同型系数；

Δf_T——电流互感器 10%误差；

Δf_{ca}——继电器整定匝数与计算匝数不等而产生的相对误差，在计算动作电流时，先用 0.05 进行计算。

3. 确定基本侧工作线圈的匝数

基本侧工作线圈的匝数：

$$W_{d.set}=\frac{AW_0}{I_{set.rc}} \tag{6-15}$$

其中，继电器动作电流：

$$I_{set.rc}=\frac{K_{con}I_{set.c}}{n_{TA}} \tag{6-16}$$

式中　$W_{d.set}$——基本侧差动线圈计算匝数；

$I_{set.c}$——保护一次动作电流计算值；

AW_0——继电器动作安匝；

$I_{set.rc}$——继电器动作电流计算值；

n_{TA}——基本侧电流互感器变比。

根据选用的基本侧工作线圈匝数 $W_{d.set}$，算出继电器的实际动作电流 $I_{set.r}$ 和保护的一次动作电流 I_{set} 为

$$I_{set.r}=\frac{AW_0}{W_{d.set}} \tag{6-17}$$

$$I_{set}=\frac{I_{set.r}n_{TA}}{K_{con}} \tag{6-18}$$

工作线匝数等于差动线圈和平衡线圈匝数之和，即

$$W_{w.set}=W_{d.set}+W_b \tag{6-19}$$

式中 $W_{w.set}$——基本侧工作线圈整定匝数；

$W_{d.set}$——差动线圈整定匝数；

W_b——平衡线圈整定匝数。

4. 确定非基本侧平衡线圈匝数

对于三绕组变压器：

$$W_{b.kc}=\frac{I_{N2.b}-I_{N2.nb}}{I_{N2.nb}}W_{d.set} \tag{6-20}$$

式中 $W_{b.kc}$——非基本侧平衡线圈计算匝数；

$I_{N2.b}$，$I_{N2.nb}$——基本侧、非基本侧流入继电器的电流（二次额定电流）；

$W_{d.set}$——差动线圈整定匝数。

对于双绕组变压器：

$$W_{b.c}=\frac{I_{N2.b}}{I_{N2.nb}}W_{w.set}-W_{d.set} \tag{6-21}$$

式中 $I_{N2.b}$，$I_{N2.nb}$——基本侧、非基本侧的二次侧额定电流。

5. 确定相对误差

$$\Delta f_{ca}=\frac{W_{b.c}-W_{b.set}}{W_{b.c}+W_{d.set}} \tag{6-22}$$

若 $\Delta f_{ca}\leqslant 0.05$ 则以上计算有效；若 $\Delta f_{ca}>0.05$，则应根据 Δf_{ca} 的实际值代入式(6-15）重新计算动作电流。

6. 校验灵敏度

$$K_{sen}=\frac{K_{con}I_{k\Sigma.min}}{I_{set}}\geqslant 2 \tag{6-23}$$

式中 $I_{k\Sigma.min}$——变压器内部故障时，归算至基本侧总的最小短路电流；若为单电源变压器，应为归算至电源侧的最小短路电流；

K_{con}——接线系数；

I_{set}——基本侧保护一次动作电流；若为单侧电源变压器，应为电源侧保护一次动作电流。

如果灵敏度约为 2，且算出的 Δf_{ca} 小于初算时采用的 0.05，而动作电流又

是按躲过外部短路时的不平衡电流决定，则可按灵敏度条件选择动作电流，检查此电流是否满足励磁涌流、电流互感器二次回路断线的要求。然后确定各线圈的计算匝数和整定匝数，求出 Δf_{ca}，再对上述过程进行精确计算。若按以上计算仍不满足选择性要求，则应选用具有制动特性的差动继电器。

四、由 BCH-1 型继电器构成的差动保护整定计算

1. 确定基本侧

选择差动保护用各侧电流互感器一次额定电流，并计算二次回路额定电流（与 BCH-2 的计算相同）确定基本侧。

2. 计算变压器差动保护范围外短路的最大短路电流

根据电网等值电路，计算变压器相应侧母线处的最大短路电流。

3. 选择制动线圈接入的方式和接入原则

制动线圈接入应保证保护装置在外部故障时具有可靠选择性；而在变压器内部故障时，又要求有较大的灵敏度，即动作电流应尽可能降低。故制动线圈接入的一般原则如下。

① 对双侧电源双绕组变压器，制动线圈接在大电源侧。

② 对单侧电源双绕组变压器，制动线圈接在负荷侧。

③ 单侧电源三绕组变压器，制动线圈接在穿越性短路电路最大的一侧，当两受电测穿越性短路电流相差不大，并且对提高灵敏度有利时，则应将制动线圈接于电源侧。

④ 双侧电源的三绕组变压器，其制动线圈接在无电源侧。但在无制动的情况下，如按躲过外部故障时的最大不平衡电流条件选择的保护动作电流较大，以致在内部短路时保护灵敏度不够，可将制动线圈接在大电流侧或调压侧。

⑤ 对三侧电源的三绕组变压器，其制动线圈应接于穿越性短路电流最大的一侧、最大电流侧或调压侧，需根据灵敏度情况选定。

⑥ 所接电流互感器超过三组且为多侧电源时，制动线圈接在最大穿越性短路电流的一侧，也可将两组电流互感器并联后接入制动线圈，以达到在几种不平衡电流较大的外部故障时均有制动作用。

4. 保护动作电流的计算

可按下列条件计算保护的动作电流。

① 按躲过外部短路时的最大不平衡电流计算。计算时，可不计具有制动线圈侧的外部短路，而在其他侧外部短路时，制动线圈侧所供给的短路电流要计及，但不可计及其制动作用。其计算公式及计算方法与 BCH-2 型差动继电器相同。

② 按躲过变压器励磁涌流进行计算，此时保护动作电流为

$$I_{set} \geqslant K_{rel} I_{N1.b} \tag{6-24}$$

式中 K_{rel}——可靠系数，取 1.5，对于单侧电源的变压器，若制动线圈接在电源侧，则可取 1.3；

$I_{N1.b}$——变压器基本侧一次额定电流。

③ 按躲过电流互感器二次回路断线计算保护动作电流为

$$I_{set} = 1.3 I_{L.max} \tag{6-25}$$

式中 $I_{L.max}$——变压器最大负荷电流，没有具体数据时取变压器额定电流。

选取以上三个条件计算的最大值，作为保护动作电流计算值。

5. 计算继电器的差动线圈及平衡线圈匝数

其计算方法与 BCH-2 型继电器相同。

6. 计算制动线圈匝数及制动系数

制动系数计算为

$$K_{res} = \frac{I_{w.r}}{I_{res.r}} = K_{rel}\left(\frac{I_{unb}}{I_{k.res}}\right)_{max} = K_{rel}\frac{K_{st}\Delta f_T I_{k.max} + \Delta U_h I_{kh.max} + \Delta U_m I_{km.max}}{I_{k.res}} + \frac{\Delta f_{ca.1} I_{k.1.max} + \Delta f_{ca.2} I_{k.2.max}}{I_{k.res}} \tag{6-26}$$

式中 K_{rel}——可靠系数，取 1.4；

$I_{k.res}$——所计算的外部短路时，流过接制动线圈侧电流互感器的周期分量电流；

$I_{w.r}$——流过继电器工作线圈的电流；

$I_{res.r}$——流过继电器制动线圈的电流。

ΔU_h、ΔU_m、K_{st}、Δf_T 等符号的含义与 BCH-2 型相同。

为了防止保护装置在外部故障时误动作，应计算最大的制动系数，使保护的动作电流始终大于（有制动作用时的）最大不平衡电流，最不利的情况应计算出当制动线圈侧有电源，且不是故障侧时，取制动线圈侧系统运行方式为最小运行方式(即上式中的分母为最小)。

制动线圈匝数计算为

$$W_{res} = \frac{K_{res} W_{w.set}}{n} = \frac{K_{res}(W_{d.set} + W_b)}{n} \tag{6-27}$$

式中 $W_{w.set}$——接制动线圈侧的差动继电器工作线圈匝数；

n——继电器最小制动特性曲线的切线（通过坐标原点）之斜率，一般可近似取 $n=0.9$。

取与计算值接近而较大的匝数作为整定匝数。

7. 保护灵敏度计算

计算变压器内部故障时，保护最小灵敏度：

$$K_{sen}=\frac{AW_{w}}{AW_{w.set}} \tag{6-28}$$

式中　AW_{w}——保护区内故障时，继电器的工作安匝；

$AW_{w.set}$——由继电器制动特性曲线查出来的。当有制动安匝 AW_{res} 时，继电器的动作安匝。

近似计算时可按下式计算：

$$AW_{w}=I_{N2.b}W_{d.set} \tag{6-29}$$

$$I_{N2.b}=K_{con}I_{k\Sigma.min}/n_{TA}$$

式中　$I_{N2.b}$——继电器基本侧工作电流；

K_{con}——保护的接线系数；

$I_{k\Sigma.min}$——变压器内部短路时，归算至基本侧总的最小短路电流。

制动安匝应包括流过制动线圈的二次负荷电流和二次短路电流所产生的总制动安匝，即

$$AW_{res}=AW_{res.L}+AW_{res.k}=I_{2.L}W_{res}+I_{2.res}W_{res} \tag{6-30}$$

式中　$AW_{res.L}$——负荷电流在继电器制动线圈中产生的制动作用；

$AW_{res.k}$——外部短路电流在继电器制动线圈中产生的制动作用；

W_{res}——继电器制动线圈整定匝数；

$I_{2.L}$——变压器制动线圈一侧的负荷电流；

$I_{2.res}$——流过变压器制动线圈的二次短路电流。

五、鉴别涌流间断角的差动保护整定计算

通过鉴别差动电流的波形有无间断可以有效区分励磁涌流和内部故障。其组成可分为常规段和闭锁段两部分。

常规段用于躲过励磁涌流并区分内、外部故障。闭锁段则可防止电气元件或制造工艺不良而引起的误动作。

1. 常规段的整定计算

（1）基本计算

与 BCH-2 相同。计算各侧归算至同一容量的一次额定电流，确定电流互感器的变比，然后计算各差动臂中二次额定电流，考虑接线方式对二次电流的影响。

二次额定电流 I_{N2} 的计算：

$$I_{N2}=\frac{K_{con}I_{N1}}{n_{TA}} \tag{6-31}$$

式中 K_{con}——接线系数；

n_{TA}——电流互感器的变比；

I_{N1}——各差动臂中的一次额定电流。

(2) 动作电流计算

基本侧差动继电器的动作电流按以下两个原则整定。

① 躲过无制动情况下的不平衡电流

$$I_{set.b}=K_{rel}(\Delta U+\Delta f_{er})I_{N2} \tag{6-32}$$

式中 K_{rel}——可靠系数，取 $K_{rel}=1.3\sim1.4$；

ΔU——由于变压器分接头调压所引起的相对误差，取调压范围的一半；

Δf_{er}——由于各侧电抗变压器不能完全调平衡所引起的相对误差，一般可取 $\Delta f_{er}=0.05$。

② 按躲过励磁涌流及抗干扰条件计算

$$I_{set.b}=(0.2\sim0.3)I_{N2} \tag{6-33}$$

一般产品说明书给定的动作电流整定范围约为20%～50%额定电流。

③ 制动系数 K_{res} 计算

在外部故障时应保证可靠制动，制动系数按下式计算：

$$K_{res}=\frac{K_{rel}I_{unb}}{I_{res}} \tag{6-34}$$

式中 K_{rel}——可靠系数，取 $K_{rel}=1.3\sim1.4$；

I_{unb}——由于外部短路所引起的差动回路的不平衡电流；

I_{res}——制动电流，其大小与制动线圈的接法有关。为保证选择性，应采用实际可能的最大值。

产品出厂时一般已经调好，取0.2～0.3即可。

2. 闭锁段的整定计算

按躲过最大负荷电流情况下的不平衡电流计算，还需考虑与差动元件动作值在灵敏度上相配合：

$$I_{set2.b}=\frac{K_{rel}K_{con}(\Delta U+\Delta f_{er})I_{L.max}}{n_{TA}K_{re}} \tag{6-35}$$

式中 K_{rel}——可靠系数，取 $K_{rel}=1.2\sim1.4$；

ΔU——由于变压器分接头调压所引起的相对误差，取调压范围的一半；

Δf_{er}——由于各侧电抗变压器不能完全调平衡所引起的相对误差，一般取 $\Delta f_{er}=0.05$；

K_{re}——返回系数，取 $K_{re}=0.95$；

$I_{L.max}$——归算至基本侧的最大负荷电流；

K_{con}——接线系数；

n_{TA}——电流互感器变化。

3. 灵敏度校验

在变压器中性点不接地电网侧，选择最小运行方式两相短路作为计算条件；在变压器中性点直接接地电网侧，选择最小运行方式下两相短路或单相接地短路中电流较小者作为计算条件。要求：

$$K_{sen}=\frac{I_{k.min}}{I_{op}}\geqslant 2 \tag{6-36}$$

六、二次谐波制动的差动保护的整定计算

额定电流等基本计算要求与 BCH-2 差动继电器相同，不再赘述。

1. 最小动作电流的计算

在最大负荷电流情况下，保护不误动，即继电器的动作电流必须大于最大负荷时的不平衡电流，即

$$I_{set.min}=K_{rel}I_{L.unb} \tag{6-37}$$

式中 $I_{L.unb}$——最大负荷时的不平衡电流，由实测确定，一般取（0.2～0.3）$I_{N.T}$；

$I_{N.T}$——变压器额定电流。

2. 制动特性曲线转折点电流的计算

起始制动电流：开始产生制动作用的最小制动电流值，选取：

$$I_{res}=(1\sim 1.2)I_{N.T} \tag{6-38}$$

3. 制动系数 K_{res} 的选择

制动系数 K_{res} 可按下式计算：

$$K_{res}=\frac{I_{set}}{I_{res}}=\frac{K_{rel}I_{unb}}{I_{res}} \tag{6-39}$$

式中 K_{rel}——可靠系数，取 $K_{rel}=1.3$；

I_{unb}——不平衡电流；

I_{set}——按躲过外部最大短路电流引起的不平衡电流整定的动作值。

其中对双绕组变压器：

$$I_{unb}=(K_{unp}K_{st}\Delta f_{T}+\Delta U+\Delta f_{ca})I_{k.max} \tag{6-40}$$

对三绕组变压器：

$$I_{unb}=I_{unb.1}+I_{unb.2}+I_{unb.3} \tag{6-41}$$

$$I_{unb.1}=K_{unp}K_{st}\Delta f_{T}I_{k.max}$$

$$I_{unb.2}=\Delta U_h I_{kh.max}+\Delta U_m I_{km.max}$$

$$I_{unb.3}=\Delta f_{ca.1} I_{k1.max}+\Delta f_{ca.2} I_{k2.max}$$

式中 $I_{k.max}$——最大外部短路电流周期分量；

Δf_T——电流互感器相对误差，取 $\Delta f_T=0.1$；

K_{unp}——非周期分量系数；

K_{st}——电流互感器同型系数；

ΔU_h，ΔU_m——变压器高、中压侧分接头改变而引起的误差；

$I_{kh.max}$，$I_{km.max}$——在所计算的外部短路情况下，流经相应调压侧（有调压抽头各侧）最大短路电流的周期分量；

$I_{k1.max}$，$I_{k2.max}$——在所计算的外部短路时，流过装有平衡线圈各侧（非基本侧）相应电流互感器的短路电流；

$\Delta f_{ca.1}$，$\Delta f_{ca.2}$——继电器平衡线圈计算匝数与整定匝数不等引起的相对误差。

4. 灵敏度校验

按最小运行方式下保护范围内两相金属性短路时的短路电流进行校验，即

$$K_{sen}=\frac{I_{k.min}^{(2)}}{I_{set}}\geqslant 2 \tag{6-42}$$

第三节　变压器的后备保护整定计算

一、概述

变压器后备保护包括反映相间短路的后备保护和反映接地短路的后备保护，后备保护可作为变压器本体差动保护的后备，也可对变压器外部故障引起的过电流起到保护作用，作为变压器各侧母线以及部分出线的远后备保护。

对外部相间短路故障，采用过电流保护，灵敏度不足时，可装设带复合电压闭锁的过电流保护，目前变电站基本不再采用低电压闭锁后备保护方式。

对外部接地短路故障，采用零序电流保护，或零序电流电压保护，根据保护选择性要求，确定是否采用零序功率方向元件。

根据规程规定，变压器后备保护的装设要求如下。

① 对单侧电源的双绕组变压器，后备保护应装设于电源侧；对单侧电源的三绕组变压器，后备保护应装设于电源侧和主负荷侧，作为差动保护、瓦斯保护的后备或相邻元件的后备。

② 对于多侧电源的变压器，后备保护应装设于变压器各侧，其作用如下。

a. 相间短路后备保护作为变压器差动保护的后备时，要求其较短时限用于断开联络，缩小变压器的故障范围，较长时限用于动作后启动总出口继电器，切除

变压器。对于接地短路的后备保护，由于变压器中性点接地而使零序电流分布发生变化，往往会使零序电流保护的灵敏度降低，因此要求在变压器的两个接地侧均装设能动作于总出口的零序电流保护段，同样设置多段时限。

b. 变压器各侧装设的后备保护，主要作为各侧母线和线路的后备保护，可设多段时限保证选择性，要求只动作于跳开本侧的断路器。

二、变压器相间短路的后备保护

1. 过电流保护

过电流保护作为变压器相间短路的后备保护，适用于容量较小的单侧电源变压器。其动作电流可按下述条件整定。

（1）按躲过变压器可能的最大负荷电流整定，即

$$I_{set}=\frac{K_{rel}}{K_{re}}I_{L.max} \tag{6-43}$$

式中　K_{rel}——可靠系数，取1.1～1.2；

K_{re}——返回系数，取0.85；

$I_{L.max}$——变压器最大负荷电流。当几台变压器并列运行时，应考虑其中一台大变压器突然断开后，该整定变压器可能增加的负荷电流。

对于容量相同的 n 台变压器并列运行时，其最大负荷电流为

$$I_{L.max}=\frac{n}{n-1}I_{N1} \tag{6-44}$$

式中　I_{N1}——变压器额定电流。

（2）按躲过电动机自启动时可能出现的最大工作电流整定。保护整定计算结果为

$$I_{set}=K_{rel}K_{ss}I_{N1} \tag{6-45}$$

式中　K_{rel}——可靠系数，取1.2～1.3；

K_{ss}——自启动系数。由综合负荷的电动机比重决定，根据所在电压等级可取1.5～2.5，具体数据可根据实际负荷组成选择；

I_{N1}——变压器额定电流。

（3）按与相邻元件后备保护相配合整定。作为后备保护，当变压器中、低压侧有出线保护时，应与其后备保护相配合。其动作电流计算为

$$I_{set}=K_{rel}I_{set.i} \tag{6-46}$$

式中　K_{rel}——可靠系数，取1.2～1.5；

$I_{set.i}$——变压器中、低压出线电流后备保护动作值，应取各出线中之最大者。

变压器过电流保护动作时间：按与相邻保护的后备保护动作时间相配合，即

$$t_s = t_N + \Delta t \tag{6-47}$$

式中　t_s——变压器过电流保护动作时间；

t_N——相邻保护后备保护动作时间。

保护灵敏度校验：按变压器中、低压母线故障时的最小短路电流计算，即

$$K_{sen} = \frac{I_{k.min}}{I_{set}} \tag{6-48}$$

式中　$I_{k.min}$——变压器中、低压母线故障最小短路电流。

2. 复合电压启动的过电流保护

当变压器容量较大时，采用简单过电流保护，灵敏度难以满足要求，可采用复合电压启动的过电流保护，所谓复合电压指电压回路采用负序电压及相间电压量，由接于相间电压上的低电压继电器和接于负序电压上的负序电压继电器组成的电压闭锁元件。由于采用低电压元件保证了变压器短时过负荷时保护不会误动，其电流元件定值可以明显降低，从而提高保护动作灵敏度。

(1) 电流元件整定

按变压器额定电流整定，即

$$I_{set} = \frac{K_{rel}}{K_{re}} I_{N1} \tag{6-49}$$

式中　K_{rel}——可靠系数，取1.15～1.2；

K_{re}——返回系数，取0.85；

I_{N1}——保护安装侧的变压器额定电流。

电流元件灵敏度的校验：按变压器另一侧相间短路时，流过保护装置的最小短路电流计算，即

$$K_{sen} = \frac{I_{k.min}}{I_{set}} \tag{6-50}$$

式中　$I_{k.min}$——变压器另一侧短路时的最小短路电流。

要求$K_{sen} \geqslant 1.25$。

(2) 低电压元件的整定

低电压元件定值按以下两条件计算，选取最小值作为整定值。

① 按躲过正常运行时可能出现的最低工作电压整定

$$U_{set} = \frac{U_{L.min}}{K_{rel} K_{re}} \tag{6-51}$$

式中　$U_{L.min}$——变压器正常运行时的最低工作电压；

K_{rel}——可靠系数，取1.1～1.2；

K_{re}——低电压继电器的返回系数，取1.15～1.25。

② 按躲过电动机自启动时的电压整定

当低电压元件电压来自变压器低压侧电压互感器时，整定动作电压为

$$U_{set}=(0.5\sim0.6)U_{N1} \tag{6-52}$$

式中　U_{N1}——保护安装侧的线电压。

当低电压元件电压来自变压器高压侧电压互感器时，整定动作电压为

$$U_{set}=0.7U_{N} \tag{6-53}$$

灵敏度计算：

$$K_{sen}=\frac{U_{set}}{U_{rev.max}} \tag{6-54}$$

式中　$U_{rev.max}$——校验点故障时，电压继电器装设母线上的最大残压。要求 $K_{sen}\geqslant1.25$。

③ 负序电压元件的整定

采用负序电压元件，在后备保护范围内发生不对称短路时，可以显著提高电压元件的灵敏度，而且不受变压器接线方式的影响。其负序电压元件定值计算如下。

负序电压元件动作电压按躲过正常运行时负序电压过滤器的最大不平衡输出电压计算，即

$$U_{set.2}=(0.06\sim0.07)U_{N1} \tag{6-55}$$

灵敏度校验：按变压器另一侧不对称短路时的最低负序电压计算，即

$$K_{sen}=\frac{U_{rev2.min}}{U_{set.2}} \tag{6-56}$$

式中　$U_{rev2.min}$——变压器另一侧短路时保护反映的最低负序电压。要求 $K_{sen}\geqslant1.25$。

④ 动作时间整定

a. 单侧电源变压器：动作时间应与负荷侧出线保护动作时间配合，如图 6-3 所示。

$$t_3=t_1+\Delta t$$

$$t_4=t_2+\Delta t$$

$$t_5=\max\{t_3,t_4\}+\Delta t$$

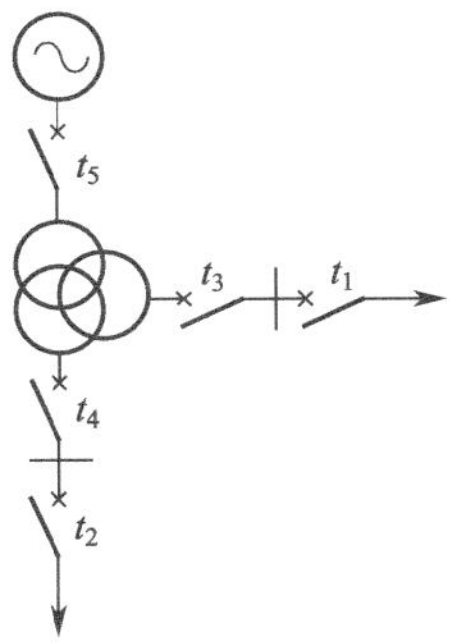

图 6-3　单侧电源变压器后备保护时间配合

b. 多侧电源变压器：有三侧电源的多绕组变压器，三侧均应装设后备保护，且在动作时间较小的一侧应装设方向元件。

要求在各种运行方式下，有一侧保护对三侧母线均有足够的灵敏度，动作后能以较短的时限切除三侧断路

器。若灵敏度不满足要求，必要时可装设负序过电流保护。依据上述原则，保护动作时间的配合为：各侧的后备保护动作时间与各侧出线动作时间相配合。动作后跳三侧断路器的保护段的动作时间，应能与各侧的保护动作时间相配合。例如图 6-4 所示的变压器后备保护动作时间的配合。

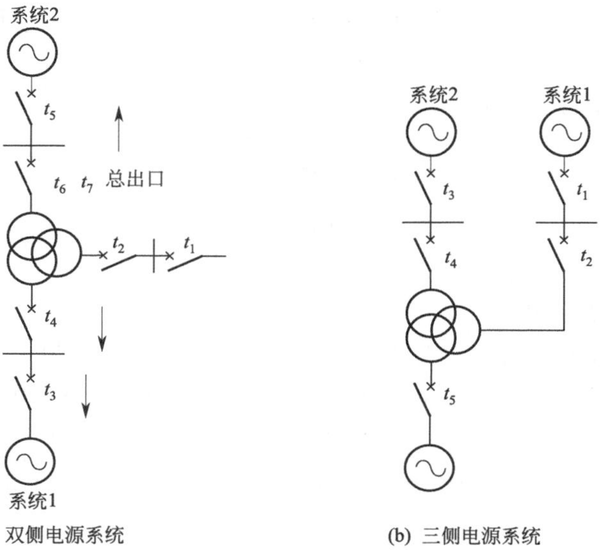

图 6-4　多侧电源变压器后备保护动作时间配合图

ⅰ. 对图 6-4(a)，有关系式

$$t_2 = t_1 + \Delta t$$

$$t_4 = t_3 + \Delta t \text{（}t_4 < t_6 \text{ 时,应加装方向元件）}$$

$$t_6 = t_5 + \Delta t$$

$$t_7 = \max\{t_2, t_4, t_6\} + \Delta t$$

t_5、t_3 处的保护带有指向线路的方向元件。

ⅱ. 对图 6-4(b)，有关系式

$$\begin{cases} t_5 \geqslant t_2 + \Delta t \\ t_5 \geqslant t_4 + \Delta t \end{cases}$$

$$t_2 = t_1 + \Delta t \text{（}t_2 < t_4 \text{ 时,应加装方向元件）}$$

$$t_4 = t_3 + \Delta t$$

三、变压器零序电流的保护整定

电力系统故障中，接地故障所占比例远高于其他类型故障。接于中性点直接接地系统的变压器，要求装设接地保护，作为变压器主保护和相邻元件接地保护的后备保护。发生接地故障时，变压器中性点将出现零序电流，母线将出现零序电压，因此变压器接地故障的后备保护通常都是反映这些电气量构成。

中性点直接接地运行的变压器均采用零序过电流保护作为变压器接地故障的后备保护。零序过电流保护通常采用两段式。零序电流保护Ⅰ段与相邻元件零序电流保护Ⅰ段相配合；零序电流保护Ⅱ段与相邻元件零序电流保护后备段（注意，不是Ⅱ段）相配合。与变压器相间后备保护类似，零序电流保护在配置上要考虑缩小故障影响范围的问题。根据需要，每段零序电流保护可设两个时限，并以较短的时限动作于缩小故障影响范围，以较长的时限断开变压器各侧断路器。

变压器零序过电流保护的系统接线和保护逻辑（双母线接线）见图 6-5。零序过电流取自变压器中性点电流互感器的二次侧。由于是双母线运行，在另一条母线故障时零序电流保护动作首先跳开母联断路器 QF，使没有故障的变压器能够继续运行。所以零序电流保护Ⅰ段和Ⅱ段均采用两个时限，短时限 t_1、t_3 跳开母联断路器 QF，用于缩小故障范围，长时限 t_2、t_4 跳开变压器各侧断路器。

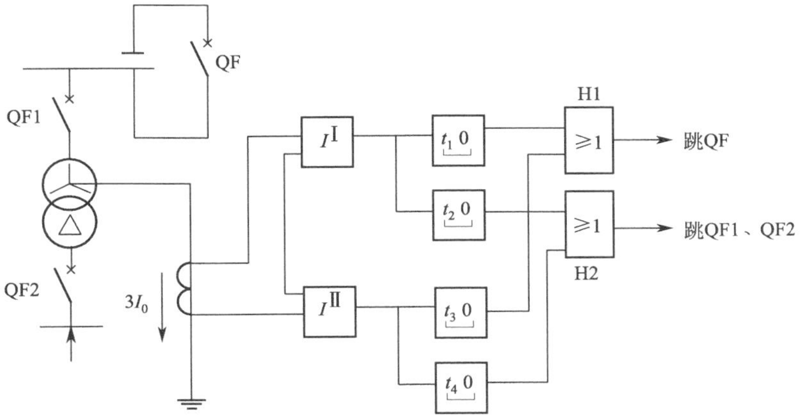

图 6-5　零序过电流保护的系统接线和保护逻辑

零序电流保护Ⅰ段的动作电流按下式整定

$$I_{\mathrm{set}}^{\mathrm{I}}=K_{\mathrm{rel}}K_{\mathrm{b}}I_{0\mathrm{set.n}}^{\mathrm{I}} \tag{6-57}$$

式中　K_{rel}——可靠系数，取 1.2；

K_{b}——零序电流分支系数；

$I_{0\mathrm{set.n}}^{\mathrm{I}}$——相邻元件零序电流Ⅰ段的动作电流。

零序电流保护Ⅰ段的短时限取 $t_1=0.5\sim1\mathrm{s}$；长延时在 $t_2=t_1+\Delta t$ 上再增加一级时限。

零序电流保护Ⅱ段的动作电流按下式整定

$$I_{\mathrm{set}}^{\mathrm{II}}=K_{\mathrm{rel}}K_{\mathrm{b}}I_{0\mathrm{set.n}}^{(\mathrm{b})} \tag{6-58}$$

式中　$I_{0\mathrm{set.n}}^{(\mathrm{b})}$——相邻元件零序电流保护后备段的动作电流。

零序Ⅱ段也设置两段时限，短时限动作切除母联，时限 $t_3=t_n^{(b)}+\Delta t$（$t_n^{(b)}$ 为相邻元件保护后备段动作时限），长时限切除变压器各侧断路器，$t_4=t_3+\Delta t$。

零序电流保护Ⅰ段的灵敏系数按变压器母线处故障校验，Ⅱ段按相邻元件末端故障校验，校验方法与线路零序电流保护相同。

$$K_{sen}^{Ⅰ}=\frac{I_{0kmin}}{I_{set}^{Ⅰ}} \tag{6-59}$$

式中　I_{0kmin}——变压器母线接地故障的最小零序电流。

$$K_{sen}^{Ⅱ}=\frac{I_{0kmin.n}}{I_{set}^{Ⅱ}} \tag{6-60}$$

式中　$I_{0kmin.n}$——相邻元件末端接地故障的最小零序电流。

对于三绕组变压器，当有两侧的中性点均直接接地运行时，应该在两侧的中性点上分别装设两段式的零序电流保护。各侧的零序电流保护作为本侧相邻元件保护的后备和变压器主保护的后备。在动作电流整定时要考虑对侧接地故障的影响，灵敏度不够时可考虑装设零序电流方向元件。若不是双母线运行，各段也设两个时限，短时限动作于跳开变压器的本侧断路器，长时限动作于跳开变压器的各侧断路器。若是双母线运行，也需要按照尽量减少故障影响范围的原则，有选择性地跳开母联断路器、变压器本侧断路器和各侧断路器。

第四节　变压器保护的整定计算算例

【算例 6-1】 某降压变电站有一台变压器额定容量为 31.5MV·A，电压为 110/3.3kV，$U_k\%=10.5$，采用 Yd11 接线。已知：最小运行方式下 110kV 母线三相短路容量为 500MV·A，$I_{L.max}=1.2I_{NT}$，$K_{ss}=2$，$K_{re}=0.85$，$K_{rel}=1.25$。试问能否采用两相星形接线的过电流保护作为区外相间短路的后备保护？如果不能，应采取哪些措施？

解： 据题意，该变电站的系统接线如图 6-6 所示。

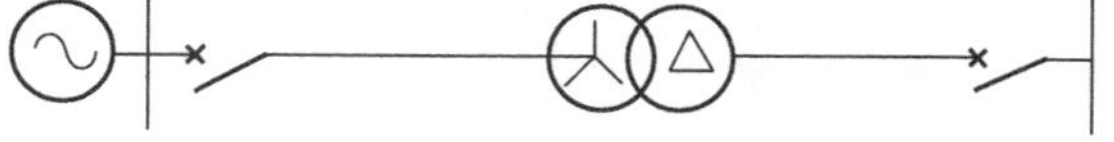

图 6-6　算例 6-1 图

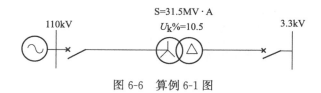

（1）过电流保护的启动值按躲过最大负荷电流整定

$$I_{set}=\frac{K_{rel}K_{ss}}{K_{re}}I_{L.max}=\frac{1.25\times2}{0.85}\times1.2I_{NT}=3.53I_{NT}$$

$$I_{NT}=\frac{S_N}{\sqrt{3}U_N}=\frac{31.5}{\sqrt{3}\times110}=0.165kA$$

故 $I_{set}=0.584kA$。

（2）灵敏系数校验

为校验灵敏系数，应算出系统最小运行方式下，变压器低压侧两相短路时，流过保护的最小电流。

因变压器高压侧最小运行方式下三相短路容量 $S_K=500MV\cdot A$，取基准容量$S_B=31.5MV\cdot A$，则系统到变压器高压侧的等值标幺电抗为

$$X_{S*}=\frac{S_B}{S_K}=\frac{31.5}{500}=0.063$$

变压器的等值标幺值电抗为

$$X_{T*}=\frac{U_k\%S_B}{S_{NT}}=0.105$$

① 变压器低压侧两相短路电流

$$I_{K3.3}^{(2)}=\frac{\sqrt{3}}{2}I_{K3.3}^{(3)}=\frac{\sqrt{3}}{2}\times\frac{I_{NT}}{X_{S*}+X_{T*}}=\frac{\sqrt{3}}{2}\times\frac{I_{NT}}{0.063+0.105}=5.16I_{NT}$$

② 归算至变压器高压侧（电源侧）的各相电流

最大一相　$I_{K110}^{(2)}=\frac{2}{\sqrt{3}}I_{K3.3}^{(2)}=\frac{2}{\sqrt{3}}\times5.16\times0.165=0.983kA$

其余两相　$I_{K110}^{(2)}=\frac{1}{\sqrt{3}}I_{K3.3}^{(2)}=\frac{1}{\sqrt{3}}\times5.16\times0.165=0.492kA$

③ 当采用两相星形接线（不完全星形）方式时

$$K_{sen}=\frac{I_{K110}^{(2)}}{I_{set}}=\frac{0.492}{0.584}=0.84<1.3\sim1.5$$

故不满足要求。

为此，可采用两相三继电器接线方式，可使最小运行方式下两相短路时保护的灵敏度提高一倍。

$$K_{sen}=\frac{I_{K110}^{(2)}}{I_{set}}=\frac{0.983}{0.584}=1.68>1.5$$

【算例 6-2】 已知 35kV 单独运行的降压变压器的额定容量为 15MV·A，电压为 35±2×2.5%/10.5kV，绕组接线为 Yd11，短路电压 $U_k\%=8$。系统最大运行方式下归算至 35kV 母线侧的最小阻抗为 6Ω，系统最小运行方式下对应阻抗为 10Ω，10.5kV 最大负荷电流为 700A，选用 BCH-2 型差动继电器构成差动保护。试为该差动保护进行整定计算（即求动作电流 I_{set}，差动线圈匝数 W_d，平衡线圈匝数 W_{b1} 和 W_{b2} 及最小灵敏系数 K_{sen}）。

解：(1) 计算各侧额定电流

求变压器各侧的一次额定电流，选择保护用电流互感器变比，求各侧电流互感器的二次的额定电流。计算结果见表 6-1。

表 6-1　电流互感器变比选择及二次电流计算

序号	数值名称	各侧数值	
		35kV 侧	10kV 侧
1	变压器一次额定电流 I_{N1}/A	$\frac{15000}{\sqrt{3}\times 35}=247$	$\frac{15000}{\sqrt{3}\times 10.5}=825$
2	电流互感器接线方式	△	Y
3	选择电流互感器一次电流计算值/A	$\sqrt{3}\times 247=428$	825
4	选电流互感器标准变比	600/5=120	1000/5=200
5	二次回路额定电流 I_{N2}/A	$\sqrt{3}\times\frac{247}{120}=3.57$	$\frac{825}{200}=4.13$

由表 6-1 可知，10.5kV 侧的电流互感器二次电流较大，因此确定 10.5kV 侧为基本侧。

(2) 计算基本侧保护的一次动作电流 I_{set}

① 按躲过最大不平衡电流条件

$$I_{set.c}=K_{rel}(0.1K_{unp}K_{st}+\Delta U+\Delta f_{ca})I_{k.max}$$

此处 $I_{k.max}$ 应取最大运行方式下，10.5kV 母线上三相短路电流。

系统阻抗 $$X_{s.min}=6\times\left(\frac{10.5}{37}\right)^2=0.483(\Omega)$$

变压器阻抗 $$X_T=0.08\times\frac{10.5^2}{15}=0.588(\Omega)$$

故 $$I_{k.max}=\frac{10500}{\sqrt{3}(0.483+0.588)}=5600(A)$$

取 $K_{rel}=1.3$，故 $I_{set.c}=1.3(1\times 0.1+0.05+0.05)\times 5660=1472(A)$

② 按躲过励磁涌流条件

$$I_{set.c}=K_{rel}I_{N.1(10.5kV)}=1.3\times 825=1073(A)$$

③ 按躲过电流互感器二次回路断线的条件

$$I_{set.c}=K_{rel}I_{L.max}=1.3\times 700=910(A)$$

取上面三个计算结果的最大值作为一次动作电流计算值，即 $I_{set.c}=1472(A)$。

(3) 求差动线圈匝数

基本侧求二次动作电流计算值为

$$I_{set.r.c}=K_{con}\frac{I_{set.c}}{n_{TA2}}=\frac{1472}{200}=7.36(A)$$

由此，差动线圈的计算匝数为

$$W_{d.ca}=\frac{(AW)_{set}}{I_{set.r.c}}=\frac{60}{7.36}=8.15(匝)$$

式中，$(AW)_{set}$ 为 BCH 型继电器的动作磁势，一般为 60 安匝。根据计算匝数，应取比计算匝数偏小的整数，由于计算值接近 8 匝，因此可取 8 匝，在整定匝数下，继电器的实际动作电流为

$$I_{set.r}=\frac{60}{8}=7.5(A)$$

（4）求平衡线圈匝数

对双绕组变压器，仅使用一个平衡线圈，采用 W_{b1} 用于 35kV 侧以平衡正常时因两侧电流互感器变比不匹配而导致的二次回路误差。

由此得出 $W_{b1.ca}$ 的计算值为

$$W_{b1.ca}=\frac{I_{N.2(10.5kV)}}{I_{N.2(35kV)}}W_{d.set}-W_{d.set}=\frac{4.13}{3.57}\times8-8=1.25$$

式中 $I_{N.2(10.5kV)}$ ——基本侧，即 10.5kV 侧的二次额定电流；

$I_{N.2(35kV)}$ ——35kV 侧的二次额定电流。

确定平衡线圈的整定匝数为 $W_{b1}=1$ 匝。

（5）计算由于整定匝数与计算匝数不等而产生的相对误差 Δf_{ca}（在预先计算时已预取为 0.05）

$$\Delta f_{ca}=\frac{W_{b1.ca}-W_{b1}}{W_{b1.ca}+W_{d.set}}=\frac{1.25-1}{1.25+8}=0.027$$

由于 $0.027<0.05$，故不需要重算动作电流。

（6）灵敏性校验

应按系统最小运行方式下，10.5kV 侧两相短路计算最小灵敏系数。最小运行方式下，系统阻抗归算至 10.5kV 侧，即

$$X_{s.max}=10\times\left(\frac{10.5}{37}\right)^2=0.805(\Omega)$$

短路回路总阻抗为 $X_{\Sigma}=X_{s.max}+X_T=0.805+0.588=1.39(\Omega)$

故 10kV 侧三相短路电流为 $I_K^{(3)}=\frac{10500}{\sqrt{3}\times1.39}=4361(A)$

对应的最小运行方式下两相短路电流为

$$I_K^{(2)}=\frac{\sqrt{3}}{2}I_K^{(3)}=3777(A)$$

将此电流折算到 35kV 侧（电源侧），对 Yd11 接线变压器，一侧两相短路时

折算至电源侧的最大一相电流为三相短路电流折算值，另外两相流过电流为最大一相的一半，因此最大一相电流为 $I_{K(35)}=4361\times\frac{10.5}{37}=1238(A)$，此电流通过 35kV 侧电流互感器变换到继电器处，则进入继电器的最大一相电流：

$$I_{K(35).r}=\frac{3}{2}\times\frac{I_{K(35)}}{n_{TA1}}=1.5\times\frac{1238}{120}=15.5(A)$$

故得
$$K_{sen}=\frac{I_{K(35).r}(W_{b1}+W_{d.set})}{(AW)_{set}}=\frac{15.5(1+8)}{60}=2.3$$

式中，$I_{K(35).r}(W_{b1}+W_{d.set})$ 为由 35kV 侧折算到二次侧的故障电流在继电器中产生的工作磁势。灵敏系数大于 2，故满足要求。

【算例 6-3】 已知一台 110kV 三绕组变压器容量为 31.5MV·A，接线为 Yd11d11，电压为 110±4×2.5%/38.5/6.3kV，在最大运行方式下，各侧母线上，以及在最小运行方式下，无电源的中压出口侧发生三相短路时的短路电流（归算至 110kV 侧）分别如图 6-7 所示，图中阻抗均为换算到基准容量 $S_b=$ 100MV·A 下的标幺值，6kV 和 110kV 两侧有电源，选用 BCH-1 型差动继电器，试对其进行整定计算。

解：(1) 求各侧一次额定电流 I_{N1}、变比 n_{TA} 和 I_{N2} 并确定基本侧

计算结果见表 6-2。

表 6-2 算例 6-3 电流互感器变比选择及二次电流计算

序号	数值名称	各侧数值		
		110kV 侧	35kV 侧	6kV 侧
1	变压器一次额定电流/A	$\frac{31500}{\sqrt{3}\times115}=165$	$\frac{31500}{\sqrt{3}\times38.5}=495$	$\frac{31500}{\sqrt{3}\times6.6}=2760$
2	电流互感器接线方式	△	Y	Y
3	电流互感器一次电流计算值/A	$\sqrt{3}\times165=286$	495	2760
4	电流互感器标准变比	$n_{TA.1}=300/5=60$	$n_{TA.2}=600/5=120$	$n_{TA.3}=3000/5=600$
5	二次回路额定电流/A	286/60=4.78	$\frac{475}{120}=3.96$	$\frac{2760}{600}=4.6$

根据计算结果确定 110kV 侧为基本侧。

(2) 确定制动线圈接法

由于 35kV 侧外部短路电流最大，故制动线圈接在 35kV 侧，由于 35kV 侧无电源，这种接法还可以减小内部故障时的制动作用，从而降低故障时保护动作所需动作磁势，提高保护动作灵敏度。

(3) 求保护在无制动情况下的动作电流 I_{set}

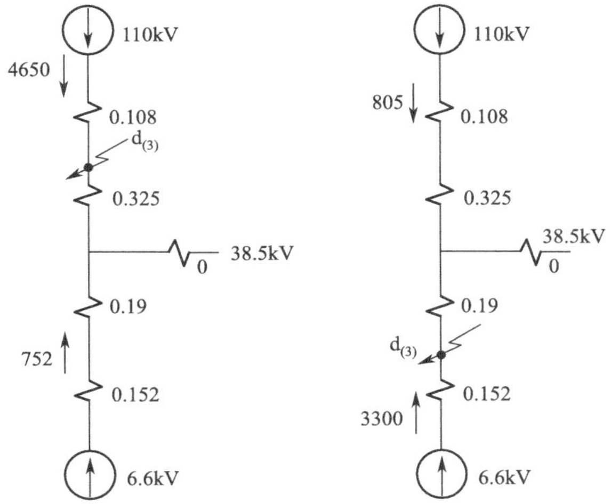

(a) 最大运行方式下
110kV母线三相短路

(b) 最大运行方式下
6kV母线三相短路

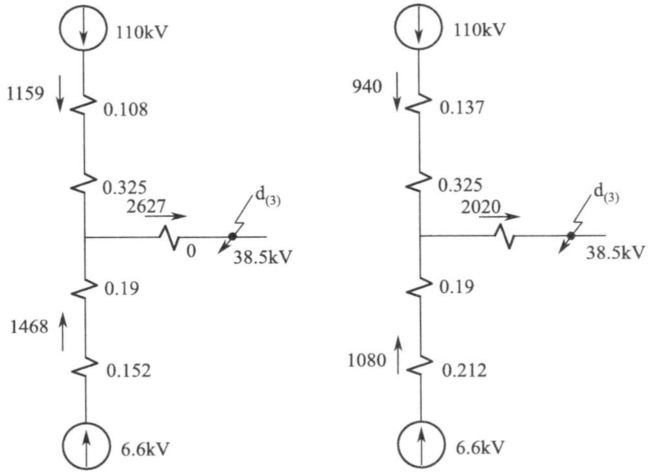

(c) 最大运行方式下
35kV母线三相短路

(d) 最小运行方式下
35kV母线三相短路

图 6-7　算例 6-3 图

① 按躲过外部故障的最大不平衡电流 $I_{unb.max}$ 的条件计算

$$I_{set}=K_{rel}(0.1K_{unp}K_{st}+\Delta U_{(110)}+\Delta f_{ca})I_{K.max}$$
$$=1.3(1\times0.1+0.1+0.05)\times805=261(A)$$

此时以 6kV 母线侧短路时流过保护最大短路电流（归算至基本侧）代入计算。

② 按躲过励磁涌流条件计算

$$I_{set}=K_{rel}I_{N1(110kV)}=1.4\times165=231(A)$$

③ 按躲过电流互感器二次回路断线的计算

$$I_{set}=K_{rel}I_{L.max}=1.3\times165=215(A)$$

式中，最大负荷电流在未给定时取变压器基本侧额定电流。

选取上述三个条件计算结果的最大值作为动作电流计算值，故选 $I_{setc}=261(A)$。

(4) 确定差动线圈及平衡线圈的接法及匝数

110kV 侧为基本侧，其电流互感器二次侧直接接差动线圈，35kV 和 6.6kV 侧分别接入平衡线圈后再接差动线圈。

① 求差动线圈匝数

首先求出基本侧二次动作电流为

$$I_{set.r.ca}=K_{con}\frac{I_{setc}}{n_{TA1}}=\sqrt{3}\times\frac{261}{60}=7.53(A)$$

由此，求得

$$W_{d.ca}=\frac{(AW)_{set}}{I_{set.r.ca}}=\frac{60}{7.53}=7.96(匝)$$

取接近的整数匝，故取 $W_{d.set}=8$ 匝。

故实际动作电流为 $I_{set.r}=\frac{60}{8}=7.5(A)$。

一次实际动作电流为 $I_{set}=260A$。

② 6kV 侧平衡线圈匝数

$$W_{b1.ca}=\frac{I_{N2(110)}}{I_{N2(6)}}W_{d.set}-W_{d.set}=\frac{4.76-4.6}{4.6}\times8=0.278(匝)，取 0 匝$$

③ 35kV 侧平衡线圈匝数

$$W_{b2.ca}=\frac{I_{N2(110)}}{I_{N2(35)}}W_{d.set}-W_{d.set}=\frac{4.76-3.96}{3.96}\times8=1.62(匝)，取 2 匝$$

(5) 计算由于整定匝数与计算匝数不同所产生的误差 Δf

$$\Delta f_{ca.1}=\frac{W_{b1.ca}-W_{b1.set}}{W_{b1.ca}+W_{d.set}}=\frac{0.278-0}{0.278+8}=0.034$$

$$\Delta f_{ca.2}=\frac{W_{b2.ca}-W_{b2.set}}{W_{b2.ca}+W_{d.set}}=\frac{1.62-2}{1.62+8}=-0.04$$

均小于 0.05，故不需重新计算 I_{set}。

(6) 确定最大制动系数

按 35kV 母线三相短路时计算

$$K_{res.max}=\frac{K_{rel}I_{unb.max}}{I_{res.max}}$$

$$=\frac{K_{\text{rel}}}{I_{\text{res}}}(0.1K_{\text{st}}I_{\text{K(35).max}}+\Delta U_{(110)}I_{\text{K(110)}}+\Delta U_{(35)}I_{\text{K(35).max}}$$
$$+|\Delta f_{\text{cal}}|I_{\text{K(6.3).max}}+|\Delta f_{\text{ca2}}|I_{\text{K(35).max}})$$
$$=\frac{1.3}{2627}(0.1\times2627+0.1\times1159+0.05\times2627+0.034\times1468+0.04\times2627)$$
$$=0.329$$

(7) 确定制动线圈匝数

制动线圈可按下式计算

$$W_{\text{res}}=\frac{(W_{\text{b2}}+W_{\text{d.set}})K_{\text{res}}}{n}=\frac{(2+8)\times0.329}{0.9}=3.66(\text{匝})，取W_{\text{res}}=4\text{匝}$$

式中，n 为标准制动特性曲线的切线斜率，如无实际录取的制动特性曲线，可取$n=0.9$。

(8) 计算最小灵敏系数

① 计算内部故障时的最小短路电流和各侧流入继电器中电流。根据给定的短路电流计算结果，内部故障时最小短路电流按题设条件应取 35kV 侧最小运行方式下两相短路时的短路电流，此时各侧流入继电器中电流分别为

110kV 侧 $$I_{\text{K(110).r}}=\sqrt{3}\times\frac{940}{60}=27.2(\text{A})$$

35kV 侧 $$I_{\text{K(35).r}}=0$$

6kV 侧 $$I_{\text{K(6).r}}=1080\times\frac{115}{6.3}\times\frac{1}{600}=32.8(\text{A})$$

② 求工作磁势和制动磁势

工作磁势

$$AW_{\text{W}}=I_{\text{K(110).r}}W_{\text{d.set}}+I_{\text{K(6).r}}W_{\text{d.set}}=27.2\times8+32.8\times8=480(\text{安匝})$$

制动磁势只由负荷电流产生，由短路电流产生的制动磁势 $AW_{\text{Kres}}=0$，故制动磁势

$$AW_{\text{res}}=AW_{\text{res.L}}+AW_{\text{res.k}}=I_{\text{N2(35)}}\ W_{\text{res}}=3.96\times4=15.84(\text{安匝})$$

③ 按制动特性求实际动作磁势。根据计算的制动磁势 $AW_{\text{res}}=15.84$，查制动特性曲线，所求实际动作磁势 $AW_{\text{set.R}}=66$ 安匝。

④ 计算最小灵敏系数

$$K_{\text{sen}}=\frac{AW_{\text{W}}}{AW_{\text{set.R}}}=\frac{480}{66}=7.27$$

满足要求。

第七章　发电机保护的整定计算

第一节　发电机的主要保护方式

发电机是电力系统最重要也是最贵重的元件，发电机的安全可靠运行对电力系统起着决定性的作用。其故障将会造成极为严重的经济损失，因此，必须针对各种故障和不正常状态装设性能完善、工作可靠的继电保护装置。

作为旋转设备，发电机系统包括定子绕组、转子绕组和励磁回路等，其故障及不正常运行状态类型较多，主要的故障及异常运行方式如下。

① 发电机定子绕组的相间短路故障。

② 发电机定子绕组的接地故障。

③ 发电机定子绕组的匝间短路故障。

④ 发电机外部相间短路引起的过电流。

⑤ 发电机定子绕组过电压。

⑥ 发电机定子绕组过负荷。

⑦ 发电机负序过负荷。

⑧ 发电机励磁绕组过负荷。

⑨ 发电机励磁回路接地。

⑩ 发电机失磁故障。

⑪ 发电机逆功率。

根据这些故障和异常运行状态，设置相应的保护，发电机保护装置还需要结合发电机的容量、类型进行配置，主要保护方式如下。

① 反映定子绕组相间短路故障的纵联差动保护。

② 反映定子绕组匝间短路故障的横差保护。

③ 反映发电机定子绕组单相接地故障的保护。

④ 发电机转子接地保护，包括一点接地保护和两点接地保护。

⑤ 发电机相间短路故障的后备保护。根据发电机容量及灵敏度要求可以采

用简单过电流保护、复合电压启动的过电流保护和负序过电流保护，基本要求和原理与主变电流电压保护相同，本章不再讨论。

⑥ 发电机转子绕组过负荷和过电流保护。

⑦ 发电机的失磁保护。

⑧ 发电机逆功率保护。

对容量较大的发电机，其保护种类更多，构成更复杂。例如三峡水电机组保护配置的有：发电机完全纵差、发电机不完全纵差一、发电机不完全纵差二、发电机横差；发电机裂相横差；转子一点接地、定子过电压、定子过负荷、发电机复合电压过流、发电机负序过流、发电机失磁、发电机过励磁、发电机失步、逆功率、机组误上电、定子接地、GCB 失灵。对励磁回路故障配置的保护有：励磁变差动、励磁变过流、励磁变过负荷、励磁变升温、励磁系统事故、转子过负荷以及发电机的其他辅助保护等数十种。

第二节　发电机纵联差动保护

一、保护工作原理

发电机纵联差动保护用于反映发电机绕组及引出线的相间短路故障，是发电机的主要保护。

发电机纵差保护是发电机定子相间短路故障的主保护。如图 7-1 所示发电机纵差保护采用环流式接线方式，正常运行时，正确连接发电机两侧电流互感器以及二次侧输出电流极性，各电流互感器选用相同变比，使得流入差动继电器的电流为零。

$$\dot{I}_{R}=\frac{1}{n_{TA}}(\dot{I}_{I}+\dot{I}_{II})=0 \quad (7\text{-}1)$$

与第五章线路纵联保护相同，外部故障时，两侧电流互感器一次侧流过的是同一个电流，理想情况下电流互感器的二次侧电流大小相等，形成环流，进入差动继电器的电流为零。保护范围内部发生短路故障时，系统电源侧和发电机侧均向故障点提供短路电流，流入继电器电流为故障电流的二次值。由于正常运行时，两侧电源电势相位差较小，两侧电源提供短

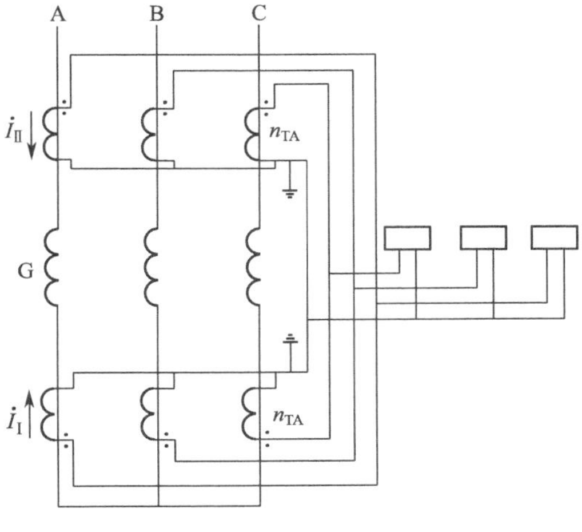

图 7-1　发电机纵差保护原理接线

路电流相位接近，流入继电器电流具有较大值。

$$\dot{I}_{R}=\frac{1}{n_{TA}}(\dot{I}_{I}+\dot{I}_{II})=\frac{1}{n_{TA}}\dot{I}_{K} \tag{7-2}$$

实际上由于电流互感器的误差，使得外部故障时差动回路电流不为零，且误差随一次电流的增加而增大，流入继电器的电流为两侧电流互感器特性误差形成的不平衡电流。因此外部故障短路电流越大，流入继电器的不平衡电流越大。显然差动保护在外部故障不平衡电流作用下不应动作，以保证差动保护选择性。

二、发电机纵联差动保护的灵敏接线方式

1. 发电机纵差保护的一般整定计算原则

对小容量发电机组，其整定计算原则与变压器差动保护相似，不同的是发电机差动保护仅需要考虑外部故障的最大不平衡电流和电流互感器二次回路断线产生的差电流。

① 在外部故障时，差动回路会流过较大的不平衡电流，外部故障短路电流越大，产生的不平衡电流越大，此时应保证差动保护不动作，外部故障的最大不平衡电流由下式计算

$$I_{unbmax}=K_{ap}K_{st}K_{er}I_{k.max} \tag{7-3}$$

式中各系数意义同变压器差动保护对应系数，不同的是，由于发电机纵差保护两侧电流互感器的变比相同、型号一致，式(7-3)中同型系数 K_{st} 取 0.5。差动保护定值应满足：

$$I_{set}=K_{rel}I_{unb.max}=K_{rel}K_{ap}K_{st}K_{er}I_{k.max}=0.05K_{rel}K_{ap}I_{k.max} \tag{7-4}$$

② 当电流互感器二次回路出现断线时，差动回路流过电流即为负荷电流，为保证差动保护不误动，差动保护定值应满足：

$$I_{set}=K_{rel}I_{gn} \tag{7-5}$$

最终选取两者的最大值作为发电机差动保护定值。

内部故障时，纵差保护的灵敏度应不小于 2。

2. 发电机纵差保护的灵敏接线方式

对于容量在 100MW 以上的发电机，为了提高其差动保护的灵敏度，要求纵差保护的动作电流小于发电机的额定电流，并且当电流互感器的二次回路断线时，保护不应误动，则上述整定方式不能满足灵敏度要求，为此将继电器对应各相的平衡线圈反极性串接于中性线回路，即为差动保护的灵敏接线方式，其接线见图 7-2。下面以 BCH-2 型差动继电器为例，对保护整定计算分析如下。

① 当电流互感器二次回路一相导线断线时，沿着断线相的一个差动线圈和三个平衡线圈将有电流流过，此时继电器不动作的条件是

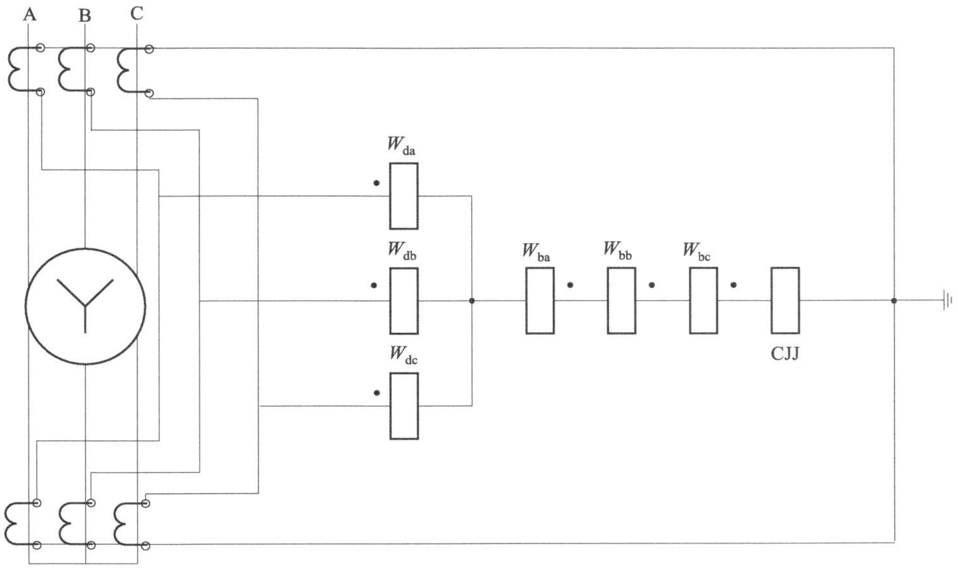

图 7-2　纵差保护灵敏接线原理图

$$K_{rel}I_{gn2}(W_d-W_b)\leqslant 60 \tag{7-6}$$

式中　W_d，W_b——分别为继电器差动线圈与平衡线圈匝数；

K_{rel}——可靠系数，取 1.3；

I_{gn2}——发电机额定二次电流。

② 对于非断线相，差动线圈中无电流流过，平衡线圈中有电流流过，此时继电器不应动作的条件是

$$K_{rel}I_{gn2}W_b\leqslant 60 \tag{7-7}$$

根据以上两式，可得平衡线圈与差动线圈的匝数，即

$$W_b=\frac{60}{K_{rel}I_{gn}} \tag{7-8}$$

$$W_d=\frac{60}{K_{rel}I_{gn2}}+W_b \tag{7-9}$$

③ 当发电机电压系统发生两相接地短路，且其中一点在差动保护范围内时，其灵敏度与通常接线的差动保护相同。但差动线圈的匝数仍按式(7-9）来选择，即

$$W_d=\frac{2\times 60}{K_{rel}I_{gn2}} \tag{7-10}$$

当取 $K_{rel}=1.1$，而 $I_{set}W_d=60$ 时，代入式(7-10）得

$$I_{set}=\frac{1.1I_{gn2}}{2}=0.55\frac{I_{gn}}{n_{LH}} \tag{7-11}$$

④ 当发电机内部发生两相或三相短路时，平衡线圈中不通过电流，因而没有制动作用。这样，当差动继电器中流过较小的短路电流时就能动作，其灵敏度按内部短路时流过保护的最小短路电流计算，即

$$K_{sen}=\frac{I_{k.min}^{(2)}W_{d}}{60n_{TA}} \tag{7-12}$$

式中 $I_{k.min}^{(2)}$——发电机内部故障时两相短路电流的最小值。

显然按照这种接线方式和整定计算后的差动保护的动作电流小于发电机额定电流，接近于额定电流的一半，因此保护具有较高的灵敏度。一般来说，这种方案与前一种方案相比（正常接线），其灵敏度是原接线的 2 倍。

图 7-2 中 CJJ 用于正常运行时对差动回路进行监视，一旦出现任一电流互感器二次回路断线均可延时发出报警信号。其定值可取为

$$I_{set}=0.2I_{gn} \tag{7-13}$$

三、发电机比率制动式纵联差动保护

1. 基本工作原理

图 7-3(a) 所示为发电机纵联差动保护接线，$\dot{I}_{\text{Ⅱ}}$ 为发电机的机端电流（电流互感器的二次各相电流分别为 $\dot{I}_{\text{Ⅱa}}$、$\dot{I}_{\text{Ⅱb}}$、$\dot{I}_{\text{Ⅱc}}$）、$\dot{I}_{\text{Ⅰ}}$ 为发电机中性点 N 侧的电流（相应的二次三相电流记为 $\dot{I}_{\text{Ⅰa}}$、$\dot{I}_{\text{Ⅰb}}$、$\dot{I}_{\text{Ⅰc}}$）。两侧电流互感器变比取相同值（n_{TA}），则流入差回路电流（称动作电流）I_{op}、纵联差动保护的制动电流 I_{res} 分别为

$$I_{op}=\frac{1}{n_{TA}}|\dot{I}_{\text{Ⅰ}}+\dot{I}_{\text{Ⅱ}}| \tag{7-14}$$

$$I_{res}=\frac{1}{n_{TA}}\frac{|\dot{I}_{\text{Ⅰ}}-\dot{I}_{\text{Ⅱ}}|}{2} \tag{7-15}$$

当发电机外部发生相间短路故障时，发电机每相机端和中性点侧电流为同一个电流，反映到二次侧，使得流入继电器差回路的电流 $I_{op}\approx 0$，而制动电流为 $I_{res}=I_{K}/n_{TA}$（I_{K} 为通过发电机的短路电流），差动继电器由于制动电流大、动作电流小而处于制动状态。

发电机内部或引出线发生相间故障时，因 $\dot{I}_{\text{Ⅰ}}+\dot{I}_{\text{Ⅱ}}=\dot{I}_{K}$（$\dot{I}_{K}$ 为相间短路电流），所以 $I_{op}=I_{K}/n_{TA}$ 较大，而此时 I_{res} 较小，差动继电器动作。

2. 制动特性与动作方程

图 7-3(b) 所示为双折线式发电机纵联差动保护的制动特性，其中 I_{s} 为最小动作电流，I_{t} 为拐点电流，S 为比率制动特性斜率（$S=\tan\alpha$）。制动特性上方

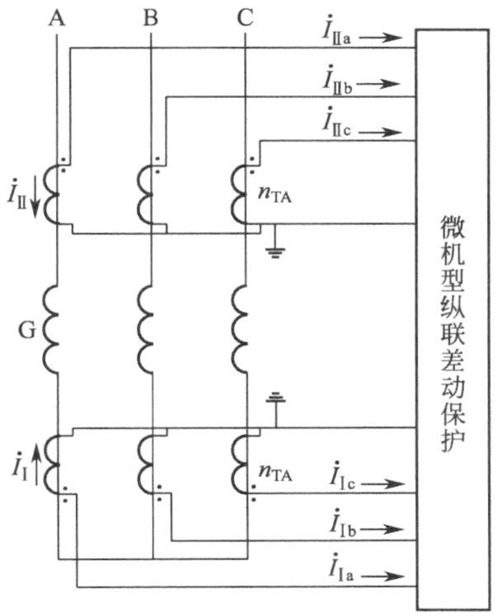

(a) 纵联差动保护接线

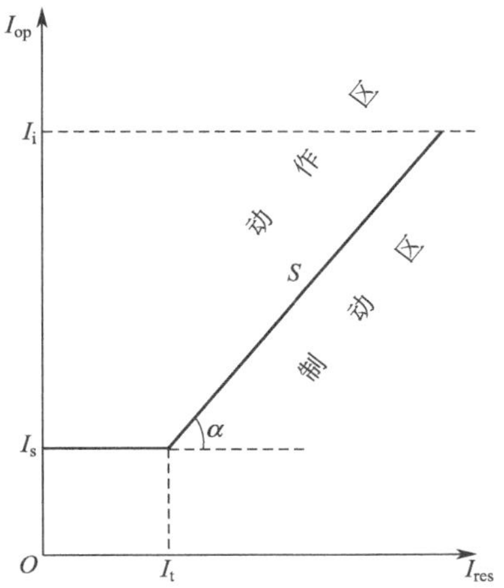

(b) 双折线比率制动特性

图 7-3　发电机纵联差动保护接线及其双折线比率制动特性

为动作区，下方为不动作区（也称制动区），制动特性用动作方程表示为

$$I_{\text{op}} \geqslant I_{\text{s}} \quad (I_{\text{res}} \leqslant I_{\text{t}} \text{时})$$
$$I_{\text{op}} \geqslant I_{\text{s}} + S(I_{\text{res}} - I_{\text{t}}) \quad (I_{\text{res}} > I_{\text{t}} \text{时}) \tag{7-16}$$

3. 整定计算

比率制动纵联差动保护需要对 I_{s}、I_{t}、S 进行整定。图 7-3 中 I_{i} 为差动速断动作电流。

（1）计算发电机二次额定电流

发电机的一次额定电流 I_{gn}、二次额定电流 I_{gn2} 的表示式为

$$I_{\text{gn}} = \frac{P_{\text{gn}}}{\sqrt{3} U_{\text{gn}} \cos\varphi} \tag{7-17}$$

$$I_{\text{gn2}} = \frac{I_{\text{gn}}}{n_{\text{TA}}} \tag{7-18}$$

式中　P_{gn}——发电机的额定功率；

U_{gn}——发电机的额定相间电压；

$\cos\varphi$——发电机的额定功率因数。

（2）确定最小动作电流 I_{s}

按外部短路故障时保护不误动条件整定，此时发电机周期分量电流可以认为仍是额定电流 I_{gn}，但含有非周期分量电流，所以 I_{s} 应满足：

$$I_{\text{s}} \geqslant K_{\text{rel}}(K_{\text{unp}} K_{\text{st}} K_{\text{T}} + \Delta m) I_{\text{gn}} \tag{7-19}$$

式中　K_{rel}——可靠系数，取1.5～2；

K_{unp}——非周期分量系数，取1.5～2，TP级TA取1；

K_{st}——TA同型系数，取0.5；

K_{T}——TA综合误差，取0.10；

Δm——装置通道调整误差引起的不平衡电流系数，可取0.02。

当取$K_{rel}=2$、$K_{unp}=2$时，$I_{s}\geqslant 0.24I_{gn}$。

一般可取$I_{s}=(0.25\sim0.3)I_{gn}$。对于正常工作情况下差动回路不平衡电流较大的情况，应查明原因；当无法减小不平衡电流时，可适当提高I_{s}值以躲过不平衡电流的影响。

（3）确定拐点电流I_{t}

拐点电流取$I_{t}=(0.5\sim0.8)I_{gn}$，建议取$0.7I_{gn}$。

（4）确定制动特性曲线的斜率S

按区外短路故障最大穿越性短路电流作用下保护可靠不误动条件整定，计算步骤如下。

① 计算机端保护区外三相短路时流过发电机的最大短路电流$I_{k.max}^{(3)}$，表示式为

$$I_{k.max}^{(3)}=\frac{1}{X''_{d}}\times\frac{S_{B}}{\sqrt{3}U_{gn}} \tag{7-20}$$

式中　X''_{d}——折算到基准容量（S_{B}）的发电机饱和暂态同步电抗标幺值；

S_{B}——基准容量，通常取$S_{B}=100$MV·A或1000MV·A；

U_{gn}——发电机额定相间电压。

② 计算差动回路最大不平衡电流$I_{unb.max}$，其表达式为

$$I_{unb.max}=(K_{unp}K_{st}K_{T}+\Delta m)\frac{I_{k.max}^{(3)}}{n_{TA}} \tag{7-21}$$

因最大制动电流$I_{res.max}=\dfrac{I_{k.max}^{(3)}}{n_{TA}}$，所以制动特性斜率$S$应满足

$$S\geqslant\frac{K_{rel}I_{unb.max}-I_{s}}{I_{res.max}-I_{t}} \tag{7-22}$$

式中　K_{rel}——可靠系数，取2。

一般取$S=0.3\sim0.5$。

（5）灵敏度计算

考虑不利于发电机差动保护动作的情况，按发电机与系统断开且机端保护区内两相短路时的短路电流校核。灵敏系数应不低于2。

先计算流入差动回路的电流I_{k}，表示式为

$$I_{k}=\sqrt{3}\frac{1}{X''_{d}+X_{2}}\times\frac{S_{B}}{\sqrt{3}U_{gn}}\times\frac{1}{n_{TA}} \tag{7-23}$$

式中　X_2——折算到 S_B 基准容量的发电机饱和负序电抗标幺值。

因为此时的制动电流 I_{res} 为

$$I_{res}=\frac{1}{2}I_{k}=\frac{\sqrt{3}}{2}\times\frac{1}{X''_{d}+X_{2}}\times\frac{S_{B}}{\sqrt{3}U_{gn}}\times\frac{1}{n_{TA}} \tag{7-24}$$

相应的动作电流 I_{op} 为

$$I_{op}=I_{s}+S(I_{res}-I_{t}) \tag{7-25}$$

所以灵敏系数为 $K_{sen}=\frac{I_{k}}{I_{op}}$。

要求 $K_{sen}\geqslant 2$。实际上，按上述计算的整定值，灵敏系数一般都能满足要求，可以不进行灵敏系数计算。

(6) 差动速断动作电流 I_i

按躲过机组非同期合闸产生的最大不平衡电流整定。对大型机组，一般取 $I_i=(3\sim5)I_{gn2}$，建议取 $4I_{gn2}$。

当系统处于最小运行方式时，机端保护区两相短路时的灵敏度不低于 1.2。

四、发电机标积制动式完全纵联差动保护

(1) 基本工作原理

按照图 7-3(a) 规定的电流方向，标积制动式完全纵联差动保护的动作电流 I_{op}、制动电流 I_{res} 的表达式为

$$I_{op}=\frac{1}{n_{TA}}\left|\dot{I}_{\mathrm{I}}+\dot{I}_{\mathrm{II}}\right|$$

$$I_{res}=\frac{1}{n_{TA}}\sqrt{KI_{\mathrm{I}}I_{\mathrm{II}}\cos(180^{\circ}-\varphi)} \tag{7-26}$$

式中　K——标积制动系数，一般取 1；

φ——角度，$\varphi=\arg(\dot{I}_{\mathrm{II}}/\dot{I}_{\mathrm{I}})$，当 $-90^{\circ}\leqslant\varphi\leqslant 90^{\circ}$ 时，I_{res} 取 0；当 $90^{\circ}\leqslant\varphi\leqslant 270^{\circ}$ 时，I_{res} 取实际值。

发电机发生外部相间短路故障时，图 7-3(a) 中 $\dot{I}_{\mathrm{II}}$ 反向，于是 $\varphi\approx 180^{\circ}$，此时 $I_{op}=I_{unb}$、$I_{res}=I_{K}/n_{TA}$ 与比率制动式纵联差动保护相同，差动继电器不动作；而发电机发生内部相间短路故障时，$\varphi=0^{\circ}$，此时 $I_{op}=I_{K}/n_{TA}$，$I_{res}=0$，差动继电器动作。

可见发电机发生内部短路时无制动电流，因此差动保护有较高灵敏度，这正是发电机标积制动式纵联差动保护的优点。

（2）制动特性与动作方程

发电机标积制动特性与双折线比率制动式纵联差动保护制动特性相同，如图7-3(b)所示。

发电机标积制动动作方程与比率制动特性纵差保护动作方程式(7-2)相同，只是制动电流 I_{res} 的表达式不同。

（3）整定计算

与比率制动差动保护整定计算相同，只是在计算灵敏系数时因 $I_{res}=0$，所以实际动作电流为最小动作电流，因此标积差动保护具有较高灵敏度。

第三节　反映定子绕组匝间故障的保护

一、单元件横差保护基本工作原理

发电机容量超过一定值时，其每相可有多个分支绕组，正常运行时，这些分支绕组之间是平衡的，例如对两分支接线，两个分支的电势相等，各提供发电机的一半负荷电流，当任一分支或两个分支之间发生短路时，在分支之间将会流过故障电流。对每相有多个分支绕组，且有两个或两个以上中性点引出的发电机，在中性点连线上接入电流互感器，就构成了单元件横差保护，如图7-4所示为每相两分支的发电机。

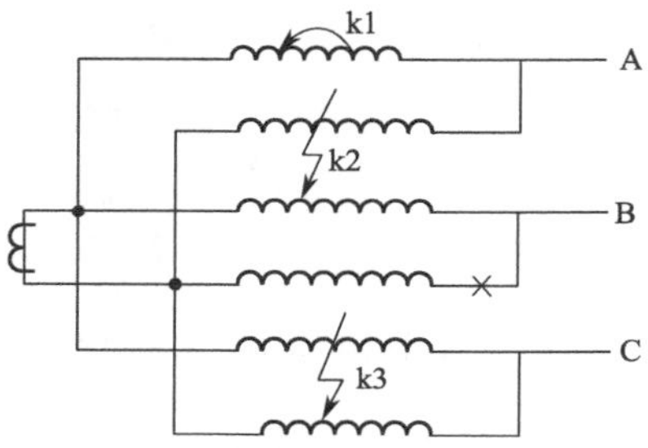

图7-4　单元件横差保护工作原理

单个分支绕组的匝间短路（如k1点）、同相不同分支的绕组间匝间（如k3点）短路、定子绕组相间短路（如k2点）、分支绕组开焊（如图7-4中“×”处）时，由于分支之间不再平衡，两中性点连线上将有电流通过。因此，单元件式横差保护不仅可反映定子绕组的匝间短路故障，而且也反映定子绕组的相间短路故障以及分支绕组的开焊故障。

由于横差保护本身相当于反映分支之间平衡的保护，当励磁绕组两点接地、发电机外部发生不对称短路故障、发电机失磁失步、转子偏心时，也会在中性点连线上产生不平衡电流，将会引起保护动作。

二、整定计算原则

① 动作电流按躲过发电机外部不对称短路故障或发电机失磁失步、转子偏心产生的最大不平衡电流来整定：

$$I_{set}=(0.2\sim0.3)\frac{I_{gn}}{n_{TA}} \tag{7-27}$$

式中　I_{gn}——发电机额定电流；

n_{TA}——中性点连线上 TA 的变比。

一般可取 $I_{set}=0.25I_{gn}/n_{TA}$。

② 单元件横差保护动作后应瞬时动作于跳闸，但当励磁回路一点接地时，为防止励磁回路瞬时两点接地造成误动，动作时限应与转子两点接地保护配合，即在发生一点接地时，将横差保护切换为 0.5～1s 延时动作。

第四节　发电机定子接地保护

一、发电机定子接地故障

发电机定子绕组正常运行时是对地绝缘的，为了安全，发电机外壳直接接地，如果发电机定子绕组绝缘损坏即形成定子接地故障，发电机定子接地时，在接地点流过电容电流，当该电流超过一定值，将会在故障点燃起电弧，影响发电机的安全运行。发电机定子绕组接地故障电流允许值见表 7-1。

表 7-1　发电机定子绕组接地故障电流允许值

<table>
<tr><th>发电机额定电压/kV</th><th colspan="2">发电机额定容量/MW</th><th>故障电流允许值/A</th></tr>
<tr><td>6.3</td><td colspan="2">≤50</td><td>4</td></tr>
<tr><td rowspan="2">10.5</td><td>汽轮发电机</td><td>50～100</td><td rowspan="2">3</td></tr>
<tr><td>水轮发电机</td><td>10～100</td></tr>
<tr><td rowspan="2">10.8～15.75</td><td>汽轮发电机</td><td>125～200</td><td rowspan="2">2</td></tr>
<tr><td>水轮发电机</td><td>40～225</td></tr>
<tr><td>18～20</td><td colspan="2">300～600</td><td>1</td></tr>
</table>

我国发电机中性点接地方式有以下三种：

① 不接地（含经单相电压互感器接地）；

② 经消弧线圈接地；

③ 经配电变压器高阻抗接地。

当机端单相接地电流小于允许值时，发电机中性点应不接地，单相接地保护带时限动作于信号；当单相接地电流大于允许值时，宜经消弧线圈接地，补偿后的容性残余电流小于允许值时，保护仍带时限动作于信号；但当消弧线圈退出运行或由于其他原因使残余电流大于允许值时，保护应动作于停机。

对于中性点经配电变压器高阻接地，接地故障电流大于$\sqrt{2}I_c$（I_c 为机端单相金属性接地时的电容电流），一般大于接地允许电流，定子单相接地保护带时限动作于停机，动作时限应与系统接地保护配合。

发电机定子绕组单相接地时，发电机端将会出现零序电压，若接地点距中性点的绕组匝数与定子每相匝数之比为 α，则单相金属性接地时机端的零序电压 $\dot{U}_0$ 为

$$\dot{U}_0=-\alpha\dot{E}_{\phi} \tag{7-28}$$

式中　$\dot{E}_{\phi}$——故障相的电势。

显然，在中性点附近接地时，因 α 较小，所以 $\dot{U}_0$ 值也比较低，而在定子绕组机端（包括发电机引出线、升压变压器低压绕组）发生接地时，$\alpha=1$，零序电压具有最高值，即$U_0=E_{\phi}$。在接地点将会有较大的电容电流流过，因此可采用基波零序电压或零序电流反映定子绕组接地故障（包括发电机引出线、升压变低压绕组的接地故障）。

二、基波零序电流保护

利用定子单相接地时出现的零序电流构成定子接地保护。

对直接连接在母线上的发电机，当发电机电压网络的接地电容电流大于表 7-1 的允许值时，不论该网络是否装有消弧线圈，均应装设动作于跳闸的接地保护，当接地电流小于允许值时则装设动作于信号的接地保护。

对动作于跳闸的接地保护，要求当一次侧的接地电流大于允许值时即动作于跳闸，由于允许值很低，这就对零序电流互感器提出了很高的要求。一方面正常运行时，在三相对称负荷电流（发电机电流达数千安培）作用下，电流互感器二次侧的不平衡输出应很小；另一方面单相接地故障时，在很小的零序电流作用下，保护应能可靠动作。

这样整定后，保护将很难满足要求，尤其是当发电机定子绕组中性点附近接地时，由于接地电流很小，保护将不能启动，从而存在死区。

三、基波零序电压保护

利用零序电压构成的定子接地保护用于发电机-变压器组接线的发电机定子绕组接地故障。

1. 基本工作原理

发电机基波零序电压保护可通过机端电压互感器开口三角绕组引入零序电压，考虑到机端电压互感器一次侧断线时开口三角形绕组上（含自产零序电压）有零序电压出现，所以定子绕组接地故障宜采用中性点电压互感器或中性点配电变压器二次侧的零序电压，来构成基波零序电压保护，二次侧零序电压值为

$$U_{0r}=\frac{\alpha E_{\phi}}{n_{TVN}} \tag{7-29}$$

式中　n_{TVN}——中性点电压互感器或配电变压器构成的电压互感器变比。

定子单相金属性接地时的接地电流与中性点接地方式密切相关。当中性点不接地或中性点经电压互感器接地时，单相接地电流为

$$I_K^{(1)}=3\omega C_{\Sigma}(\alpha E_{\phi}) \tag{7-30}$$

式中　C_{Σ}——定子绕组一相对地总电容。

当中性点经消弧线圈接地时，单相接地电流为

$$I_K^{(1)}=\alpha E_{\phi}\left(3\omega C_{\Sigma}-\frac{1}{\omega L}\right)=\gamma 3\omega C_{\Sigma}(\alpha E_{\phi}) \tag{7-31}$$

$$\gamma=\frac{3\omega C_{\Sigma}-\dfrac{1}{\omega L}}{3\omega C_{\Sigma}} \tag{7-32}$$

式中　γ——脱谐度，欠补偿时，$\gamma>0$；

L——消弧线圈电感量。

当中性点经配电变压器高阻抗接地时，单相接地电流为

$$I_K^{(1)}=\alpha E_{\phi}\sqrt{\left(\frac{1}{R_N}\right)^2+(3\omega C_{\Sigma})^2} \tag{7-33}$$

$$R_N=n_T^2 R_n \tag{7-34}$$

式中　R_N——配电变压器一次侧的电阻值；

R_n——配电变压器二次侧所接的电阻值；

n_T——配电变压器变比。

R_N 的确定：按机端单相接地时，由 R_N 产生的电阻电流稍大于电容电流选定，所以 R_n 应满足

$$R_n\leqslant\frac{1}{3\omega C_{\Sigma}n_T^2} \tag{7-35}$$

2. 整定计算

基波零序电压保护动作值应避开正常运行时的不平衡电压（包括三次谐波电压），以及变压器高压侧接地时在发电机端产生的零序电压，根据经验，此动作值取 15～30V，采用三次谐波滤波器后动作值可降为 5～10V。显然这样整定后，在中性点附近发生单相接地时保护将会有 5%～10%的死区。对大、中型发电机，要求定子接地保护的保护范围必须达到 100%。因此必须选用其他原理的定子单相接地保护。

第五节 发电机失磁保护

一、发电机失磁运行

运行中发电机的励磁电流突然全部消失或部分消失，称为发电机的失磁。发电机失磁后，其励磁电流逐渐减小或衰减到零，发电机定子感应电势随之逐渐减小，使发电机电磁转矩小于原动机转矩，转子转速增加，发电机功角 δ 增大，当 δ 超过静稳极限时，发电机与系统失去同步而进入到异步运行状态，此时发电机转速超过同步转速，产生异步制动转矩，当异步制动转矩与原动机转矩达到新的平衡时，发电机进入稳定异步运行状态。

发电机从失磁到进入稳定异步运行状态，通常可以分为失磁后到失步前、临界失步点、稳定异步运行三个阶段。

1. 失磁后到失步前（$\delta<90°$）

这一阶段电势的减小和功角的增大相互抵消，使得发电机有功功率输出变化不大，近似认为有功输出恒定。无功功率 Q 随发电机电势减小和 δ 增大而迅速减小，逐渐由正值变成负值，即发电机由发出感性无功变为吸收感性无功。发电机从失磁到失步前，机端测量阻抗为

$$Z_r=\frac{\dot{U}_g}{\dot{I}_g}=\frac{\dot{U}_s+j\dot{I}_gX_s}{\dot{I}_g}=\frac{\dot{U}_s}{\dot{I}_g}+jX_s=\frac{U_s^2}{P-jQ}+jX_s=\frac{U_s^2}{2P}\times\frac{P-jQ+P+jQ}{P-jQ}+jX_s$$
$$=\frac{U_s^2}{2P}\left(1+\frac{We^{j\varphi}}{We^{-j\varphi}}\right)+jX_s=\left(\frac{U_s^2}{2P}+jX_s\right)+\frac{U_s^2}{2P}e^{j2\varphi} \tag{7-36}$$

式中 $\dot{U}_g$——发电机机端电压；

$\dot{I}_g$——发电机输出电流；

U_s——与发电机相连的系统电压；

φ——功率因数角。

式中，U_s、X_s、Q 和 P 均为常数；φ 为变量，该式为一圆的方程，即发电机从失磁到失步前，机端测量阻抗 Z_r 在阻抗复平面上的轨迹是圆，圆心坐标为 $\left(\frac{U_s^2}{2P},\ jX_s\right)$，半径为 $\frac{U_s^2}{2P}$，如图 7-5（a）所示，称为等有功阻抗圆。由式(7-36)还可知道，机端测量阻抗 Z_r 的轨迹与 P 有关，对于失磁前不同的 P 值，失磁后可得到不同的等有功阻抗圆，而且 P 值越大，圆的直径越小，如图 7-5(b) 所示。

发电机失磁前，向系统送出无功功率 Q，φ 角为正，测量阻抗位于图中的第Ⅰ象限。失磁以后，随着无功功率 Q 的减小，φ 角由正值变负值，机端测量阻

抗沿着等有功阻抗圆的圆周由第Ⅰ象限过渡到第Ⅳ象限。

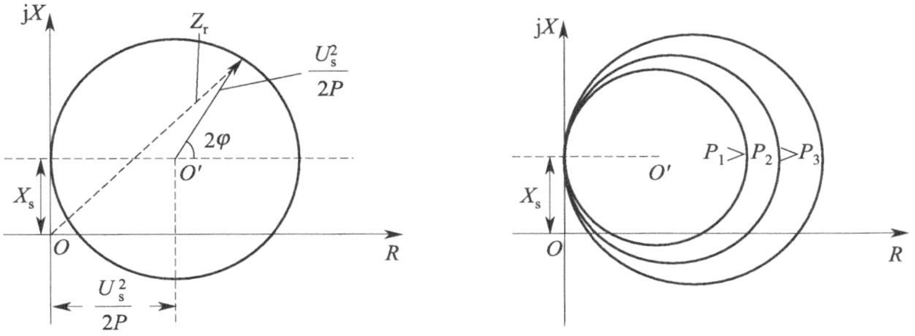

(a) 有功阻抗圆　　(b) 不同P时的等有功阻抗圆

图 7-5　等有功阻抗圆

2. 临界失步点（$\delta=90°$）

对于汽轮发电机，当$\delta=90°$时，发电机处于失去静稳定的临界状态，所以，$\delta=90°$时称为临界失步点。此时，输送到受端的无功功率为

$$Q=-\frac{U_s^2}{X_d+X_s}=常数 \tag{7-37}$$

式中，Q为负值，表明临界失步时，发电机已从系统吸收无功功率，且为一常数。这种情况下，机端测量阻抗Z_r为

$$\begin{aligned}Z_r&=\frac{\dot{U}_g}{\dot{I}_g}=\frac{U_s^2}{P-jQ}+jX_s=\frac{U_s^2}{-2jQ}\times\frac{P-jQ-(P+jQ)}{P-jQ}+jX_s\\&=\frac{U_s^2}{-2jQ}(1-e^{j2\varphi})+jX_s\end{aligned} \tag{7-38}$$

将式(7-37)的Q值代入式(7-38)并化简，得

$$Z_r=\frac{\dot{U}_g}{\dot{I}_g}=-j\frac{X_d-X_s}{2}+j\frac{X_d+X_s}{2}e^{j2\varphi} \tag{7-39}$$

以上三式中各符号意义同式(7-36)，这里φ为变量。显然，当临界失步时，尽管发电机输出不同的有功功率，但由于$\delta=90°$，无功功率Q仅与系统电压和联系阻抗有关，因此恒为常数。机端测量阻抗的轨迹也是一个圆，如图 7-6 所示。其圆心坐标为$\left(0,\ -j\frac{X_d-X_s}{2}\right)$，半径为$\frac{X_d+X_s}{2}$，称为临界失步阻抗圆或等无功阻抗圆，圆内为失步区。

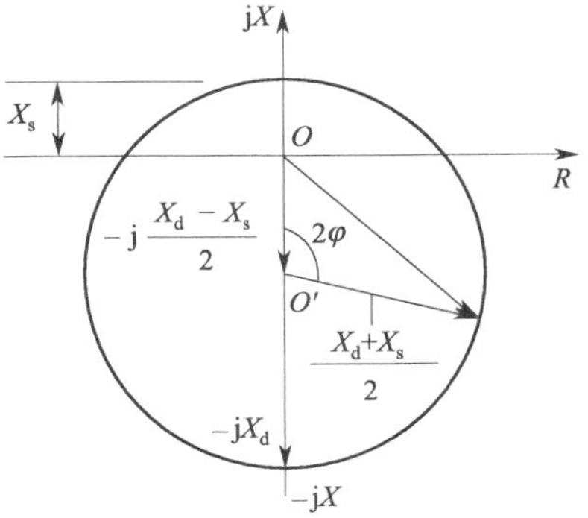

图 7-6　临界失步阻抗圆

3. 稳定异步运行（$\delta>90°$）

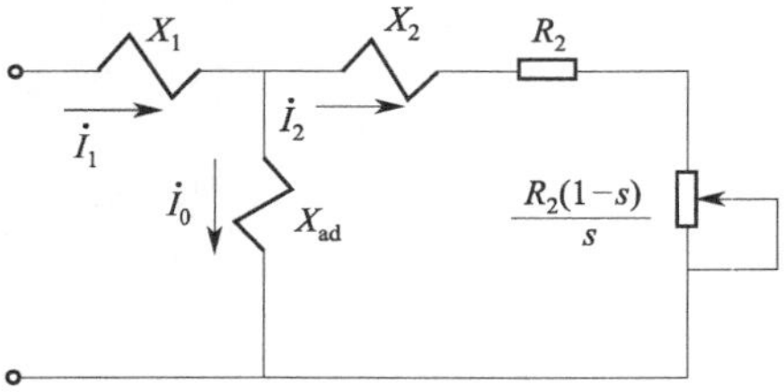

图 7-7　异步发电机的等值电路图

$\frac{R_2(1-s)}{2}$—反映发电机功率大小的等效电阻

发电机失步后逐渐过渡到稳定异步运行阶段，机端测量阻抗越过临界失步点进入圆内，这一过程 Z_r 位于第Ⅳ象限，并最后落于 X 轴上的 $-jX'_d$ 到 $-jX''_d$ 的范围内。图 7-7 所示为发电机失步后异步运行阶段的等效电路。按图中规定的电流正方向，机端测量阻抗为

$$Z_r=-\left[jX_1+\frac{jX_{ad}\left(\frac{R_2}{s}+jX_2\right)}{\frac{R_2}{s}+j(X_{ad}+X_2)}\right] \tag{7-40}$$

式中　X_1，X_2，X_{ad}——分别为定子绕组漏抗、转子绕组漏抗，定、转子绕组之间的互感电抗；

R_2——转子绕组电阻；

s——转差率。

当发电机空载情况下失磁时，$s\approx0$，$\frac{R_2}{s}\approx\infty$，此时机端测量阻抗 Z_r 最大

$$Z_r=-jX_1-jX_{ad}=-jX_d \tag{7-41}$$

当发电机在其他运行方式下失磁时，Z_r 将随着转差率的增大而减小，并位于第Ⅳ象限内。极限情况是 $f_g\to\infty$时，$s\to\infty$，$\frac{R_2}{s}\to0$，此时 Z_r 有最小值

$$Z_r=-j\left(X_1+\frac{X_2X_{ad}}{X_2+X_{ad}}\right)=-jX'_d \tag{7-42}$$

为反映这种情况可构成一个圆，如图 7-8 所示。该圆过 $-jX_d$ 与 $-jX'_d$ 两点，反映稳态异步运行时 $Z_r=f(s)$ 的特性，简称异步运行阻抗圆，又称抛球式阻抗特性圆。发电机在异步运行阶段，机端测量阻抗进入异步运行阻抗圆，即最终落在 $-jX_d$ 和 $-jX'_d$ 的范围内。

综上所述，当一台发电机失磁前在过激状态下运行时，其机端测量阻抗位于复平面的第Ⅰ象限内（如图 7-9 中的 a 或 a′点）；失磁后，测量阻抗沿等有功圆向第Ⅳ象限移动。当它与临界失步阻抗圆相交时（b 或 b′点），表明机组运行处于静稳定的极限。越过静稳定边界后，机组转入异步运行，最后稳定运行在异步

运行状态。此时机端测量阻抗在第Ⅳ象限$-jX_d$和$-jX'_d$的范围内（c 或 c′点附近），即在异步运行阻抗圆内。

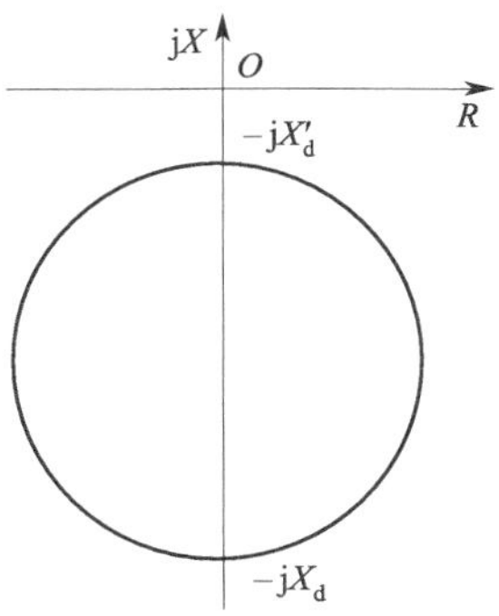

图 7-8　异步运行阻抗圆

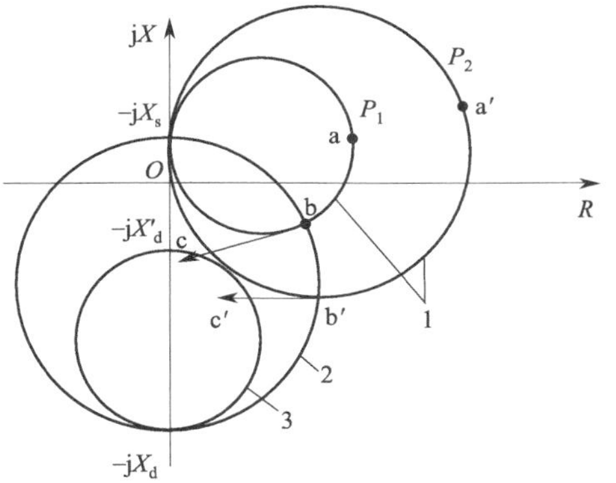

图 7-9　发电机失磁后机端测量阻抗的变化轨迹

1—等有功阻抗圆；2—临界失步圆；3—异步运行阻抗圆

二、失磁保护的构成

1. 失磁保护判据

由以上分析可知，发电机失磁后，机端阻抗将会出现变化，利用这些变化可以反映失磁故障，作为失磁保护的主要判据。另外失磁后机端电压和励磁电压下降，可以作为失磁保护的辅助判据。

主要判据：无功阻抗圆（临界失步阻抗圆）、异步运行阻抗圆。

辅助判据：励磁电压降低（定励磁电压、变励磁电压）、机端电压降低。

2. 失磁保护的构成方案

根据发电机容量和励磁方式的不同，目前失磁保护构成的方案有多种。汽轮发电机某一失磁保护方案的原理框图，如图 7-10 所示。

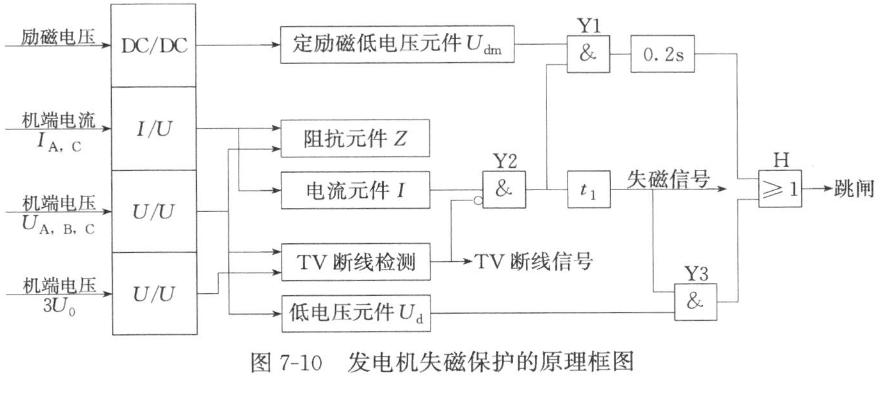

图 7-10　发电机失磁保护的原理框图

① 阻抗元件 Z 是失磁故障的主要判别元件。其动作特性选用临界失步阻抗圆。利用机端电压和电流计算出机端测量阻抗，当计算出的测量阻抗落在临界失步阻抗圆内时，判为失磁故障。

② 低电压元件 U_d 是失磁故障的另一判别元件。该元件通过测量机端的三相电压判断是否发生失磁故障，即当三相电压同时低于失磁保护的低电压整定值时，判为失磁故障。低电压元件通常采用的判据为 $U_d<(0.8\sim0.9)U_{gn}$（U_{gn} 为发电机的额定电压）。

③ 定励磁低电压元件 U_{dm} 是失磁故障的另一判别元件。该元件通过监测励磁电压的大小判断是否发生失磁故障，即当励磁电压低于失磁保护的定励磁低电压整定值时，判为失磁故障。定励磁低电压元件通常采用的判据为 $U_{dm}<0.8U_{nm0}$（U_{nm0} 为发电机空载额定励磁电压）。

④ 电流元件 I 用于防止在发电机并网以前的升速升压过程中或解列后的降速降压过程中励磁低电压元件 U_{dm} 误动，通常根据机端电流 I 的大小，开放保护，即当 $I>I_{set}(I_{set}=0.06I_{gn})$ 时，开放保护。

⑤ 时间元件 0.2s 和 t_1 是为防止失磁保护在系统振荡时误动而设置的。当电压互感器回路断线时，与门 Y2 被闭锁，并发出电压回路断线信号。

三、失磁保护整定计算

1. 阻抗元件整定计算

（1）按异步边界圆整定

$$\begin{cases} X_a=-\dfrac{1}{2}X_d'\dfrac{U_N^2}{S_N}\times\dfrac{n_{TA}}{n_{TV}} \\ X_b=-K_{rel}X_d\dfrac{U_N^2}{S_N}\times\dfrac{n_{TA}}{n_{TV}} \end{cases} \tag{7-43}$$

式中 S_N——发电机额定容量；

U_N——发电机额定电压；

n_{TA}——发电机电流互感器变比；

n_{TV}——发电机电压互感器变比；

K_{rel}——可靠系数，取 1.2；

X_d'——发电机暂态电抗；

X_d——发电机同步电抗。

（2）按静稳边界圆整定

$$\begin{cases} X_a=X_s\dfrac{U_N^2}{S_N}\times\dfrac{n_{TA}}{n_{TV}} \\ X_b=-K_{rel}X_d\dfrac{U_N^2}{S_N}\times\dfrac{n_{TA}}{n_{TV}} \end{cases} \tag{7-44}$$

式中 X_s——发电机与系统最大联系电抗。

2. 电压元件整定

（1）系统低电压动作值

$$U_{set.h}=(0.7\sim0.8)U_{Nh}\frac{1}{n_{TV}} \tag{7-45}$$

式中　U_{Nh}——高压侧母线额定电压；

n_{TV}——高压侧母线电压互感器变比。

（2）机端低电压动作值

$$U_{set.G}=(0.7\sim0.8)U_{N}\frac{1}{n_{TV}} \tag{7-46}$$

式中　U_N——发电机额定电压；

n_{TV}——发电机端电压互感器变比。

3. 励磁低电压闭锁元件的整定

由空载到强行励磁，发电机的励磁电压的变化幅度可达空载励磁电压的6～8倍，甚至更高。励磁低电压元件的动作电压不能过高，否则在正常运行而励磁电压较低时，元件可能误动作，使保护装置失去闭锁，但其动作电压又不能太低，否则在重负荷下低励时，励磁低电压元件可能不动作，从而导致低励、失磁时保护装置拒绝动作。

（1）定励磁低电压元件

励磁低电压元件定值不随发电机所带负荷变化。对于大型发电机，由于X_d较大，空载励磁电压U_{fd0}比较小，若按一般中、小型发电机的整定原则，取0.8倍空载励磁电压来作为励磁低电压元件的动作值，则在重负荷情况下发生低励故障时，如果励磁电压还比较高，则励磁低电压元件不启动，保护将处于闭锁状态。因此，对于大机组，励磁低电压元件的动作电压可按给定的有功功率在静稳边界上所对应的励磁电压整定，以尽量提高动作电压的整定值。一般可取

$$U_{set.fl}=P_xX_{d\Sigma}U_{fd0} \tag{7-47}$$

式中　$U_{set.fl}$——励磁低电压元件动作电压整定值；

P_x——给定有功功率，可取$P_x=0.5$；

$X_{d\Sigma}$——综合电抗，$X_{d\Sigma}=X_d+X_s$，其中X_d为发电机同步电抗标幺值，X_s为系统阻抗标幺值；

U_{fd0}——空载励磁电压。

延时元件用于防止失磁保护在系统振荡时的误动作。按静稳边界整定时，可取延时为1.0～1.5s；按异步边界整定时，可取延时为0.5～1.0s。

（2）变励磁低电压元件

综上所述，对大机组，定值不变的转子低电压元件不能很好地实现失磁保护

功能，采用变励磁低电压元件则可以根据发电机所带负荷大小自动调整其定值 $U_{set.fl}(p)$（自适应定值调整），在微机保护中这种原理很容易实现。$U_{set.fl}(p)$ 判据直接反映励磁电压，可以直接反映一切低励和失磁故障。

4. 负序电流（或电压）闭锁元件的整定

负序电流元件动作电流

$$I_{set.2}=(0.05\sim0.06)I_{N.G} \tag{7-48}$$

负序电压元件动作电压

$$U_{set.2}=(0.05\sim0.06)U_{N.G} \tag{7-49}$$

式中　$I_{set.2}(U_{set.2})$——负序电流（负序电压）动作值；

$I_{N.G}(U_{N.G})$——发电机的额定电流（额定电压）。

延时元件延时返回时间为 8～10s。

5. 保护动作时间整定

阻抗元件和母线低电压元件均动作时，经 $t_1=0.5$s 动作于解列灭磁。

阻抗元件动作，发出失磁信号，并经 t_2 动作于励磁切换或减出力，经 t_3 动作于解列灭磁。t_3 按发电机允许的异步运行时间整定。

第六节　发电机保护的整定计算算例

【算例 7-1】 水轮发电机采用 BCH-2 型继电器构成高灵敏接线纵差保护，已知：（1）发电机参数：$P_N=5000$kW，$U_N=10.5$kV，$I_N=343.7$A，$\cos\varphi=0.8$，$X''_d=0.2$；（2）电流互感器变比 $n_{TA}=400/5$。试确定纵差保护整定参数及灵敏度。

解：（1）确定平衡线圈匝数

$$W_{b.cal}=\frac{AW_W}{K_{rel}I_{N2}}=\frac{AW_W n_{TA}}{K_{rel}I_N}=\frac{60\times80}{1.1\times366.5}=12.7(\text{匝})$$

取平衡绕组 $W_{b.set}=10$ 匝。

（2）确定差动线圈匝数

因为平衡线圈整定值与计算值不等，因此按计算值记入平衡线圈匝数：

$$W_{d.cal}=\frac{AW_W}{K_{rel}I_{N2}}+W_{b.set}=22.7(\text{匝})$$

取差动绕组 $W_d=20$ 匝。

（3）继电器动作电流

$$I_{set.r}=\frac{AW_W}{W_d}=\frac{60}{20}=3(\text{A})$$

（4）灵敏度

发电机端短路时最小短路电流为（计算灵敏度用）

$$I_{\text{kmin}}=\frac{\sqrt{3}}{2}\times\frac{I_{\text{N}}}{X''_{\text{d}}}=\frac{\sqrt{3}}{2}\times\frac{343.7}{0.2}=1488.2(\text{A})$$

$$K_{\text{sen}}=\frac{I_{\text{kmin}}/n_{\text{TA}}}{I_{\text{set. r}}}=\frac{1488.2}{3\times80}=6.2>2$$

满足要求。

【算例 7-2】 在一台汽轮机发电机上采用比率制动特性纵差动保护。已知发电机容量 $P_{\text{N}}=25\text{MW}$，$\cos\varphi=0.8$，$U_{\text{N}}=6.3\text{kV}$，$X''_{\text{d}}=0.122$，$E''=1.07$，电流互感器变比 $n_{\text{TA}}=3000/5$。试对该纵差动保护进行整定计算。

解：（1）计算发电机额定电流及出口三相短路电流

$$S_{\text{B}}=\frac{P_{\text{N}}}{\cos\varphi}=\frac{25}{0.8}=31.25(\text{MV}\cdot\text{A})$$

$$I_{\text{B}}=I_{\text{gn}}=\frac{S_{\text{B}}}{\sqrt{3}U_{\text{B}}}=\frac{31.25}{\sqrt{3}\times6.3}=2.864(\text{kA})$$

基准电流取发电机额定电流 I_{gn}。

发电机出口三相短路电流　$I^{(3)}_{\text{k. max}}=\dfrac{E''}{X''_{\text{d}}}I_{\text{B}}=\dfrac{1.07}{0.122}\times2.864=25.119(\text{kA})$

（2）确定差动保护的最小动作电流

具有制动特性的发电机纵差保护最小动作电流

$$I_{\text{set. min}}=(0.1\sim0.3)I_{\text{gn}}/n_{\text{TA}}=(0.1\sim0.3)\times2864/600=0.477\sim1.433(\text{A})$$

取 0.2 倍额定电流，动作值为 0.954A。

（3）制动特性拐点电流

$$I_{\text{res. min}}=0.8I_{\text{gn}}=0.8\times2864/600=3.819(\text{A})$$

（4）最大制动系数 $K_{\text{res. max}}$ 和制动特性曲线斜率 K 的确定

$$I_{\text{unb. max}}=K_{\text{unp}}K_{\text{st}}K_{\text{T}}I^{(3)}_{\text{k. max}}/n_{\text{TA}}=2.0\times0.5\times0.1\times25119/600=4.187(\text{A})$$

最大动作电流　$I_{\text{set. max}}=K_{\text{rel}}I_{\text{unb. max}}=1.3\times4.187=5.443(\text{A})$

最大制动系数　$K_{\text{res. max}}=K_{\text{rel}}K_{\text{unp}}K_{\text{st}}K_{\text{T}}=1.3\times2\times0.5\times0.1=0.13$

$$K=\frac{I_{\text{set. max}}-I_{\text{set. min}}}{I^{(3)}_{\text{k. max}}/n_{\text{TA}}-I_{\text{res. min}}}=\frac{5.443-0.954}{25119/600-3.819}=0.118$$

【算例 7-3】 在图 7-11 所示网络中，已知：

（1）发电机上装有自启动励磁调节器。发电机 A 值取为 30。

（2）负荷自启动系数 $K_{\text{ss}}=2$，时限级差 $\Delta t=0.5\text{s}$。

（3）接相电流的过电流保护采用完全星形接线。

（4）电流互感器变比为 3000/5，电压互感器变比 6000/100。

(5) 当选用基准容量 $S_B=31250\text{kV·A}$,基准电压 $U_b=6.3\text{kV}$ 时，各元件参数和正、负序等值网络如图 7-11 所示。

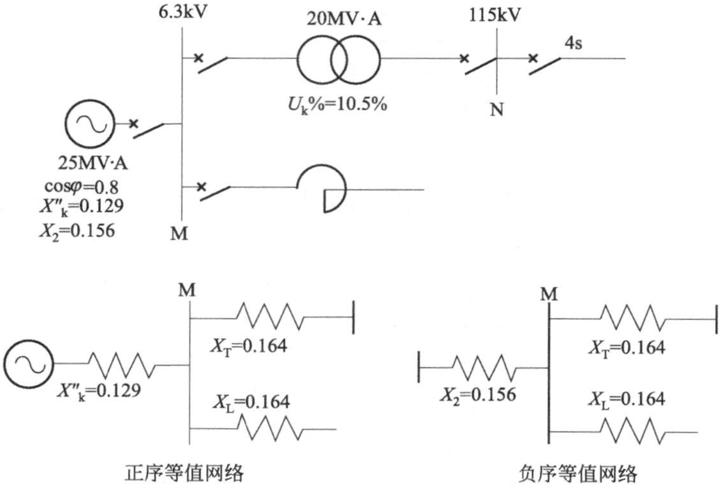

图 7-11 算例 7-3 的一次接线图及等值阻抗图

试对发电机端相间短路后备保护进行整定。

比较采用过电流保护、低电压过电流保护、复合电压启动的过电流保护、负序电流及单相式低电压启动过电流保护的保护灵敏度。算出各保护的动作参数、灵敏度、动作时间。

解：

由于基准容量选取

$$S_B=\frac{P_N}{\cos\varphi}=\frac{25000}{0.8}=31250(\text{kV·A})$$

因此基准电流为发电机额定电流。发电机额定电流计算

$$I_{gn}=\frac{P_N}{\sqrt{3}U_N\cos\varphi}=\frac{25000}{\sqrt{3}\times6.3\times0.8}=2864(\text{A})$$

发电机母线两相短路电流计算

$$I_{k.\min.1}^{(2)}=\frac{\sqrt{3}I_{gn}}{X''_k+X_2}=\frac{\sqrt{3}}{0.129+0.156}\times2864=17406(\text{A})$$

电抗器后面或变压器高压侧两相短路电流计算（本题 $X_T=X_L$）

$$X_{1\Sigma}=X''_k+X_T=0.129+0.164=0.293$$

$$X_{2\Sigma}=X_2+X_T=0.156+0.164=0.32$$

$$I_{k.\min.2}^{(2)}=\frac{\sqrt{3}}{X_{1\Sigma}+X_{2\Sigma}}I_{gn}=\frac{\sqrt{3}\times2864}{0.293+0.32}=9092(\text{A})$$

（1）采用过电流保护

$$I_{set}=\frac{K_{rel}K_{ss}}{K_{re}}I_{gn}=\frac{1.15\times2}{0.85}\times2864=7750(A)$$

$$I_{set.r}=\frac{I_{set}}{n_{TA}}=\frac{7750}{600}=12.9(A)$$

① 近后备灵敏系数

$$K_{sen}=\frac{I_{k.min}^{(2)}}{I_{set}}=\frac{17406}{7750}=2.24>1.5$$

② 远后备灵敏系数

$$K_{sen}=\frac{I_{k.min.2}^{(2)}}{I_{set}}=\frac{9092}{7750}=1.17<1.2$$

灵敏度不满足要求，不能采用。

（2）采用低压启动过流保护

$$I_{set}=\frac{K_{rel}}{K_{re}}I_{gn}=\frac{1.15}{0.85}\times2864=3866(A)$$

$$U_{set}=0.6\times6.3=3.78(kV)$$

电流元件灵敏度

近后备：　$$K_{sen}=\frac{17406}{3866}=4.5>1.5$$

远后备：　$$K_{sen}=\frac{9092}{3866}=2.1>1.2$$

由于故障点残余电压为0，电压元件近后备的灵敏度为无穷大。

电压元件远后备灵敏系数计算：

① 变压器高压侧两相短路

$$U_{k.max}^{(2)}=2\times\frac{I_{k.min.2}^{(2)}}{I_{gn}}\times X_T\frac{U_B}{\sqrt{3}}=2\times\frac{9092}{2864}\times0.164\times\frac{6.3}{\sqrt{3}}=3.37(kV)$$

② 变压器高压侧三相短路

$$U_{k.max}^{(3)}=\frac{X_T}{X_k''+X_T}U_b=6.3\times\frac{0.164}{0.129+0.164}=3.52(kV)$$

$$K_{sen}=\frac{U_{set}}{U_{k.max}^{(3)}}=\frac{3.78}{3.52}=1.07<1.2\text{，故也不能采用。}$$

（3）采用复合电压启动的过流保护

负序电压动作值：

$$U_{set.2}=0.06\times6.3=0.378(kV)$$

保护灵敏度：

① 电流元件灵敏系数计算同低压过电流保护。

② 低电压元件灵敏系数

$$K_{sen}=\frac{K_{re}U_{set}}{U_{k.max}^{(3)}}=\frac{1.15\times3.78}{3.52}=1.23>1.2$$

③ 负序电压元件灵敏系数

a. 近后备

$$U_{2.min}=I_2X_2U_B=\frac{0.156}{0.129+0.156}\times6.3=3.448(kV)$$

$$K_{sen}=\frac{3.448}{0.378}=9.1>1.5$$

b. 远后备

变压器高压侧两相短路时，机端负序电压的计算：

$$U_{2.min}=I_{k.min.2}^{(2)}X_2=\frac{X_2U_B}{X_{1\Sigma}+X_{2\Sigma}}=\frac{0.156}{0.293+0.32}\times6.3=1.6(kV)$$

$$K_{sen}=\frac{1.6}{0.378}=4.24>1.2$$

由上面计算可知，复合电压启动的过电流保护满足要求，可以采用。

保护动作时间：

$$t_{set}=4+2\Delta t=5(s)$$

(4) 采用负序电流及单元件式低压启动过流保护

① 低压元件、过电流元件定值及灵敏度计算均同(3)。

② 负序电流元件采用两段式动作特性，即负序过负荷和过电流。

动作于信号的负序过负荷电流继电器的动作电流：

$$I_{set.2}=0.1I_{gn}=0.1\times2864=286.4(A)$$

动作于跳闸的负序过电流继电器的动作电流：

$$I_{set.2}=I_{gn}\sqrt{\frac{A}{t}}=\sqrt{\frac{30}{120}}\times2864=1432(A)$$

③ 灵敏度

a. 近后备

$$I_{k2.min}=\frac{1}{X_k''+X_2}I_{gn}=\frac{2864}{0.129+0.156}=10049(A)$$

$$K_{sen}=\frac{10049}{1432}=7>1.5$$

b. 远后备

$$I_{k2.min}=\frac{1}{X_{1\Sigma}+X_{2\Sigma}}I_{gn}=\frac{2864}{0.293+0.32}=4672(A)$$

$$K_{sen}=\frac{4672}{1432}=3.26>1.2$$

显然灵敏度满足要求。

【算例 7-4】 图 7-12 为单继电器式横差动保护在双星形绕组发电机上的连接情况，保护动作电流取 $I_{set}=0.3I_{gn}$。如果双星形绕组中有一分支绕组断线，则在发电机带多大对称负荷时，横差动保护会发生误动作？

解： 发电机每一分支绕组流过每相总电流的一半，当任一相任一分支断线时，流过横差动保护的电流为 $0.5I_{\phi}$，若横差保护动作，需 $I_{set}=0.5I_{\phi}=0.3I_{gn}$。则 $I_{\phi}=0.6I_{gn}$。

即当发电机所带负荷为 0.6 倍额定电流时，横差动保护会误动作。

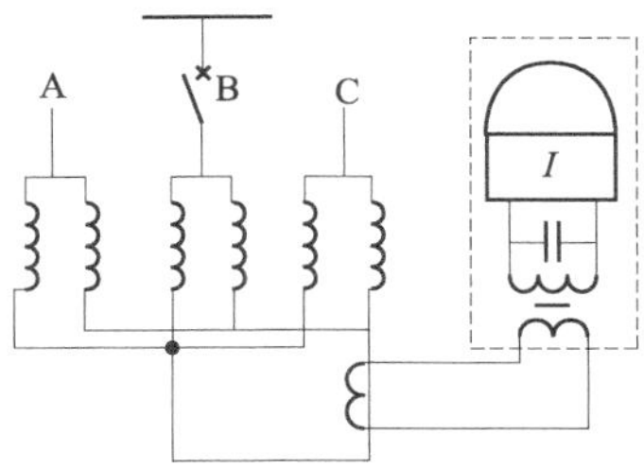

图 7-12　算例 7-4 接线图

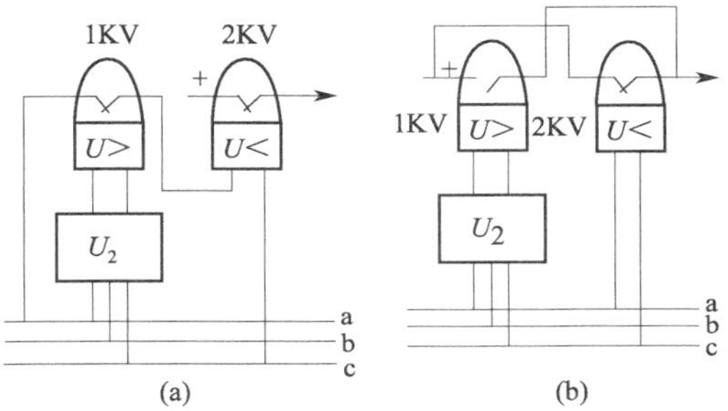

图 7-13　算例 7-5 接线图

【算例 7-5】 发电机过电流保护的复合电压启动元件的两种接线方案如图 7-13 所示。其中反映负序电压的继电器 1KV 无论是在不对称短路或者对称短路时，都能动作（认为三相对称短路时故障瞬间会出现短时不对称），继电器 2KV 返回系数 $K_{re}=1.2$，其动作电压为 50V，如果三相短路时，二次回路电压 U_{AC} 分别降低到 45V、55V、65V 时，对这两种接线方案，保护将如何动作？

解： 1KV 为反映不对称故障出现的负序电压而动作的电压继电器，2KV 为反映故障后电压降低而动作的低电压继电器。图 7-13(a) 中负序电压继电器与低电压继电器“与门”连接，1KV 采用常闭接点，发生不对称故障时，在负序电压作用下，其常闭接点断开低电压回路，使低电压元件 2KV 电压为零，常闭接点闭合，图 7-13(b) 中低电压继电器与负序电压继电器“或门”连接。

(1) 2KV 动作电压为 50V，则返回电压为

$$U_{re}=K_{re}U_{set}=1.2\times50=60(\text{V})$$

(2) 发生三相短路，二次回路电压降为 45V 时，由于小于低电压继电器动作值，两种接线低电压元件均能动作，保护可以动作。

(3) 发生三相短路，二次回路电压降低为 55V 时，对图 7-13(a) 接线，故障瞬间有短时不对称过程，负序电压继电器常闭接点断开，低电压继电器 2KV 由于外加电压为 0 而动作，进入三相短路后，负序电压消失，加至低电压继电器电压为 55V，小于继电器返回电压，继电器仍保持动作状态而不返回。保护可以动作。

对图 7-13(b) 接线，故障瞬间有短时不对称过程，负序电压继电器常开接点短时闭合，时间继电器由负序电压继电器启动。低电压继电器 2KV 由于外加电压为 55V 大于其动作电压而不动作。进入三相短路后，负序电压消失，负序电压继电器返回，时间继电器返回。保护不能动作。

因此两种接线中的图 7-13(a) 保护可以动作，图 7-13(b) 保护不能动作。

(4) 发生三相短路，二次回路电压降低为 65V 时，对图 7-13(a) 接线，故障瞬间有短时不对称过程，负序电压继电器常闭接点断开，低电压继电器 2KV 由于外加电压为 0 而动作，进入三相短路后，负序电压消失，加至低电压继电器电压为 65V，大于继电器返回电压，继电器返回。保护不能动作。

对图 7-13(b) 接线，故障瞬间有短时不对称过程，负序电压继电器常开接点短时闭合，时间继电器由负序电压继电器启动。低电压继电器 2KV 由于外加电压为 65V 大于其动作电压而不动作。进入三相短路后，负序电压消失，负序电压继电器返回，时间继电器返回。保护不能动作。

因此这时两种接线保护均不能动作。

【算例 7-6】 已知一台 200MW 的发电机，$X_d=1.95$，$X'_d=0.242$，$X_s=0.2$，$n_{TA}=12000/5$，机端 $n_{TV}=15.75/0.1$，$U_{fd0}=170.5V$，高压侧 $n_{TV.h}=230/0.1$，发电机额定功率因数为 0.85。试进行失磁保护整定计算。

解：
$$I_{N.G}=\frac{S_N}{\sqrt{3}U_N}=\frac{200}{\sqrt{3}U_N\times0.85}=8.625(kA)$$

以下整定计算结果均为二次值。

(1) 阻抗元件整定

① 按异步边界条件整定

$$X_a=-\frac{1}{2}X'_d\frac{U_N^2}{S_N}\times\frac{n_{TA}}{n_{TV}}=-\frac{1}{2}\times0.242\times\frac{15.75^2}{200/0.85}\times\frac{12000/5}{15.75/0.1}=-1.95$$

$$X_b=-K_{rel}X_d\frac{U_N^2}{S_N}\times\frac{n_{TA}}{n_{TV}}=-1.2\times1.95\times\frac{15.75^2}{200/0.85}\times\frac{12000/5}{15.75/0.1}=-37.64$$

② 按静稳边界条件整定

$$X_a=X_s\frac{U_N^2}{S_N}\times\frac{n_{TA}}{n_{TV}}=0.2\times\frac{15.75^2}{200/0.85}\times\frac{12000/5}{15.75/0.1}=3.2$$

$$X_b=-K_{rel}X_d\frac{U_N^2}{S_N}\times\frac{n_{TA}}{n_{TV}}=-1.2\times1.95\times\frac{15.75^2}{200/0.85}\times\frac{12000/5}{15.75/0.1}=-37.64$$

(2) 电压元件整定

$$U_{set.h}=(0.7\sim0.8)U_{Nh}\frac{1}{n_{TV}}=(0.7\sim0.8)\times230\times\frac{1}{230/0.1}=70\sim80(V)$$

(3) 闭锁元件——励磁低电压元件和延时元件整定

① 励磁低电压元件的动作电压

$$U_{set.fl}=P_{x}X_{d\Sigma}U_{fd0}=0.5\times(1.95+0.2)\times170.5=183.3(\mathrm{V})$$

② 延时元件按异步边界整定

$$t=0.5\sim1.0(\mathrm{s})$$

按静稳边界整定

$$t=1.0\sim1.5(\mathrm{s})$$

(4) 闭锁元件——负序电流（或电压）元件和延时元件整定

① 负序电流元件动作电流

$$I_{set.2}=(0.05\sim0.06)I_{n}=(0.05\sim0.06)\times\frac{8625}{12000/5}=0.18\sim0.21(\mathrm{A})$$

② 负序电压元件动作电压

$$U_{set.2}=(0.05\sim0.06)U_{n}=5\sim6(\mathrm{V})$$

③ 延时元件

延时返回时间为 8～10s。

第八章 电力电容器保护的整定计算

第一节 电容器常见故障及保护方式

一、电容器常见故障及异常

为减少电网无功负荷的传输造成的线路损耗，通常在变电站装设并联电容器实现就地补偿。各级变电站内一般按变压器容量的 20%～30%配置无功补偿容量，显然变电站主变容量越大，需要的补偿容量就越大。在电压等级较高的变电站，还需要电抗器实现无功优化补偿，因此针对并联补偿电容器的各种故障，合理配置电容器保护对电网安全经济运行具有重要作用。

电容器常见故障及异常如下：

① 电容器与断路器之间连接线的故障；

② 单台电容器内部极间短路；

③ 电容器组多台电容器切除后引起的过电压；

④ 电容器组的单相接地故障；

⑤ 母线电压升高造成电容器组过电压；

⑥ 所连接的母线失压。

二、保护方式

① 对电容器组与断路器之间连接线的故障，可设带有短时限的电流速断和过流保护，动作于跳闸。电容器组容量为 400kvar 及以下可设熔断器作其过流保护。

电容器组一般不设电流速断保护，速断保护整定需考虑躲过电容器组合闸冲击电流及对外放电电流，使得动作电流过大，保护范围小或灵敏度不满足要求。

② 针对电容器及其引出线的故障，宜对电容器组中每台电容器分别装设专用的熔断器，熔丝的额定电流为电容器额定电流的 1.5～2.0 倍。

③ 电容器组中故障电容器切除到一定数量，引起电容器端电压超过110%额定电压，保护应将电容器组切除。

④ 针对不同的电容器连接方式，可采用不同的平衡保护。

a. 单星形接线电容器组的零序电压保护（用于单组），电压差动保护（用于每相两组），平衡电桥原理（单相四组电容）保护。

b. 双星形接线电容器组的中性点电压保护或电流不平衡保护（横差）。

⑤ 安装在绝缘支架上的电容器组，可不再装设接地保护。

⑥ 对电容器组，应装设过电压保护，带时限动作于信号或跳闸。

⑦ 电容器组应设失压保护，当母线失压时，带时限动作于跳闸。

第二节　电容器保护的整定计算

一、微机型电容器保护整定

微机型电容器保护装置中可以设有多种保护，实际应用时可根据需要选定其中几种。

1. 定时限过电流保护整定（Ⅱ段）

过电流保护作为电容器整组保护，其动作电流按躲电容器额定电流计算：

$$I_{\text{set}\,\text{II}}=\frac{K_{\text{rel}}K_{\text{ri}}K_{\text{con}}}{K_{\text{re}}n_{\text{TA}}}I_{\text{NC}}=(2\sim2.5)\frac{I_{\text{NC}}}{n_{\text{TA}}} \tag{8-1}$$

式中　K_{rel}——可靠系数，取1.25；

K_{ri}——波纹系数，取1.25；

K_{con}——接线系数，根据继电器与电流互感器接线方式确定；

K_{re}——返回系数，取0.8；

I_{NC}——电容器的额定电流，$I_{\text{NC}}=\dfrac{S_C}{\sqrt{3}U_{\text{N}}}$。

过电流保护时限整定为0.2～0.5s左右，配合限时速断段的时限。

灵敏度计算：

$$K_{\text{sen}}=\frac{I_{\text{k.min}}^{(2)}}{I_{\text{set}\,\text{II}}}\geqslant2 \tag{8-2}$$

式中　$I_{\text{k.min}}^{(2)}$——最小运行方式下，保护安装处的两相短路电流。

2. 限时电流速断保护整定（Ⅰ段）

与过电流保护相配合：

$$I_{\text{set}\,\text{I}}=(2\sim2.5)I_{\text{set}\,\text{II}} \tag{8-3}$$

灵敏度计算：

$$K_{sen}=\frac{I_{k.min}^{(2)}}{I_{set\,I}}\geqslant 1.25\sim 1.5 \tag{8-4}$$

注：以上两项用于电容器引出线的相间短路，作为整组保护。

3. 定时限过电压保护（整组保护）

有专用电压互感器（TV）时，接于 TV 二次侧，否则接于母线 TV 二次侧，接入线电压，避免单相接地故障零序电压的影响。

动作电压

$$U_{set.r.o}=110\sim 115\text{V} \tag{8-5}$$

动作时限

$$t_{ov}\geqslant 30\text{s}$$

4. 低电压保护（电流闭锁）（整组保护）

采用电流闭锁以防止 TV 断线时保护误动

动作电压

$$U_{set.r.L}=50\sim 60\text{V} \tag{8-6}$$

动作电流

$$I_{set.r}=0.2\sim 0.5\frac{I_{NC}}{n_{TA}} \tag{8-7}$$

动作时限

$$t_{Lv}=0.5\text{s}$$

5. 零序电流保护（一般用于单三角接线的较小容量电容器组）

电容器采用单三角接线时用于反映其内部故障。三角接线内的每一相接入一只 TA，组成零序电流滤过器。

动作电流按照躲电容器组三相不平衡电流来整定

$$I_{set0}=\frac{K_{rel}}{n_{TA}}I_{unb}=0.15\frac{I_{NC}}{n_{TA}} \tag{8-8}$$

式中　I_{NC}——三角接线电容器每相的额定电流。

6. 零序电压保护（单 Y 接线）

用于反映电容器采用单 Y 接线的内部故障。接于电压互感器二次开口三角侧，反映零序电压而动作。

$$U_{set.r0}=\frac{0.15U_N}{n_{TV}}=10\sim 15\text{V} \tag{8-9}$$

动作时间：

$$t_{v0}=0.2\text{s}$$

7. 双 Y 接线的电流平衡保护（分组保护）

接成双 Y 接线的电容器，可采用接于两组电容器的中性点连线上的电流平衡保护作为分组电容器内部元件的保护。

电流互感器接在两组电容器的中性点连接线上，动作电流为

$$I_{set.r}=\frac{0.15I'_{NC}}{n_{TA}} \tag{8-10}$$

式中　I'_{NC}——为一组中的一相电容器额定电流。

保护动作时限：取 0.15～0.2s 或用一个中间继电器达到延时。

8. 双 Y 接线的电压平衡保护

两组电容器的中性点连线上串入电压互感器，反映任一分支故障。

继电器动作电压：

$$U_{set.r0}=10\sim15V \tag{8-11}$$

保护动作时限：取 0.2s 或用一个中间继电器达到延时。

9. 双三角接线的分组横差保护（分相差动保护）

对双三角接线的电容器可用横差保护作为分组电容器内部元件故障的保护，电流继电器接在同相两组电容器的差电流上，动作电流为

$$I_{set.r}=\frac{0.15I'_{NC}}{n_{TA}} \tag{8-12}$$

式中　I'_{NC}——一组中的一相电容器额定电流。

保护动作时限取 0.2s 或用一个中间继电器达到延时。

10. 压差、桥差保护

压差保护方式用于单 Y 接线每相两组电容器串联接线，比较两臂的电压。

桥差用于单 Y 接线每相四组电容器两串两并接线方式，四臂相当一平衡电桥，任一组故障，桥上流过不平衡电流比较两臂的电压。

11. 单相接地保护（一般不设）

当所在系统单相接地电流大于 20A 时，需装设单相接地保护，它们的构成原理都是在相间保护的基础上增加反映零序电流的保护。采用定时限零序过电流保护来作单相接地保护时，其定值按下式确定

$$I_{set.r}=\frac{20}{n_{TA}} \tag{8-13}$$

电容器与支架绝缘时可不设该保护。

12. 熔断器保护

熔断器保护方式的特点是成本低、简单可靠、选择性好，而且熔断器熔断时间短，只需几毫秒至几十毫秒即可切除故障元件。熔断器保护应满足以下要求：①熔断器的额定电流应大于电容器的长期允许工作电流；②在电容器的充电涌流作用下，熔断器不应熔断。根据以上要求，熔断器的额定电流应满足：

$$I_{N.F}=K_{rel1}K_{rel2}I_{NC}=1.43I_{NC} \tag{8-14}$$

式中　K_{rel1}——电容器过载倍数，取 1.1；

K_{rel2}——电容器充电涌流倍数，取 1.3；

I_{NC}——电容器额定电流。

以上前 11 种保护，均可以由微机保护来实现，根据电容器的实际情况，可以选定几种作为保护配置组合。

二、常规电容器保护整定

根据《3～110kV 电网继电保护装置运行整定规程》（DL/T 584—2017）要求，变电站并联补偿电容器保护整定原则如下。

过电流保护、限时电流速断保护、过电压及低电压保护整定同上。其他保护整定如下。

1. 单星形接线电容器组的开口三角电压保护（分立电容器）

电压定值按部分单台电容器（或单台电容器内小电容元件）切除或击穿后，故障相其余单台电容器所承受的电压（或单台电容器内小电容元件）不长期超过 1.1 倍额定电压的原则整定，同时，还应可靠躲过电容器组正常运行时的不平衡电压。动作时间一般整定为 0.1～0.2s。

电容器组正常运行时的不平衡电压应满足厂家要求和安装规程的规定。

$$U_{\mathrm{OD0}}=\frac{3\beta U_{\mathrm{N\phi}}}{3N[M(1-\beta)+\beta]-2\beta} \tag{8-15}$$

$$U_{\mathrm{OD0}}=\frac{3KU_{\mathrm{N\phi}}}{3N(M-K)+2K} \tag{8-16}$$

$$U_{\mathrm{set.0}}=\frac{U_{\mathrm{OD0}}}{K_{\mathrm{sen}}} \tag{8-17}$$

$$U_{\mathrm{set.0}}\geqslant K_{\mathrm{rel}}U_{\mathrm{unb}} \tag{8-18}$$

$$K=\frac{3NM(K_{\mathrm{V}}-1)}{K_{\mathrm{V}}(3N-2)} \tag{8-19}$$

式(8-15)～式(8-19) 中各符号定义如下：

M——每相各串联段并联的电容器台数；

N——每相电容器的串联段数；

$U_{\mathrm{N\phi}}$——电容器组的额定相电压［当有串联电抗器且电压互感器接于母线时，应乘以（$1-X_{\mathrm{L}}/X_{\mathrm{C}}$）的系数］；

U_{OD0}——开口三角绕组的零序电压；

U_{unb}——开口三角绕组正常运行时的不平衡电压；

β——单台电容器内部击穿小元件段数的百分数，如电容器内部为 n 段，则 $\beta=\frac{1}{n}\sim\frac{n}{n}$；

K_{rel}——可靠系数，$K_{\mathrm{rel}}\geqslant 1.5$；

K——因故障切除的同一并联段中的电容器台数，$K=1\sim M$ 的整数，按式(8-19) 计算时取接近计算结果的整数；

K_V——过电压系数，$K_V=1.1\sim1.15$；

K_{sen}——灵敏系数，$K_{sen}\geqslant1$。

式(8-15)、式(8-16) 适用于单台电容器内部小元件按先并后串且无熔丝、外部按先并后串方式连接的情况，其中式(8-15) 适用于电容器未装设专用单台熔断器的情况，式(8-16) 适用于电容器装有专用单台熔断器的情况。为提高定值的灵敏系数，用式(8-17) 计算时应尽量降低定值，同时，还应可靠躲过正常运行时的不平衡电压。

动作时间：$t=0.1\sim0.2s$。

2. 单星形接线电容器组的开口三角电压保护（密集型电容器）

$$U_{OD0}=\frac{3KU_{N\phi}}{3n(m-K)+2K} \tag{8-20}$$

$$U_{set0}=\frac{U_{OD0}}{K_{sen}} \tag{8-21}$$

$$U_{set0}\geqslant K_{rel}U_{unb} \tag{8-22}$$

$$K=\frac{3nm(K_V-1)}{K_V(3n-2)} \tag{8-23}$$

式中　m——单台密集型电容器内部各串联段并联的电容器小元件数；

n——单台密集型电容器内部的串联段数；

K——因故障切除的同一并联段中的电容器小元件数，$K=1\sim m$ 的整数，按式(8-23) 计算时取接近计算结果的整数。

$U_{N\phi}$、U_{OD0}、U_{unb}、K_{rel}、K_V、K_{sen} 符号意义同上。

式(8-20) 适用于每相装设单台密集型电容器、电容器内部小元件按先并后串且有熔丝连接的情况。为提高定值的灵敏系数，用式(8-21) 计算时应尽量降低定值，同时，还应可靠躲过正常运行时的不平衡电压。

动作时间：$t=0.1\sim0.2s$。

3. 单星形接线电容器组电压差动保护

差动电压定值按部分单台电容器（或单台电容器内小电容元件）切除或击穿后，故障相其余单台电容器所承受的电压不长期超过 1.1 倍额定电压的原则整定，同时，还应可靠躲过电容器组正常运行时的段间不平衡差电压。动作时间一般整定为 0.1～0.2s。

电容器组正常运行时的不平衡电压应满足厂家要求和安装规程的规定。

$$\Delta U_D=\frac{3\beta U_{N\phi}}{3N[M(1-\beta)+\beta]-2\beta} \tag{8-24}$$

$$\Delta U_{\mathrm{D}}=\frac{3KU_{\mathrm{N}\phi}}{3N(M-K)+2K} \tag{8-25}$$

$$U_{\mathrm{set}}=\frac{\Delta U_{\mathrm{D}}}{K_{\mathrm{sen}}} \tag{8-26}$$

$$U_{\mathrm{set}}\geqslant K_{\mathrm{rel}}\Delta U_{\mathrm{unb}} \tag{8-27}$$

$$K=\frac{3nm(K_{\mathrm{V}}-1)}{K_{\mathrm{V}}(3N-2)} \tag{8-28}$$

式中　ΔU_{D}——故障相的故障段与非故障段的差压；

ΔU_{unb}——正常时不平衡差压。

其余符号的含义及说明与开口三角电压保护相同。

4. 双星形接线电容器组的中性线不平衡电流保护

电流定值按部分单台电容器（或单台电容器内小电容元件）切除或击穿后，故障相其余单台电容器（或单台电容器内小电容元件）所承受的电压不长期超过1.1倍额定电压的原则整定，同时，还应可靠躲过电容器组正常运行时中性点间流过的不平衡电流。动作时间一般整定为0.1～0.2s。

电容器组正常运行时两组中性点间流过的不平衡电流应满足厂家要求和安装规程的规定。

$$I_0=\frac{3NKI_{\mathrm{E}}}{6N(M-K)+5K} \tag{8-29}$$

$$I_0=\frac{3M\beta I_{\mathrm{E}}}{6N[M(1-\beta)+\beta]-5\beta} \tag{8-30}$$

$$I_{\mathrm{set}}=\frac{I_0}{K_{\mathrm{sen}}} \tag{8-31}$$

$$I_{\mathrm{set}}\geqslant K_{\mathrm{rel}}I_{\mathrm{unb}} \tag{8-32}$$

式中　I_0——中性点间流过的不平衡电流；

I_{E}——单台电容器额定电流；

I_{unb}——正常时中性点间的不平衡电流。

其他符号的含义及说明与单星接线开口三角电压保护相同。

第三节　电容器保护的整定计算算例

【算例8-1】 变电站装设YY-6.3-10-1型电容器60台，每相20台，采用三角形连接，电容器运行电压6.3kV，电流互感器变比为30/5。进行电容器保护整定（采用常规保护）计算。

解：每相额定电流为

$$I_{N\phi}=NI_{E}=20\times\frac{10}{6.3}=32(A)$$

单台电容器额定电流为

$$I_{E}=32/20=1.6(A)$$

一台电容器50%元件击穿后故障相电流增量为

$$\Delta I=I_{E}\frac{0.5}{1-0.5}=1.6(A)$$

则单台电容器保护动作电流必须满足

$$I_{set.r}=\frac{\Delta I}{K_{sen}n_{TA}}=\frac{1.6}{1.5\times6}=0.178(A)$$

取0.15A作为二次动作电流，一次侧动作值则为0.9A。

要求电流互感器不平衡电流满足：

$$I_{unb}\leqslant\frac{0.15}{K_{rel}}n_{TA}=\frac{0.15\times6}{2}=0.45(A)$$

零序电流保护作为内部故障整组保护灵敏度比过流保护高，但要求电流互感器有较好的特性，以减少不平衡电流。

零序电流保护动作电流按照躲过电容器组三相不平衡电流来整定：

$$I_{set.r}=K_{rel}I_{unb}/n_{TA}=0.15I'_{N\phi}/n_{TA}$$

式中，$I'_{N\phi}$为每相电容器的额定电流。

保护动作时限取0.2s或用一个中间继电器达到延时以避免过电压影响。

【算例8-2】 变电站1号主变补偿电容器容量为3600kvar，接于10kV母线上，采用单星形接线，保护采用WDR-821微机电容器保护装置［含有二段定时限过流保护（三相式）、过电压保护、欠电压保护、不平衡电流、不平衡电压等］，电流互感器变比为300/5。

解：由于变电站采用单星形接线，需要整定的保护为二段定时限过流保护（三相式）、过电压保护、欠电压保护。

电容器额定电流为

$$I_{NC}=\frac{3600}{\sqrt{3}\times10.5}=198(A)$$

电流Ⅱ段定值：

$$I_{set}^{Ⅱ}=\frac{K_{rel}K_{ri}K_{con}}{K_{re}n_{TA}}I_{NC}=\frac{1.25\times1.25\times1}{0.8\times60}\times198=6.4(A)$$

动作时间取0.5s。

电流Ⅰ段定值：　$I_{set}^{Ⅰ}=(2\sim2.5)I_{setⅡ}=12.8\sim16(A)$

Ⅰ段定值取为16A，动作时间取0～0.2s。

过电压保护动作电压：　　$U_{set}=115(V)$

动作时间取 10s。

低电压保护动作电压：　　$U_{set}=65(V)$

低电压电流闭锁元件定值：$I_{set.r}=(0.2\sim0.5)\dfrac{I_{NC}}{n_{TA}}=0.6(A)$

动作时间取 0.5～1s。

第九章　母线保护的整定计算

第一节　对母线保护的基本要求

母线是发电厂和变电站的重要组成部分，母线一旦故障，将会造成连接在母线上的所有元件停运，因此在发电厂和变电站的各级母线上，均应装设相应的母线保护。

一般来说，利用供电元件的保护可以切除母线故障，例如利用发电机过电流保护、利用变压器过电流保护以及利用电源侧线路的后备保护等均可切除母线上的故障。如图 9-1 所示，但是考虑到故障切除的选择性，只能用供电元件的后备段切除母线故障。对重要母线或电压等级较高的系统母线，由于这种保护方式不能保证故障切除的选择性和速动性，因此不能采用，必须装设专门的母线保护。需要装设专门的母线保护的场合如下。

（1）满足选择性要求

110kV 及以上的双母线、分段单母线。

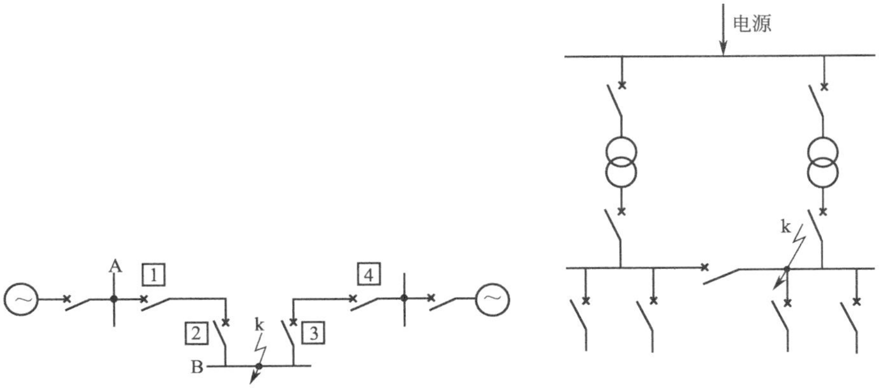

(a)利用线路保护切除母线故障　　(b)利用变压器保护切除母线故障

图 9-1　利用供电元件保护切除母线故障

（2）速动性要求

110kV 的单母线、重要发电厂的 35kV 母线、高压侧为 110kV 及以上的重要变电所的 35kV 母线、有全线速动保护要求的场合。

第二节　母线保护的工作原理

为了保证母线故障切除的选择性和速动性，母线保护基本上都是采用差动原理构成的，例如完全电流差动母线保护和电流比相式母线保护以及高阻抗或中阻抗母线保护。

一、完全电流差动母线保护

完全电流差动母线保护比较所有母线接入元件电流的向量和，与线路和发电机纵联差动保护原理相同，采用环流法接线，如图 9-2 所示。

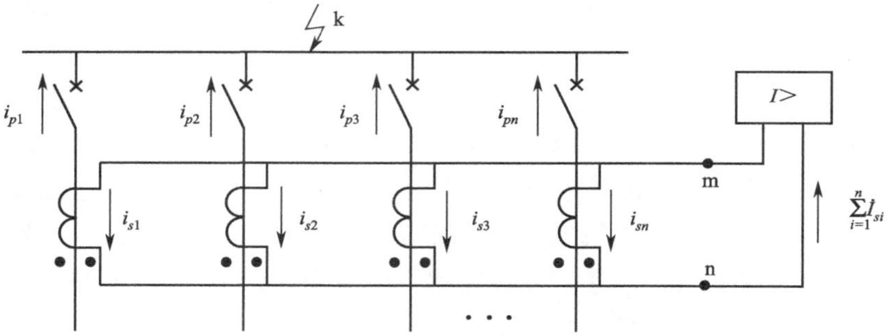

图 9-2　完全电流差动母线保护原理接线

（1）正常运行和外部故障时，理想情况下

$$\sum \dot{I}_{pi} = 0 \tag{9-1}$$

为保证二次侧电流构成环流，使得进入继电器电流为零，各连接元件选用相同变比，则差动回路二次电流满足

$$\sum \dot{I}_{si} = 0 \tag{9-2}$$

（2）内部故障时，理想情况下

$$\sum \dot{I}_{pi} = \dot{I}_{\mathrm{d}} \tag{9-3}$$

差动回路流过电流为

$$\dot{I}_{\mathrm{r}} = \frac{\dot{I}_{\mathrm{d}}}{n_{\mathrm{TA}}} \tag{9-4}$$

与发电机及线路差动保护相同，实际情况下还要考虑电流互感器误差等因素引起的不平衡电流，在整定计算中加以考虑，避免外部故障时差动回路不平衡电流过大引起保护误动。

二、电流比相式母线保护

工作原理与相差动高频保护相同，反映母线各连接元件的电流相位关系而动作。

① 母线内部故障时，各有源支路电流均流向母线，相位相同；

② 外部故障或正常运行时，非故障有源支路的电流流入母线，故障支路的电流流出母线，相位相反，或者说任一元件的电流相位均与母线其他连接元件电流向量和相反。即

$$\dot{I}_j = -\sum_{\substack{i=1 \\ i \neq j}}^{n} \dot{I}_{pi} \tag{9-5}$$

同样，为了防止各种相位误差导致保护错误判断故障范围，与相差动高频保护相同需要整定保护闭锁角；间断角大于闭锁角保护动作。

电流比相式母线保护特点：

① 保护装置基于相位比较方式构成，与电流的幅值无关；

② 母线连接元件的电流互感器型号或变比可以不同，不影响保护正常工作。

第三节　专用母线保护的相关规定

电压等级越高、母线越重要，对母线保护的要求也越高。因此相关规程对专用母线保护都有明确的具体要求。

（1）对发电厂和变电所的 35～110kV 电压的母线

在下列情况下应装设专用的母线保护：

① 110kV 双母线；

② 110kV 单母线，重要发电厂或 110kV 以上重要变电所的 35～66kV 母线，需要快速切除母线上的故障时；

③ 35～66kV 电力网中，主要变电所的 35～66kV 双母线或分段单母线需快速而有选择地切除一段或一组母线上的故障，以保证系统安全稳定运行和可靠供电时。

（2）对 220～500kV 母线

应装设能快速有选择地切除故障的母线保护，对一个半断路器接线，每组母线应装设两套母线保护。

（3）对于发电厂和主要变电所的 3～10kV 分段母线及并列运行的双母线

一般可由发电机和变压器的后备保护实现对母线的保护。在下列情况下，应装设专用母线保护：

① 需快速而有选择地切除一段或一组母线上的故障，以保证发电厂及电力网安全运行和重要负荷的可靠供电时；

② 当线路断路器不允许切除线路电抗器前的短路时。

（4）对 3～10kV 分段母线

宜采用不完全电流差动式母线保护，保护仅接入有电源支路的电流。保护由两段组成：其第一段采用无时限或带时限的电流速断保护，当灵敏系数不符合要求时，可采用电流闭锁电压速断保护；第二段采用过电流保护，当灵敏系数不符合要求时，可将一部分负荷较大的配电线路接入差动回路，以降低保护的启动电流。

第四节　母线保护的整定计算

一、单母线电流差动保护整定计算

1. 差电流启动元件整定

（1）可靠躲过区外故障产生的最大不平衡电流

$$I_{r.set}=0.1K_{rel}K_{st}K_{ap}I_{k.max}/n_{TA} \tag{9-6}$$

式中　K_{rel}——可靠系数，对本身性能可以躲过非周期分量的差电流元件取 1.5；

K_{st}——电流互感器同型系数，由于母线差动保护各元件电流互感器类型差别较大，这里同型系数取 1；

K_{ap}——电非周期分量系数，取 1.5～2；

$I_{k.max}$——区外故障时流过电流互感器的最大短路电流。

电流互感器的比差取 0.1。

（2）躲过电流互感器二次回路断线时的各连接元件中的最大负荷电流

$$I_{r.set}=K_{rel}I_{L.max}/n_{TA} \tag{9-7}$$

式中　K_{rel}——可靠系数，取 1.3 ～1.5；

$I_{L.max}$——母线连接元件在常见运行方式下的最大负荷电流。

选择两个整定条件的最大值为整定值。

灵敏系数按母联断路器断开后单独一段母线故障检验，灵敏系数一般不小于 2.0，以保证两段母线相继故障时有足够的灵敏度。

2. 电压闭锁元件整定

采用电压闭锁元件后，差电流选择元件定值可不考虑上述整定计算中的第二项。

（1）低电压元件整定

低电压元件动作电压按躲开正常运行的最低电压整定，即

$$U_{set}=\frac{K_{lo}}{K_{rel}K_{re}}U_{\varphi}=\frac{0.9\sim0.95}{K_{rel}K_{re}}U_{\varphi} \tag{9-8}$$

式中　K_{lo}——母线最低运行电压系数，取0.9～0.95；

K_{rel}——可靠系数，取1.1；

K_{re}——返回系数，取1.15；

U_{φ}——母线额定相电压。

为简化计算，电压继电器动作电压可直接取$U_{r.set}=60\sim65V$。

（2）复合电压闭锁元件的整定

① 负序电压元件　负序电压元件的动作电压按躲开正常运行时的不平衡电压整定，一般可近似取

$$U_{set.2}=(0.06\sim0.09)U_{\varphi} \tag{9-9}$$

式中　U_{φ}——母线额定相电压。

② 零序电压元件　零序电压元件的动作电压按躲开正常运行时的最大不平衡电压整定，一般可近似取

$$U_{r.set0}=15\sim20V \tag{9-10}$$

③ 零序电压元件和负序电压元件的灵敏度应高于差电流启动元件的灵敏度，按母线短路进行校验，灵敏度应大于2.0。

（3）电流回路断线闭锁元件整定

接于零序电流回路的元件和接于相电流差回路的元件，均按躲开正常运行时的最大不平衡电流整定，根据经验可取

$$I_{set}=(0.1\sim0.2)I_{TA.e} \tag{9-11}$$

式中　$I_{TA.e}$——电流互感器的额定一次电流。

断线闭锁元件的动作时间，按大于母线连接元件中后备保护的最大动作时间整定，其动作时间整定为

$$t=t_b+2\Delta t \tag{9-12}$$

式中　t_b——母线连接元件的最长后备保护动作时间；

Δt——保护配合的时间级差。

二、双母线固定连接的电流差动保护整定计算

对双母线固定连接方式，可看作两个单母线差动保护，此时每段母线的差动保护可看作选择元件如图9-3中的KD1和KD2，另外增加一个总差元件作为双母线故障的启动元件，见图中的KD3。

① 差电流启动元件的动作电流仍按躲过外部故障时差回路的最大不平衡电

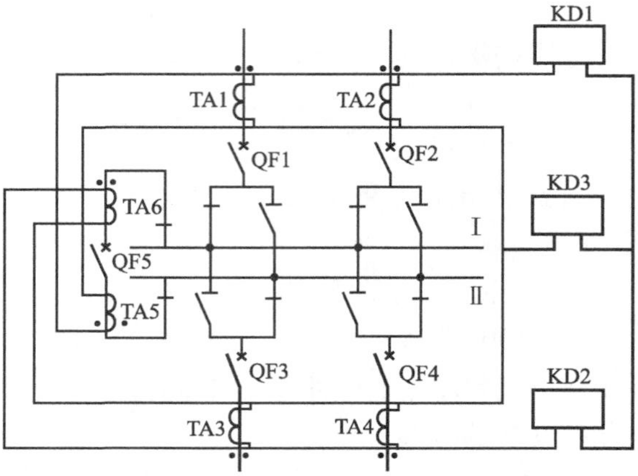

图 9-3　完全电流母线差动保护原理接线

流整定，此时应按双母线上所有连接元件中最大的外部短路电流计算不平衡电流。计算公式仍为

$$I_{r.set}=0.1K_{rel}K_{st}K_{ap}I_{k.max}/n_{TA} \tag{9-13}$$

式中各符号意义与式(9-6) 相同。

② 选择元件的动作电流仍按躲过外部故障时差回路的最大不平衡电流整定，但此时应选择双母线另一母线短路时流过母联断路器的最大短路电流计算不平衡电流。计算公式同式(9-13)。

③ 其他元件的定值计算和灵敏度计算与单母线电流差动保护相同。

三、电流比相式母线差动保护整定计算

通过比较母线所有连接元件的相位可以区分母线内部故障和外部故障。对单母线接线，可将母线所有连接元件参加相位比较，在微机保护中常把电流转换为电压进行比相，比相原理不再赘述。对双母线接线则可看作两个单母线接线的差动保护，每组母线的所有连接元件（包括母联）进行比相。电流比相式母线保护通常由比相元件、电压闭锁元件、电流回路断线闭锁元件构成。

（1）比相元件整定

比相元件的整定就是确定其闭锁角，与高频相差保护闭锁角整定原理相同，对母线保护而言，其闭锁角应躲过母线外部故障时产生的最大角误差，角误差包括电流互感器、变换器，保护装置等引起的电流相位误差，闭锁角一般取 55°～60°。

（2）电压闭锁元件

相应元件的整定同单母线电流差动保护的式(9-8)～式(9-10)。

（3）电流回路断线闭锁元件整定

保护电流元件和时间整定同式(9-11)、式(9-12)。

第十章　微机型线路保护的整定计算

第一节　整定计算原则

相间距离保护的整定计算与前述章节相同，这里不再赘述，以下对微机型三段式接地距离保护整定计算原则进行分析。

一、接地距离Ⅰ段

（1）联络线

$$Z_{set}^{I}=K_{rel}Z_1=0.7Z_1 \tag{10-1}$$

式中　Z_{set}^{I}——接地距离Ⅰ段定值；

Z_1——被整定线路正序阻抗；

K_{rel}——可靠系数。

保护动作时间：0s。

（2）馈线电源侧

① 所带变压器大于一台：整定计算同联络线，保护范围不超过本线路。

② 仅带一台变压器，保护视为线路变压器组

$$Z_{set}^{I}=K_{rel1}Z_1+K_{rel2}Z_T=0.8Z_1+0.7Z_T \tag{10-2}$$

式中　Z_T——变压器阻抗。

保护动作时间：0s。

二、接地距离Ⅱ段

（1）灵敏度要求

50km以下线路，灵敏度不小于1.5；

50～200km线路，灵敏度不小于1.4；

200km以上线路，灵敏度不小于1.3。

（2）联络线计算方法

① 首先与相邻线路接地Ⅰ段配合：

$$Z_{set}^{Ⅱ}=K_{rel}(Z_1+K_bZ_{set.n}^{Ⅰ})=0.8(Z_1+K_bZ_{set.n}^{Ⅰ}) \tag{10-3}$$

式中 K_b——分支系数；

$Z_{set.n}^{Ⅰ}$——相邻元件距离Ⅰ段定值；

Z_1——被整定线路正序阻抗。

分支系数定义为相邻线末故障，$K_b=\frac{相邻线路故障电流}{本线路故障电流}$，选用正序分支系数和零序分支系数中的小者。

动作时间：0.5s。

② 与相邻线路接地距离Ⅰ段配合不满足灵敏度要求时（按上述灵敏度要求），考虑与相邻线路纵联保护配合（有纵联保护时）：

$$Z_{set}^{Ⅱ}=K_{rel}(Z_1+K_bZ_{1n})=0.8(Z_1+K_bZ_{1n}) \tag{10-4}$$

式中 Z_{1n}——相邻元件正序阻抗。

动作时间：1s。

③ 与相邻线路纵联保护配合仍不满足灵敏度要求时，考虑与相邻线路接地距离Ⅱ段配合：

$$Z_{set}^{Ⅱ}=K_{rel}(Z_1+K_bZ_{set.n}^{Ⅱ})=0.8(Z_1+K_bZ_{set.n}^{Ⅱ}) \tag{10-5}$$

式中 $Z_{set.n}^{Ⅱ}$——相邻元件接地距离Ⅱ段定值。

动作时间：相邻线路接地距离Ⅱ段时间$+\Delta t$。

Δt 为时间级差，一般取 0.5s，如不好配合，可选用 0.4s。

④ 与相邻线路接地距离Ⅱ段配合不满足灵敏度要求，考虑按灵敏度反算动作值：

$$Z_{set}^{Ⅱ}=K_{sen}Z_1 \tag{10-6}$$

式中 K_{sen}——灵敏度系数。

动作时间：相邻线路接地距离Ⅱ段时间$+\Delta t$。

⑤ 按以上方法整定都不能满足配合要求时，可按需要指定接地距离Ⅱ段的定值，但需指明不配合的情况（绝对不配合点）。

⑥ 保护范围校验

a. 定值是否能躲过变压器另一侧三相短路

$$Z_{set}^{Ⅱ}\leqslant 0.8Z_1+0.7K_{b1}Z_T \tag{10-7}$$

式中 Z_1——被整定线路正序阻抗；

K_{b1}——正序分支系数；

Z_T——变压器阻抗。

如果不满足上述条件，应对变压器另一侧后备保护或出线保护提出相应要求。

b. 定值是否能躲过变压器另一侧两相接地短路

$$Z_{\text{set}}^{\text{II}} \leqslant 0.7 \frac{a^2 U_1 + aU_2 + U_0}{a^2 I_1 + aI_2 + (1+3K) I_0} \tag{10-8}$$

式中 U_1，U_2，U_0，I_1，I_2，I_0——变压器另一侧母线单相故障时，保护安装处测得的各相序电压和电流；

a——旋转因子，$a = e^{j120°}$；

K——零序补偿系数。

如果不满足上述条件，应对变压器另一侧后备保护或出线保护提出相应要求。

c. 定值是否能躲过变压器另一侧单相接地短路

$$Z_{\text{set}}^{\text{II}} \leqslant 0.7 \frac{E + 2U_2 + U_0}{2I_1 + (1+3K) I_0} \tag{10-9}$$

式中 E——发电机等值电势，取额定值。

如果不满足上述条件，应对变压器另一侧后备保护或出线保护提出相应要求。

（3）馈线电源侧计算方法

① 躲过对侧变压器另一侧三相短路

$$Z_{\text{set}}^{\text{II}} \leqslant 0.8 Z_1 + 0.7 K_{\text{b1}} Z_{\text{T}} \tag{10-10}$$

② 躲过变压器另一侧两相接地短路，计算公式同式(10-8)。

③ 躲过变压器另一侧单相接地短路，计算公式同式(10-9)。

定值取以上三种方法计算出来的最小值，时间取 0.5s。

三、接地距离Ⅲ段

（1）灵敏度要求

50km 以下，不小于 2.0；

50km 及以上，不小于 1.8。

（2）联络线计算方法

① 与相邻线路接地距离Ⅱ段配合：

$$Z_{\text{set}}^{\text{III}} = K_{\text{rel}}(Z_1 + K_{\text{b}} Z_{\text{set.n}}^{\text{II}}) = 0.8(Z_1 + K_{\text{b}} Z_{\text{set.n}}^{\text{II}}) \tag{10-11}$$

式中 $Z_{\text{set}}^{\text{III}}$——本线路距离Ⅲ段定值；

$Z_{\text{set.n}}^{\text{II}}$——相邻线路距离Ⅱ段定值。

K_{b} 为分支系数，定义为相邻线末故障，$K_{\text{b}} = \frac{\text{相邻线路故障电流}}{\text{本线路故障电流}}$，选用正序分支系数和零序分支系数中的小者。

动作时间：相邻线路接地距离Ⅱ段时间$+\Delta t$，Δt 为时间级差，一般取0.5s，如不好配合，可选用0.4s。

② 与相邻线路接地距离Ⅱ段配合不满足配合要求时，考虑和相邻线路接地距离Ⅲ段配合：

$$Z_{set}^{Ⅲ}=K_{rel}(Z_1+K_bZ_{set.n}^{Ⅲ})=0.8(Z_1+K_bZ_{set.n}^{Ⅲ}) \tag{10-12}$$

式中 $Z_{set}^{Ⅲ}$——本线路距离Ⅲ段定值；

$Z_{set.n}^{Ⅲ}$——相邻线路距离Ⅲ段定值。

动作时间：相邻线路接地距离Ⅲ段时间$+\Delta t$。

③ 与相邻线路接地距离Ⅲ段配合不满足灵敏度要求时，考虑按灵敏度确定动作值：

$$Z_{set}^{Ⅲ}=K_{sen}Z_1 \tag{10-13}$$

式中 K_{sen}——灵敏度系数。

动作时间：相邻线路接地距离Ⅲ段时间$+\Delta t$。

(3) 馈线电源侧计算方法

按灵敏度计算动作值，要求大于同线路Ⅱ段的动作阻抗：

$$Z_{set}^{Ⅲ}=K_{sen}Z_1 \tag{10-14}$$

(4) 校验是否伸出变压器另一侧

检验要求与接地距离Ⅱ段中的保护范围校验方式相同。

第二节 距离保护的整定计算算例

本节以南瑞继保公司 LFP-902A 超高压线路成套快速保护装置为例，简要说明装置整定的实现。保护装置定值清单如下。

一、定值清单

(1) 管理板整定值

序 号	额定值名称	额定值符号	取值
1	额定电流	I_N	5(1)A
2	额定电压	U_N	100V
3	额定频率	f	50Hz

注：整定范围按额定电流 I_N 为 5A 给出，括号中是对应于 I_N 为 1A 的整定范围。

管理板定值

序号	名　　称	符号	整定范围
1	零序过流启动值	$I_{0set.s}$	0.5～2.5A(0.1～0.5A)
2	线路编号	LINE	根据实际编号
3	通信地址	Addr	0～254
4	运行方式控制字:PRN为“1”时自动打印故障报告		

(2) 方向保护定值单

序号	名　　称	符号	整定范围
1	工频变化量阻抗	DZ_{se}	0.1～10Ω(0.5～50Ω)
2	超范围工频变化量阻抗	DZ_{se}	0.5～30Ω(2.5～150Ω)
3	四边形距离组件阻抗	Z_{zsetF}	0.5～30Ω(2.5～150Ω)
4	四边形距离组件电阻	R_{zset}	5～20Ω(25～100Ω)
5	接地阻抗零序补偿系数	K	0～2
6	零序启动电流	$I_{0set.s}$	0.5～2.5A(0.1～0.5A)
7	零序过流Ⅱ段定值	I_{0set}^{II}	0.5～100A(0.1～20A)
8	零序过流Ⅲ段定值	I_{0set}^{III}	
9	零序方向比较过流定值	I_{0setF}	
10	合闸于故障线零序定值	I_{0setcF}	
11	TV断线时相电流定值	I_{TVset}	
12	TV断线时零序过流定值	I_{0TVset}	
13	零序过流Ⅱ段动作时间	T_{0set}^{II}	0.01～10s
14	零序过流Ⅲ段动作时间	T_{0set}^{III}	
15	TV断线时过流时间	T_{TV}	

控制字SW

位	符号	作用(置“1”有效)	默认值
1	L03F	零序过流Ⅲ段经方向判别	1
2	DZF	超范围阻抗方向高频保护投入	1
3	F0	零序方向高频保护投入	1
4	DT	若DT投入,跳闸前,Ⅲ段动作时间$=T_{0set}^{\mathrm{III}}$跳闸后,Ⅲ段动作时间$=T_{0set}^{\mathrm{III}}-0.5s$	1
5	GST	三跳方式	0
6	L02ST	零序Ⅱ段三跳,并闭锁重合	0
7	BCPP	多相故障闭锁重合闸	1
8	PM	允许式信道,否则为闭锁式	1
9	RD	弱电源保护投入	0

(3) 距离保护定值单

序号	定值名称	定值符号	整定范围
1	距离Ⅰ段	Z_{set}^{I}	0.01～10Ω(0.05～50Ω)
2	接地距离Ⅱ段	$Z_{set.g}^{II}$	0.01～25Ω(0.05～125Ω)
3	接地距离Ⅲ段	$Z_{set.g}^{III}$	
4	相间距离Ⅱ段	Z_{set}^{II}	
5	相间距离Ⅲ段	Z_{set}^{III}	
6	接地阻抗零序补偿系数	K	0～2
7	正序灵敏角	P_{S1}	55°～85°
8	零序灵敏角	P_{S0}	
9	零序启动电流	$I_{0set.s}$	0.5～2.5A(0.1～0.5A)
10	振荡闭锁过流组件	$I_{Lset.s}$	4A～11A(0.8～2.2A)
11	接地距离Ⅱ段动作时间	$T_{set.G}^{II}$	0.01～10s
12	接地距离Ⅲ段动作时间	$T_{set.G}^{III}$	
13	相间距离Ⅱ段动作时间	T_{set}^{II}	
14	相间距离Ⅲ段动作时间	T_{set}^{III}	
15	单相重合闸时间	T_{d}	0°～90°
16	三相重合闸时间	T_{s}	
17	同期合闸角	D_{gch}	
18	接地距离偏移角	D_{g1}	0°、15°、30°、45°
19	相间距离偏移角	D_{g2}	0°、15°、30°

控制字 SW

位	符号	作用(置"1"有效)	默认值
1	GST	三跳方式	0
2	Z2CF	三重加速Ⅱ段	0
3	Z3CF	三重加速Ⅲ段	0
4	ZB	振荡闭锁投入	1
5	Z2ST	Ⅱ段接地距离动作三跳	0
6	ZP12	投Ⅰ、Ⅱ段接地距离	1
7	ZP3	投Ⅲ段接地距离	1
8	ZPP3	投Ⅲ段相间距离	1
9	CH	投重合闸	0
10	TQ	检同期	0
11	UL	检无压,注意同期需另置投入	1
12	KC	不检,直接重合	0

续表

位	符号	作用(置“1”有效)	默认值
13	BDYCH	不对应启动重合闸投入	1
14	B2Zpp	相间距离Ⅱ段闭锁重合	1
15	B2Zp	接地距离Ⅱ段闭锁重合	0
16	BHB	后备跳闸闭锁重合	1
17	BP0	非全相运行再故障闭锁重合	1
18	BCPP	两相以上故障闭锁重合	1
19	BCS	三相短路闭锁重合	1

（4）故障测距整定单

序号	定值名称	定值符号	整定范围
1 2	全线路正序电抗 全线路正序电阻	X_L R_L	(Ω)
3 4	全线路正序电抗 全线路正序电阻	X_{L0} R_{L0}	(Ω)
5	线路长度	L	0.2～500km

二、各定值项整定计算的实现

在 LFP-902A 的保护装置中，除了管理板定值中的额定参数作为装置量由人工给定，各保护中的控制字作为离散量由人工给定缺省值。此外，其他所有的定值项目都将作为共性量来进行整定计算，其中用到了如下的共性量。

（1）零序启动电流 $I_{0set.s}$

按躲稳态最大零序不平衡电流及切 300Ω 高阻整定，一次值取 250A。

（2）工频变化量阻抗 DZ_{set}

对于超短线（10km 以下），停用；

对于短线（10～50km），按全线路阻抗 0.7 倍整定；

对于中长线（50～200km），按全线路阻抗 0.75 倍整定；

对于长线（200km 以上），按全线路阻抗 0.8 倍整定。

（3）超范围工频变化量阻抗 DZ_{setF}

对于超短线（10km 以下），按全线路阻抗 3.5 倍整定；

对于短线（10～50km），按全线路阻抗 3.0 倍整定；

对于中长线（50～200km），按全线路阻抗 2.0 倍整定；

对于长线（200km 以上），按全线路阻抗 1.5 倍整定。

(4) 四边形距离元件阻抗 Z_{zsetF}

对于超短线(10km 以下),按全线路阻抗 3.0 倍整定;

对于短线(10~50km),按全线路阻抗 2.5 倍整定;

对于中长线(50~200km),按全线路阻抗 1.5 倍整定;

对于长线(200km 以上),按全线路阻抗 1.3 倍整定。

(5) 四边形距离元件电阻 R_{zset} 按躲最小事故负荷阻抗整定。

(6) 接地阻抗零序补偿系数 K 取 $\dfrac{0.95\left(Z_0-\dfrac{Z_{m0}^2}{Z_0'}\right)-Z_1}{3Z_1}$。

式中,Z_{m0} 为线路与其他线路互感的最大值;Z_0' 为对应于 Z_{m0} 的线路的零序阻抗。

(7) 零序过流Ⅱ段定值 I_{0set}^{II} 停用。

(8) 零序过流Ⅲ段定值 I_{0set}^{III} 停用。

(9) 零序方向比较过流定值 I_{0setF} 取 500A。

(10) 合闸于故障线零序过流定值 I_{0setcF}

对于超短线(10km 以下),按线末故障有 2 倍灵敏度整定;

对于短线(10~50km),按线末故障有 2 倍灵敏度整定;

对于中长线(50~200km),按线末故障有 1.8 倍灵敏度整定;

对于长线(200km 以上),按线末故障有 1.6 倍灵敏度整定。

(11) TV 断线时相电流定值 I_{TVset}(躲最大事故负荷电流),可靠系数取 1.3。

(12) TV 断线时零序过流定值 I_{TV0set}

对于超短线(10km 以下),按线末故障有 1.5 倍灵敏度整定;

对于短线(10~50km),按线末故障有 1.5 倍灵敏度整定;

对于中长线(50~200km),按线末故障有 1.4 倍灵敏度整定;

对于长线(200km 以上),按线末故障有 1.3 倍灵敏度整定;

此值一次值不能小于 500A(对 500kV),若小于 500A,则按 500A 整定(正常方式)。

(13) 零序过流Ⅱ段动作时间 T_{0set}^{II} 停用。

(14) 零序过流Ⅲ段动作时间 T_{0set}^{III} 停用。

(15) TV 断线时过流延时 T_{TVset} 取 $2\Delta t=0.8$s。

(16) 距离Ⅰ段 Z_{set}^{I} 距离继电器Ⅰ段整定值,相间和接地距离Ⅰ段取同一个定值。

(17) 接地距离Ⅱ段 Z_{setG}^{II} 为接地距离Ⅱ段阻抗整定值。

(18) 接地距离Ⅲ段 Z_{setG}^{III} 为接地距离Ⅲ段阻抗整定值。

(19) 相间距离Ⅱ段 $Z_{set}^{Ⅱ}$ 为相间距离Ⅱ段阻抗整定值。
(20) 相间距离Ⅲ段 $Z_{set}^{Ⅲ}$ 为相间距离Ⅲ段阻抗整定值。
(21) 正序灵敏角 P_{S1} 按线路正序阻抗角整定。
(22) 零序灵敏角 P_{S0} 按线路零序阻抗角整定。
(23) 振荡闭锁过流元件 $I_{Lset.s}$ 整定原则同 TV 断线时相电流定值 I_{TVset}。
(24) 接地距离Ⅱ段动作时间 $T_{set.G}^{Ⅱ}$ 为接地距离保护Ⅱ段延时整定值。
(25) 接地距离Ⅲ段动作时间 $T_{set.G}^{Ⅲ}$ 为接地距离保护Ⅲ段延时整定值。
(26) 相间距离Ⅱ段动作时间 $T_{set}^{Ⅱ}$ 为相间距离保护Ⅱ段延时整定值。
(27) 相间距离Ⅲ段动作时间 $T_{set}^{Ⅲ}$ 为相间距离保护Ⅲ段延时整定值。
(28) 单相重合闸时间 T_d：先合 0.8s，后合 0.8+0.4=1.2s。
(29) 三相重合闸时间 T_s 取“最大值”。
(30) 同期合闸角 D_{gch} 取 0。
(31) 接地距离偏移角 D_{g1}
线路长度>60km，整定为 0°；
线路长度≥40km，整定为 15°；
线路长度≥2km，整定为 30°；
线路长度<2 km，整定为 45°。
(32) 相间距离偏移角 D_{g2}
线路长度>10km，整定为 0°；
线路长度≥2km，整定为 15°；
线路长度<2km，整定为 30°。

第十一章 微机型变压器保护的整定计算

第一节 保护整定原理

一、比率制动特性的变压器纵差保护

由于微机保护中后备保护整定计算与常规保护没有本质的区别，这里主要对变压器差动保护进行分析。

对变压器常规保护而言，由于变压器各侧绕组的接线组别通常都是不同的，因此差动保护接线中，需要调整电流互感器二次电流相位，即星形侧的电流互感器二次侧接成三角形，而三角形侧电流互感器二次侧接成星形，以实现各侧二次电流的平衡，尽可能减小进入差回路的不平衡电流。

微机保护中，差动保护各侧电流平衡补偿由软件完成，中低压侧电流平衡均以高压侧为基准。变压器各侧 TA 二次电流相位也由软件自动校正，即变压器各侧 TA 二次回路都应接成 Y 型，这样简化了 TA 二次接线，增加了可靠性，易于实现 TA 二次断线的准确可靠判别，同时对减小电流互感器的二次负荷和改善电流互感器的工作性能有很大好处。微机变压器保护二次电流接线见图 11-1。

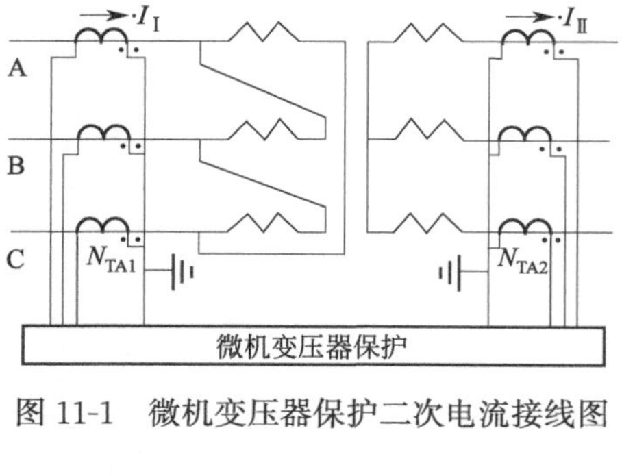

图 11-1 微机变压器保护二次电流接线图

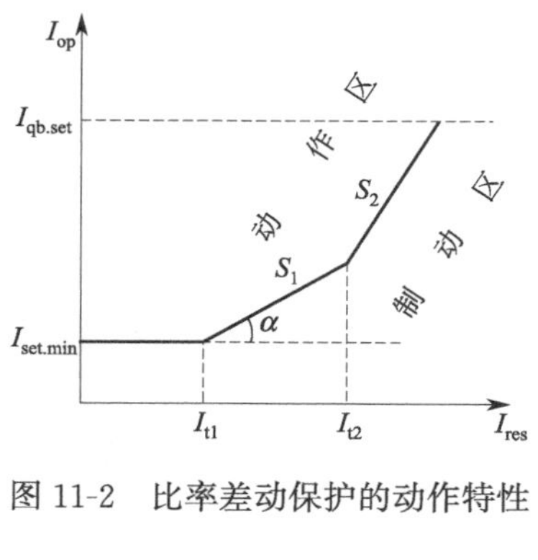

图 11-2 比率差动保护的动作特性

比率差动保护的动作特性如图 11-2 所示，比率制动特性差动保护能可靠躲过外部故障发生时的不平衡电流，在内部故障发生时有很高的灵敏度。图 11-2 中 I_{op} 为动作电流，I_{res} 为制动电流，$I_{set.min}$ 为差动电流最小启动值，S_1、S_2

为比率制动特性曲线的斜率。如图为三段折线式比率制动差动保护，在短路电流较小时，电流互感器不饱和或饱和程度较轻，相应不平衡电流较小，斜率可取较小值；随着外部短路电流增大，电流互感器饱和严重，差动回路不平衡电流显著增加，第三段折线取较大斜率。若取 $S_1=S_2$，即为两段折线比率制动特性，此时可近似取斜率等于制动系数 K，动作特性用动作方程来描述时，动作区的表示式如下。

两段折线时动作方程：

$$I_{op}\geqslant I_{set.min}\quad（当 I_{res}\leqslant I_{t1} 时）$$
$$I_{op}\geqslant I_{set.min}+K(I_{res}-I_{t1})\quad（当 I_{res}>I_{t1} 时）\tag{11-1}$$

三段折线时动作方程为

$$I_{op}\geqslant I_{set.min}\quad(I_{res}\leqslant I_{t1})$$
$$I_{op}\geqslant I_{set.min}+S_1(I_{res}-I_{t1})\quad(I_{t2}\geqslant I_{res}>I_{t1})$$
$$I_{op}\geqslant I_{set.min}+S_1(I_{t2}-I_{t1})+S_2(I_{res}-I_{t2})\quad(I_{res}>I_{t2})\tag{11-2}$$

制动特性上方为动作区，下方为不动作区（也称制动区），图 11-2 中，I_{t1}、I_{t2} 为制动特性的拐点电流。

对比率制动特性而言，当制动电流很大时，保护动作电流将迅速增加；在变压器内部严重故障时，由于电流互感器的饱和等可能延长故障切除时间。设置差动电流速断可以在差电流超过一定值后（$I_{qb.set}$）保护直接动作，保证在变压器内部发生严重故障时快速切除故障变压器。

二、微机变压器保护整定计算步骤

（1）选择差动保护接线方式（根据各厂家产品说明确定）。

（2）计算一次额定电流 $I_{1N.i}$

$$I_{1N.i}=\frac{S_{TN}}{\sqrt{3}U_{N.i}}\tag{11-3}$$

式中 S_{TN}——变压器额定容量；

$I_{1N.i}$——变压器对应电压侧额定电流；

$U_{N.i}$——变压器对应计算侧的额定电压。

（3）选择各侧电流互感器变比，计算二次额定电流 $I_{2N.i}$

$$I_{2N.i}=\frac{I_{1N.i}}{n_{TA.i}}\tag{11-4}$$

式中 $n_{TA.i}$——变压器对应侧的电流互感器变比。

（4）计算电流平衡系数 $K_{b.i}$

以高压侧额定二次电流为基准

$$K_{b.i}=\frac{I_{2N.h}}{I_{2N.i}}K_{con.i}=\frac{U_{N.i}n_{TA.i}}{U_{N.h}n_{TA.h}}K_{con.i}\tag{11-5}$$

式中　$U_{N.i}$，$U_{N.h}$——分别为计算侧和高压侧额定电压；

$n_{TA.i}$，$n_{TA.h}$——分别为计算侧和高压侧电流互感器变比；

$K_{con.i}$——对应侧接线系数。若保护内部对高、中压侧（Y 侧）电流二次接线进行了调整（$\dot{I}_a-\dot{I}_b$），幅值在内部相应扩大$\sqrt{3}$倍，因此低压侧相对应，在确定平衡系数时乘以接线系数$\sqrt{3}$，中压侧直接取 1。若产品注明内部通过软件进行幅值的平衡，即仅进行角度移相，各式可直接取 1 或不考虑接线系数。

（5）计算差动电流速断保护定值

差动电流速断保护的动作电流应躲过变压器空载投入时的励磁涌流和外部故障的最大不平衡电流：

$$I_{qb.set}=KI_{2N.h} \tag{11-6}$$

$$I_{qb.set}=K_{rel}I_{unb.max} \tag{11-7}$$

式中　K——动作电流倍数，根据变压器容量确定，根据实际经验取 3～12，变压器容量越大，系统阻抗越小时，K 相应取较小值；

$I_{2N.h}$——变压器高压侧额定二次电流；

K_{rel}——可靠系数，取 $K_{rel}=1.3$～1.5；

$I_{unb.max}$——变压器外部故障的最大不平衡电流。

取上述两式中较大值为整定值。

双绕组变压器最大不平衡电流的计算可按下式

$$I_{unb.max}=(K_{unp}K_{st}\Delta f_T+\Delta U+\Delta f_{ca})\frac{I_{k.max}}{n_{TA.h}} \tag{11-8}$$

式中　$I_{k.max}$——归算到高压侧的最大外部短路电流周期分量；

Δf_T——电流互感器相对误差，取 $\Delta f_T=0.1$；

K_{unp}——非周期分量系数；

K_{st}——电流互感器同型系数；

$n_{TA.h}$——高压侧电流互感器变比。

三绕组变压器不平衡电流计算见第六章。

（6）制动特性整定

① 最小动作电流

即没有制动特性时的继电器最小动作电流：

$$I_{set.min}=K_{rel}I_{unb.r} \tag{11-9}$$

式中　$I_{unb.r}$——变压器正常运行时差回路的不平衡电流；

K_{rel}——可靠系数，取 $K_{rel}=1.2$～1.5，对双绕组变压器取 1.2～1.3；对三绕组变压器取 1.4～1.5。

② 制动特性拐点电流

$$I_{t1}=(0.5\sim1)I_{2N.h}=(0.5\sim1)\frac{I_{1N.h}}{n_{TA.h}} \tag{11-10}$$

$$I_{t2}=(0.5\sim3)I_{2N.h}=(0.5\sim3)\frac{I_{1N.h}}{n_{TA.h}} \tag{11-11}$$

两段折线时，$I_{t1}=I_{t2}$，即 I_{t1}、I_{t2} 整定为同一点。

具体值可根据变压器的容量以及厂家说明书确定。

③ 最大制动系数

最大制动系数可按下式计算

$$K_{res.set}=K_{rel}(K_{st}K_{unp}\Delta f_T+\Delta U+\Delta f_{ca}) \tag{11-12}$$

式中　K_{rel}——可靠系数，取 1.3～1.5；

K_{st}——同型系数；

K_{unp}——非周期分量系数；

Δf_T——电流互感器 10%误差；

ΔU——变压器调压范围，取可调范围的一半；

Δf_{ca}——微机保护中电流平衡调整不连续性造成的二次差回路电流误差，与常规保护相同，可取 0.05 进行计算。

(7) 确定谐波制动比

为可靠防止励磁涌流时保护误动，根据经验，当任一相二次谐波与基波电流之比大于 15%～20%时，三相差动保护被闭锁，可根据经验调整比例系数。

二次谐波制动采用或门制动方式，即 A、B、C 三相中有一相满足制动条件，则闭锁差动保护出口。

(8) 差动保护灵敏度计算

① 比率制动部分灵敏度计算

在最小运行方式下，计算保护区两相金属性短路时的最小短路电流和相应的制动电流（归算至基本侧），根据制动电流大小求得实际的动作电流。

$$K_{sen}=\frac{I_{k.min}}{I_{set}} \tag{11-13}$$

要求 $K_{sen}\geqslant2$。

② 差动电流速断保护灵敏度

在正常运行方式下，保护区内两相金属性短路时的短路电流和差动电流速断保护整定值之比，电流归算至基本侧。

$$K_{sen}=\frac{I_{k.min}}{I_{qb.set}} \tag{11-14}$$

图 11-3 为三绕组变压器典型应用接线图。

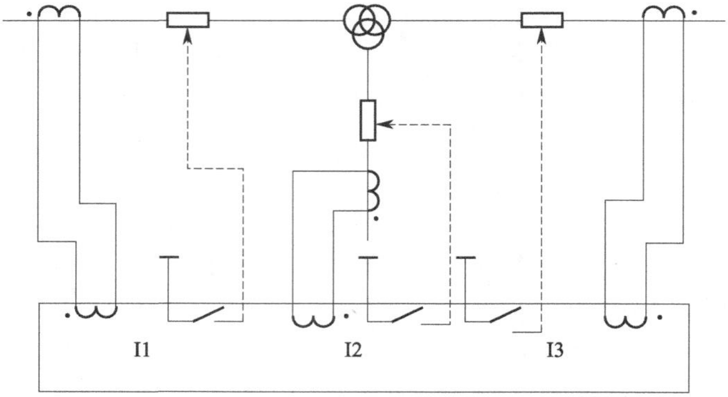

图 11-3　三绕组变压器典型应用接线图

(9) 后备保护整定计算

微机保护中各侧均可采用复合电压闭锁过流保护，即由接于相间电压上的低电压继电器和接于负序电压上的负序电压继电器组成电压闭锁元件，与电流元件构成与门输出，由于装设有负序继电器，故在后备保护范围内发生不对称短路时，负序电压元件的灵敏度不受变压器接线方式的影响，装设于相间电压上的低电压继电器则主要反映三相短路时的母线残压。实际应用中可通过软件设置只采用过电流元件。

后备保护整定计算略。

第二节　微机变压器保护的整定计算算例

【算例 11-1】 已知变压器参数如下：额定容量为 31.5/31.5/31.5MV·A；变压器电压比 110±4×2.5%/38.5±2×2.5%/11kV；高压侧 TA 变比：200/5；中压侧 TA 变比：500/5；低压侧 TA 变比：2000/5。变压器接线形式：Y_0/Y/△-12-11，TA 接线均为星形。根据以上参数，对其差动保护进行整定。

解：

(1) 计算一次额定电流（高、中、低三侧一次额定电流值）

$$I_{1N.h}=\frac{S_{TN}}{\sqrt{3}U_{N.h}}=\frac{31.5\times10^3}{\sqrt{3}\times110}=165.33(A)$$

$$I_{1N.m}=\frac{S_{TN}}{\sqrt{3}U_{N.m}}=\frac{31.5\times10^3}{\sqrt{3}\times38.5}=472.50(A)$$

$$I_{1N.l}=\frac{S_{TN}}{\sqrt{3}U_{N.l}}=\frac{31.5\times10^3}{\sqrt{3}\times11}=1653.3(A)$$

（2）根据题目给定电流互感器变比，计算各侧电流互感器二次电流额定值

$$I_{2N.h}=\frac{I_{1N.h}}{n_{TA.h}}=\frac{165.33}{40}=4.133(A)$$

$$I_{2N.m}=\frac{I_{1N.m}}{n_{TA.m}}=\frac{472.50}{100}=4.725(A)$$

$$I_{2N.l}=\frac{I_{1N.l}}{n_{TA.l}}=\frac{1653.3}{400}=4.133(A)$$

（3）最小动作电流的计算

$$\begin{aligned}I_{set.min}&=K_{rel}(K_{st}K_{unp}\Delta f_{T}+\Delta U+\Delta f_{ca})I_{2N.h}\\&=(0.2\sim0.5)\times4.133=0.827\sim2.067(A)\end{aligned}$$

式中　$I_{2N.h}$——输入装置的额定电流，以高压侧为基准计算。

（4）比率制动系数的计算

$$K=K_{rel}(K_{st}K_{unp}\Delta f_{T}+\Delta U+\Delta f_{ca})=1.5(0.1+0.1+0.05)=0.375$$

取0.4，厂家一般给定范围0.3～0.5。

（5）二次谐波制动系数的确定

$$K_{2}=0.17$$

厂家给定的范围一般为0.15～0.20，可根据运行经验选择。

（6）差动电流速断保护定值的确定

$$I_{qb.set}=KI_{2N.h}=7\times4.133=29(A)$$

根据经验，容量越大倍数相应减小，40MV·A不超过7，31.5 MV·A不超过8；20MV·A以下取10。

（7）平衡系数的计算

$$K_{b.m}=\frac{I_{2N.h}}{I_{2N.m}}=\frac{4.133}{4.725}=0.875$$

$$K_{b.l}=\frac{I_{2N.h}}{I_{2N.l}}K_{con.l}=\frac{4.133}{4.133}\times\sqrt{3}=1.732$$

认为保护在内部对高、中压侧电流接线进行了调整（$\dot{I}_{a}-\dot{I}_{b}$），幅值在内部也相应扩大$\sqrt{3}$倍，因此中压侧的接线系数$K_{con.l}$直接取1。低压侧绕组为三角形接线，在确定平衡系数时其接线系数$K_{con.l}$取$\sqrt{3}$。若商家在产品说明中注明内部通过软件进行幅值的平衡，则低压侧接线系数取1。

【算例 11-2】 已知变压器参数如下：主变型号为SFPSZ$_7$-180000/220，YNyd11接线；变压器额定电压为220±8×1.25%/121/10.5kV；对差动保护进行整定，其他条件如下。

（1）接线形式：Y_0/Y/△-12-11。

（2）电流互感器均接成星形；高压侧 TA 变比：600/5；中压侧 TA 变比：1200/5；低压侧 TA 变比：4000/5。

（3）保护装置内部软件进行幅值和相位调整。

解：

（1）变压器各侧额定电流计算

$$I_{1N.h}=\frac{S_{TN}}{\sqrt{3}U_{N.h}}=\frac{180\times10^3}{\sqrt{3}\times220}=472.38(A)$$

$$I_{1N.m}=\frac{S_{TN}}{\sqrt{3}U_{N.m}}=\frac{180\times10^3}{\sqrt{3}\times121}=858.87(A)$$

$$I_{1N.l}=\frac{S_{TN}}{\sqrt{3}U_{N.l}}=\frac{180\times10^3}{\sqrt{3}\times10.5}=9897.43(A)$$

（2）计算各侧电流互感器二次电流额定值

根据给定电流互感器变比得到：

$$I_{2N.h}=\frac{I_{1N.h}}{n_{TA.h}}=\frac{472.38}{120}=3.937(A)$$

$$I_{2N.m}=\frac{I_{1N.m}}{n_{TA.m}}=\frac{858.87}{240}=3.579(A)$$

$$I_{2N.l}=\frac{I_{1N.l}}{n_{TA.l}}=\frac{9897.43}{800}=12.372(A)$$

（3）最小动作电流的计算

$$\begin{aligned}I_{set.min}&=K_{rel}(K_{st}K_{unp}\Delta f_T+\Delta U+\Delta f_{ca})I_{2N.h}\\&=(0.2\sim0.5)3.937=0.7874\sim1.9619(A)\end{aligned}$$

式中　$I_{2N.h}$——输入装置的额定电流，以高压侧为基准计算。

（4）比率制动系数的计算

$$K=K_{rel}(K_{st}K_{unp}\Delta f_T+\Delta U+\Delta f_{ca})=1.5(0.1+0.1+0.05)=0.375$$

取 0.4，厂家一般给定范围 0.3～0.5。

（5）二次谐波制动系数的确定

$$K_2=0.17$$

厂家给定的范围一般为 0.15～0.20，可根据运行经验选择。

（6）差动电流速断保护定值的确定

$$I_{qb.set}=KI_{2N.h}=4\times3.937=15.8(A)$$

根据经验，容量越大倍数相应减小，容量超过 120MV·A，K 取 2～5。

（7）平衡系数的计算

$$K_{b.m}=\frac{I_{2N.h}}{I_{2N.m}}=\frac{3.937}{3.579}=1.1$$

$$K_{b.1}=\frac{I_{2N.h}}{I_{2N.1}}=\frac{3.917}{12.372}=0.318$$

由于选型产品注明内部通过软件进行了幅值平衡，低压侧接线系数为 1。

【算例 11-3】 变压器额定容量为 40MV·A；电压比 110±4×2.5%/11kV；高压侧 TA 变比：300/5；低压侧 TA 变比：3000/5。变压器接线形式：$Y_0/\triangle$-11，TA 接线均接成星形。低压侧母线两相短路时，归算至高压侧的最小短路电流为 1470A，低压侧出线保护最长动作时限为 1.5s，根据以上参数，选用某公司微机保护产品，对该变压器保护进行整定计算。

解：

(1) 差动保护整定

① 变压器各侧额定电流计算

$$I_{1N.h}=\frac{S_{TN}}{\sqrt{3}U_{N.h}}=\frac{40\times10^3}{\sqrt{3}\times110}=210(A)$$

$$I_{1N.1}=\frac{S_{TN}}{\sqrt{3}U_{N.1}}=\frac{40\times10^3}{\sqrt{3}\times11}=2100(A)$$

② 计算各侧电流互感器二次电流额定值

根据给定电流互感器变比得到：

$$I_{2N.h}=\frac{I_{1N.h}}{n_{TA.h}}=\frac{210}{60}=3.5(A)$$

$$I_{2N.1}=\frac{I_{1N.1}}{n_{TA.1}}=\frac{2100}{600}=3.5(A)$$

③ 最小动作电流的计算

$$\begin{aligned}I_{set.min}&=K_{rel}(K_{st}K_{unp}\Delta f_T+\Delta U+\Delta f_{ca})I_{2N.h}\\&=(0.2\sim0.5)3.5=0.7\sim1.75(A)\end{aligned}$$

式中　$I_{2N.h}$——输入装置的额定电流，以高压侧为基准计算。

④ 比率制动系数的计算

$$K=K_{rel}(K_{st}K_{unp}\Delta f_T+\Delta U+\Delta f_{ca})=1.5(0.1+0.1+0.05)=0.375$$

取 0.4，厂家一般给定范围 0.3～0.5。

⑤ 二次谐波制动系数的确定

$$K_2=0.17$$

厂家给定的范围一般为 0.15～0.20，可根据运行经验选择。

⑥ 差动电流速断保护定值的确定

$$I_{qb.set}=KI_{2N.h}=5\times3.5=17.5(A)$$

根据经验，容量越大倍数相应减小，容量为 40MV·A，K 可取 3～6。

⑦ 平衡系数的计算

$$K_{b.1}=\frac{I_{2N.h}}{I_{2N.1}}=\frac{3.5}{3.5}=1$$

⑧ 确定拐点电流 I_t

拐点电流取 $I_t=(0.5\sim0.8)I_{2N.h}$，建议取 $0.7I_{2N.h}=2.45$A。

⑨ 差动电流速断保护灵敏度计算

主变低压侧两相短路时，流入继电器的电流为

$$I_r=\frac{I_{k.min}}{n_{TA}}=\frac{1470}{60}=24.5(\text{A})$$

$$K_{sen}=\frac{I_r}{I_{qb.set}}=\frac{24.5}{17.5}=1.4$$

满足要求。

⑩ 动作时间整定

比率差动、差动电流速断保护动作，均以 0s 跳主变各侧断路器。

(2) 瓦斯保护整定

本体重瓦斯 0.8～1.0s/m，0s 跳主变各侧。

有载重瓦斯 0.8～1.0s/m，0s 跳主变各侧。

(3) 后备保护整定

计算中变压器最大负荷电流无法确定时，可按各侧额定电流计算。

① 高压侧后备保护

过电流元件动作值 $I_{set.h}=K_{rel}\frac{I_{2N.h}}{K_{re}}=1.3\times\frac{3.5}{0.85}=5.35(\text{A})$

取 6A。

低电压元件动作值 $U_{set.h}=(0.6\sim0.7)U_{n.h}=60\sim70(\text{V})$

取 66V。

各侧电压互感器二次额定电压均为 100V。

负序电压元件动作值 $U_{2set.h}=(0.06\sim0.07)U_{n.h}=6\sim7(\text{V})$

取 6.6V。

② 低压侧后备保护

过电流元件动作值取 5.5A。

$$U_{set.1}=66(\text{V})$$

$$U_{2set.1}=6.6(\text{V})$$

③ 后备保护动作灵敏度

在变压器低压侧母线发生两相短路时，高压侧电流元件灵敏度为

$$K_{sen}=\frac{I_r}{I_{set.h}}=\frac{24.5}{6}=4.1$$

低压侧电流元件灵敏度为

$$K_{sen}=\frac{I_{r.1}}{I_{set.1}}=\frac{24.5}{5.5}=4.5$$

低压侧短路时，该侧电流互感器二次电流为 24.5A。远后备灵敏度以及低电压元件、负序电压元件由于没有给出相关数据，这里不再计算。

(4) 动作时间

根据题目，低压侧出线后备保护最长动作时限为 1.5s，微机保护的时间级差可取 0.3s。故各侧动作时间整定如下。

① 低压侧相间后备Ⅰ段时限 1.8s 跳母联或分段断路器，Ⅱ段时限 2.1s 跳主变低压侧断路器。

② 高压侧相间后备Ⅰ段时限 2.1s 跳低压母联或分段断路器，Ⅱ段时限 2.4s 跳变压器各侧断路器。

110kV 侧复合电压元件接两侧，10kV 侧复压元件接本侧。

【算例 11-4】 被保护设备名称：1 号变压器 $SFPSZ_9$-180000kV·A/220kV，采用某厂家的微机变压器保护。变压器额定电压为 230±8×1.25%/121/10.5kV，高中压侧有电源。采用三段折线式制动特性，给出本变压器微机保护的定值清单，已知低压侧内部故障时短路电流最小，其最小两相短路电流折算到高压侧为 1089A，$\Delta t=0.3s$。

解：

(1) 差动保护整定

① 变压器各侧额定电流计算

$$I_{1N.h}=\frac{S_{TN}}{\sqrt{3}U_{N.h}}=\frac{180\times10^3}{\sqrt{3}\times230}=452(A)$$

$$I_{1N.m}=\frac{S_{TN}}{\sqrt{3}U_{N.m}}=\frac{180\times10^3}{\sqrt{3}\times121}=858.87(A)$$

$$I_{1N.l}=\frac{S_{TN}}{\sqrt{3}U_{N.l}}=\frac{180\times10^3}{\sqrt{3}\times10.5}=9897.43(A)$$

主变各侧 TA 变比选择：220kV 为 600/5；110kV 为 1200/5；10kV 为 10000/5。

② 计算各侧电流互感器二次电流额定值

根据给定电流互感器变比得到：

$$I_{2N.h}=\frac{I_{1N.h}}{n_{TA.h}}=\frac{452}{120}=3.77(A)$$

$$I_{2N.m}=\frac{I_{1N.m}}{n_{TA.m}}=\frac{858.87}{240}=3.58(A)$$

$$I_{2N.l}=\frac{I_{1N.l}}{n_{TA.l}}=\frac{9897.43}{2000}=4.95(A)$$

③ 最小动作电流的计算

$$I_{set.min}=K_{rel}(K_{st}K_{unp}\Delta f_T+\Delta U+\Delta f_{ca})I_{2N.h}=(0.2\sim0.5)3.77=0.754\sim1.885(A)$$

式中　$I_{2N.h}$——输入保护装置的额定电流，以高压侧为基准计算。

④ 二次谐波制动系数的确定

$$K_2=0.175$$

厂家给定的范围一般为 0.15～0.20，可根据运行经验选择。

⑤ 差动电流速断保护定值的确定

$$I_{qb.set}=K_{rel1}I_{2N.h}=3.5\times3.77=13.2(A)$$

根据经验，容量越大倍数相应减小，容量超过 120MV·A，K_{rel1} 取 2～5。

⑥ 平衡系数的计算

$$K_{b.m}=\frac{I_{2N.h}}{I_{2N.m}}=\frac{3.77}{3.58}=1.05$$

$$K_{b.l}=\frac{I_{2N.h}}{I_{2N.l}}=\frac{3.77}{4.95}=0.762$$

⑦ 制动特性整定　对三段折线式制动特性，需确定两段制动曲线的斜率和确定两个拐点电流 I_{t1}、I_{t2}。

拐点电流有一个可调范围，即 $I_{t1}=(0.5\sim0.8)I_{2N.h}$，建议取 $I_{t1}=0.5I_{2N.h}=1.9(A)$。

I_{t2} 在 0.5～3 倍额定电流之间调整，这里取 $I_{t2}=3I_{2N.h}=11.3(A)$。

对三段折线，应确定斜率 S_1、S_2，这里选取 $S_1=0.35$，$S_2=0.7$。

若取 $I_{t1}=I_{t2}=0.8I_{2N.h}$，即为两段折线制动特性。

⑧ 动作时间整定　比率差动、差动电流速断保护动作，均以 0s 跳主变各侧断路器。

⑨ 差动电流速断保护灵敏度计算　主变低压侧两相短路，中压侧电源断开时，流入继电器的最小短路电流为

$$I_r=\frac{I_{k.min}}{n_{TA}}=\frac{1089}{60}=18.15(A)$$

$$K_{sen}=\frac{I_r}{I_{qb.set}}=\frac{18.15}{13.2}=1.375$$

中压侧有电源时，低压侧短路，流过差动保护的最小短路电流为 2.3kA。

显然保护灵敏度满足要求。

短路电流计算详见（3）后备保护灵敏度校验。

（2）相间短路后备保护整定

对于三绕组变压器，应在各侧分别装设复合电压闭锁的过电流保护。

① 高压侧后备保护

a. 电流元件整定　输入电流取自高压侧电流互感器。

按躲过变压器高压侧最大负荷电流计算：

$$I_{set.h}=\frac{K_{rel}}{K_{re}}I_{1N.h}=\frac{1.15}{0.85}\times452=611.5(A)$$

对于三绕组变压器，除参考额定电流条件外，还需考虑变压器后备保护之间的相互配合，即高压侧或电源侧保护定值应与其他侧配合，与中、低压侧配合如下。

首先确定中、低压侧一次动作电流

$$I_{set.m}=\frac{K_{rel}}{K_{re}}I_{1N.m}=\frac{1.15}{0.85}\times858.87=1162(A)$$

$$I_{set.l}=\frac{K_{rel}}{K_{re}}I_{1N.l}=\frac{1.15}{0.85}\times9897.43=13390(A)$$

$$I_{set.h}=K_{co}I_{set.m}\times\frac{121}{230}=1.2\times1162\times\frac{121}{230}=733.6(A)$$

$$I_{set.h}=K_{co}I_{set.l}\times\frac{10.5}{230}=1.2\times13390\times\frac{10.5}{230}=733.6(A)$$

取以上计算结果的最大值作为保护动作值，则高压侧电流元件动作电流为

$$I_{set.h.r}=\frac{I_{set.h}}{n_{TA.h}}=\frac{733.6}{120}=6.1(A)$$

b. 电压元件整定　高压侧复合电压元件接入中压侧电压。

对接在相间电压的低电压元件，其定值为

$$U_{set.h}=\frac{U_{N.min}}{K_{rel}K_{re}}=\frac{0.9}{1.25\times1.2}\times U_N=0.6U_N$$

二次动作值

$$U_{set.h.r}=\frac{U_{set.h}}{n_{TV}}=0.6\times100=60(V)$$

负序电压元件动作值，按躲过正常运行时的最大不平衡电压计算：

$$U_{set.h.2}=0.07U_{N.m}$$

二次动作值

$$U_{set.h.2r}=\frac{U_{set.h.2}}{n_{TV}}=0.07\times100=7(V)$$

② 中压侧后备保护

a. 电流元件整定　输入电流取自中压侧电流互感器。

按躲过变压器中压侧最大负荷电流计算：

$$I_{set.m}=\frac{K_{rel}}{K_{re}}I_{1N.m}=\frac{1.15}{0.85}\times858.87=1162(A)$$

则中压侧电流元件动作电流为

$$I_{set.h.r}=\frac{I_{set.h}}{n_{TA.h}}=\frac{1162}{240}=4.84(A)$$

b. 电压元件整定　中压侧复合电压元件接入中压侧电压。

对接在相间电压的低电压元件，其定值为

$$U_{set.m}=\frac{U_{N.min}}{K_{rel}K_{re}}=\frac{0.9}{1.25\times1.2}\times U_N=0.6U_N$$

二次动作值

$$U_{set.m.r}=\frac{U_{set.m}}{n_{TV}}=0.6\times100=60(V)$$

负序电压元件动作值，按躲过正常运行时的最大不平衡电压计算：

$$U_{set.m.2}=0.07U_{N.m}$$

二次动作值

$$U_{set.m.2r}=\frac{U_{set.m.2}}{n_{TV}}=0.07\times100=7(V)$$

③ 低压侧后备保护

a. 电流元件整定　输入电流取自低压侧电流互感器。

按躲过变压器低压侧最大负荷电流计算：

$$I_{set.l}=\frac{K_{rel}}{K_{re}}I_{1N.l}=\frac{1.15}{0.85}\times9897.43=13390(A)$$

则低压侧电流元件动作电流为

$$I_{set.l.r}=\frac{I_{set.l}}{n_{TA.l}}=\frac{13390}{2000}=6.7(A)$$

b. 电压元件整定　低压侧复合电压元件接入低压侧电压。

对接在相间电压的低电压元件，其定值为

$$U_{set.l}=\frac{U_{N.min}}{K_{rel}K_{re}}=\frac{0.9\times10.5}{1.25\times1.2}=6.3(kV)$$

二次动作值

$$U_{set.l.r}=\frac{U_{set.l}}{n_{TV}}=\frac{6300}{105}=60(V)$$

负序电压元件动作值，按躲过正常运行时的最大不平衡电压计算：

$$U_{set.l.2}=0.07U_{N.l}$$

二次动作值

$$U_{set.l.2}=\frac{U_{set.l.2}}{n_{TV}}=0.07\times100=7(V)$$

实际计算中，由于各侧电压互感器的二次电压均为100V，可直接采用二次值计算：

$$U_{set}=(0.6\sim0.7)U_n=60\sim70(V)$$
$$U_{2set}=(0.06\sim0.07)U_n=6\sim7(V)$$

（3）后备保护灵敏度校验

① 变压器所在系统短路计算　图11-4为算例11-4系统等值阻抗图，基准容量取1000MV·A，图中已知各部分标幺阻抗 $X_{s1}=0.24$，$X_{s2}=0.94$，$X_1=0.778$，$X_2=0$，$X_3=0.5$。X_4 为110kV侧最长一条线路的阻抗，长度 $L=31km$，实际阻抗值 $X_{4T}=Z_1L=12.4\Omega$，其标幺阻抗为

$$X_4=X_{4T}\frac{S_e}{U_N^2}=12.4\times\frac{1000}{115^2}=0.94$$

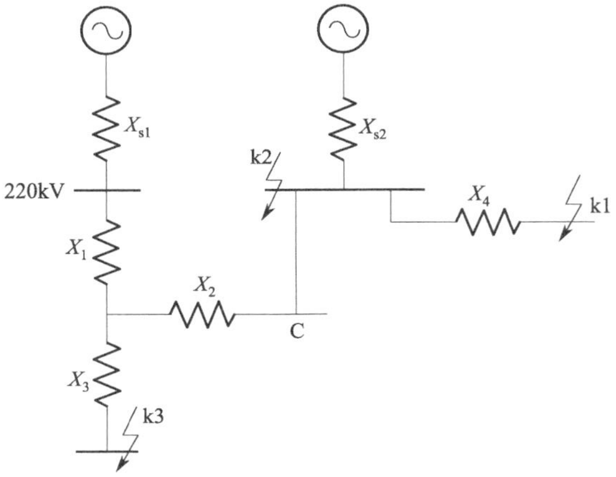

图11-4　算例11-4系统等值阻抗图

② 由图11-4所给参数计算短路电流　对于110kV母线以及中压侧出线末端短路时，归算至高压侧，流过电流元件的最小短路电流分别为 $I_{k2.min}^{(2)}=2.135kA$，$I_{k1.min}^{(2)}=0.76kA$。

低压侧母线短路电流为55.6kA。其中流过高压侧的最小短路电流归算值为1.089kA，流过中压侧的最小短路电流归算值为1.14kA。

③ 保护安装处残压及负序电压计算

a. 中压侧母线短路时（k2点）计算保护安装处母线残压，由等值系统图11-5可得高压侧母线残压标幺值

$$U_{rv.max.k2*}=\frac{X_2+X_1}{X_1+X_2+X_{s1}}=\frac{0.778}{0.778+0+0.24}=0.76$$

中压侧母线（故障点）残压值为0。可见高压侧后备保护采用中压侧母线电压可以提高保护动作灵敏度。

各保护安装处负序电压计算：由上述等值系统图可得k2点短路的负序等值图11-5。

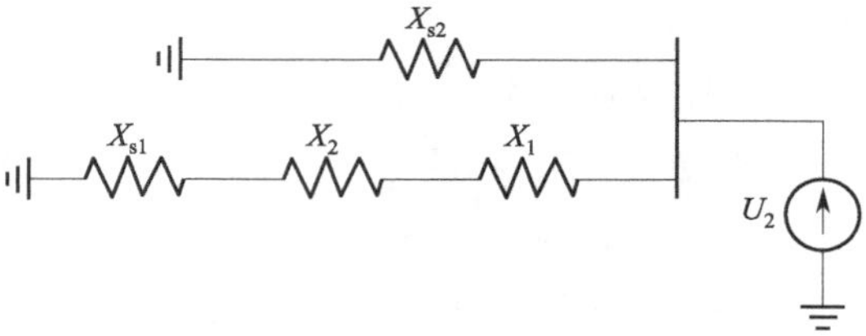

图11-5　算例11-4负序等值系统图

高压侧母线处负序电压标幺值（近似计算）为

$$U_{2rv.min.k2*}=\frac{X_{s1}}{X_1+X_2+X_{s1}}\times 0.5=\frac{0.24}{0.778+0+0.24}\times 0.5=0.118$$

中压侧母线处负序电压标幺值近似取为0.5。

b. 中压侧最长出线末端短路时（k1点）计算保护安装处母线残压，由等值系统图可得中压侧母线残压标幺值：

$$U_{rv.max.k1*}=\frac{X_4}{\dfrac{X_{s2}(X_{s1}+X_1+X_2)}{X_{s2}+X_{s1}+X_1+X_2}+X_4}=\frac{0.94}{\dfrac{0.945(0.24+0.778)}{0.945+0.24+0.778}+0.94}=0.657$$

高压侧母线残压值为

$$U_{h.rv.max.k1*}=0.657+(1-0.657)\frac{X_1}{X_1+X_{s1}}=0.657+0.343\ \frac{0.778}{0.778+0.24}=0.919$$

中压侧母线处负序电压计算可由等值系统图11-6求得。

$$U_{2rv.min.k1*}=\frac{0.5\times\dfrac{X_{s2}(X_{s1}+X_1+X_2)}{X_{s2}+X_{s1}+X_1+X_2}}{\dfrac{X_{s2}(X_{s1}+X_1+X_2)}{X_{s2}+X_{s1}+X_1+X_2}+X_4}=\frac{0.5\times\dfrac{0.945(0.24+0.778)}{0.945+0.24+0.778}}{\dfrac{0.945(0.24+0.778)}{0.945+0.24+0.778}+0.94}=0.172$$

高压侧对应负序电压为

$$U_{h2rv.min.k1*}=0.172\ \frac{X_{s1}}{X_{s1}+X_1+X_2}=0.172\times\frac{0.24}{0.24+0.778}=0.041$$

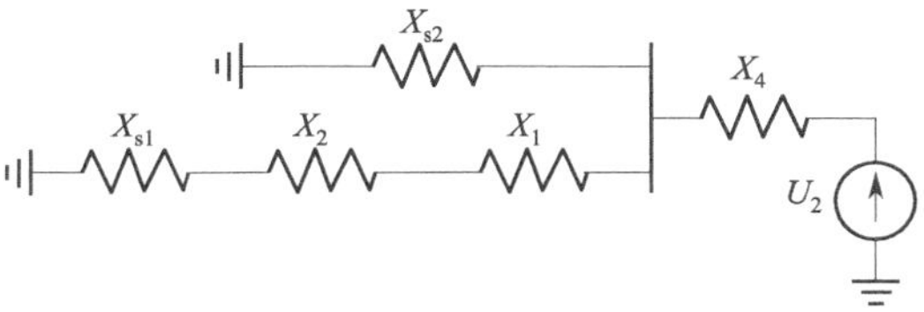

图 11-6　算例 11-4 中压侧负序等值系统图

c. 低压侧电抗器前（k3 点）发生不对称短路时的电压计算，低压母线处残压为 0，负序电压标幺值近似取为 0.5。中压侧（C 点）残压标幺值计算如下

$$U_{rv\cdot max.k3*}=\frac{X_3}{\frac{(X_1+X_{s1})X_{s2}}{X_1+X_{s1}+X_{s2}}+X_3}=\frac{0.5}{\frac{(0.778+0.24)\times 0.94}{0.778+0.24+0.94}+0.5}=0.505$$

其负序网络如图 11-7 所示。

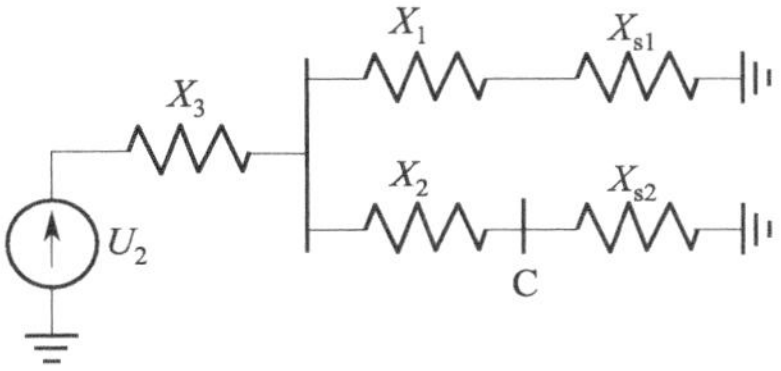

图 11-7　算例 11-4 低压侧负序系统图

中压侧负序电压计算如下：

由于 $X_2=0$，故系统侧归算到 C 母线的阻抗为

$$X_{\Sigma}=\frac{(X_1+X_{s1})X_{s2}}{X_1+X_{s1}+X_{s2}}=\frac{(0.778+0.24)\times 0.94}{0.778+0.24+0.94}=0.49$$

则 C 点负序电压标幺值为

$$U_{2rv.min.k3*}=\frac{0.49}{0.49+0.5}\times U_2=0.49\times 0.5=0.245$$

(4) 灵敏度计算

① 高压侧后备保护灵敏度计算

a. 电流元件

近后备　$$K_{sen.I}=\frac{I_{k2min}^{(2)}}{I_{set.h}}=\frac{2135}{733.6}=2.91$$

远后备　$$K_{sen.I}=\frac{I_{k1min}^{(2)}}{I_{set.h}}=\frac{760}{733.6}=1.04$$

对最长一条线路末端短路，高压侧电流元件灵敏度不满足要求。

b. 电压元件　高压侧复合电压过流保护的电压取自中压侧电压互感器，中压侧母线（k2 点）短路时

$$K_{\text{sen. U}}=\frac{U_{\text{set. h}}}{0}=\infty$$

远后备按中压侧最长一条线路末端 k1 点发生短路计算保护安装处母线残压，由短路计算结果可得

$$K_{\text{sen. U}}=\frac{0.6}{U_{\text{rv. max. k1*}}}=\frac{0.6}{0.657}<1$$

可见由于线路较长，作为远后备不能满足灵敏度要求。

对负序电压元件，中压侧母线短路时，其灵敏度为

$$K_{\text{sen. 2. U}}=\frac{0.5}{0.07}=7.14$$

中压侧最长一条线路末端 k1 点发生短路时高压侧负序电压保护灵敏度为

$$K_{\text{sen. 2. U}}=\frac{0.041}{0.07}<1$$

可见由于线路较长，作为远后备保护时负序电压元件也不能满足灵敏度要求。

低压侧短路时，高压侧相间电压元件灵敏度（电压取自中压侧电压互感器电压）为

$$K_{\text{sen. U}}=\frac{0.6}{U_{\text{rv. max. k3*}}}=\frac{0.6}{0.505}=1.2$$

高压侧负序电压元件灵敏度为

$$K_{\text{sen. 2. U}}=\frac{U_{\text{2rv. min. k3*}}}{U_{\text{2set}}}=\frac{0.245}{0.07}=3.5$$

② 中压侧后备保护灵敏度计算

a. 电流元件

近后备　$$K_{\text{sen. I}}=\frac{I_{\text{k2min}}^{(2)}}{I_{\text{set. m}}}=\frac{2135}{1162}\times\frac{230}{115}=3.67$$

远后备　$$K_{\text{sen. I}}=\frac{I_{\text{k2min}}^{(2)}}{I_{\text{set. m}}}=\frac{760}{1162}\times\frac{230}{115}=1.31$$

b. 电压元件　由于高压侧电压取自中压侧，而且两侧低电压元件和负序电压元件定值相同，因此保护灵敏度相同，即电压元件和负序电压元件作为近后备保护灵敏度能够满足要求，作为远后备时不能满足要求。

③ 低压侧后备保护灵敏度计算　（略）。

（5）后备保护动作时间的整定

如图 11-8 所示，H、M、L 对应主变高、中、低三侧，三侧均装设后备保护。后备保护的动作时间需相互配合，为了缩小故障范围，断路器 2、4、6 后备保护可设置多段时限，已知 $t_1=0.8\text{s}$，$t_3=1.0\text{s}$，$t_5=1.2\text{s}$

对保护 2，$t_2=t_1+\Delta t=1.1\text{s}$，动作后跳开主变低压侧断路器。

对保护 4 带方向段，$t_{4.1}=t_3+\Delta t=1.3\text{s}$，不带方向段 $t_{4.2}=t_{4.1}+\Delta t=1.6\text{s}$，动作后均断开本侧断路器。

对保护 6 带方向段，$t_{6.1}=t_5+\Delta t=1.5\text{s}$，动作后跳开本侧断路器，不带方向的保护设置两段时限。$t_{6.2}=t_{6.1}+\Delta t=1.8\text{s}$，动作后断开本侧断路器，$t_{6.3}=t_{6.2}+\Delta t=2.1\text{s}$，动作后断开三侧断路器。则各侧保护能够满足配合要求。

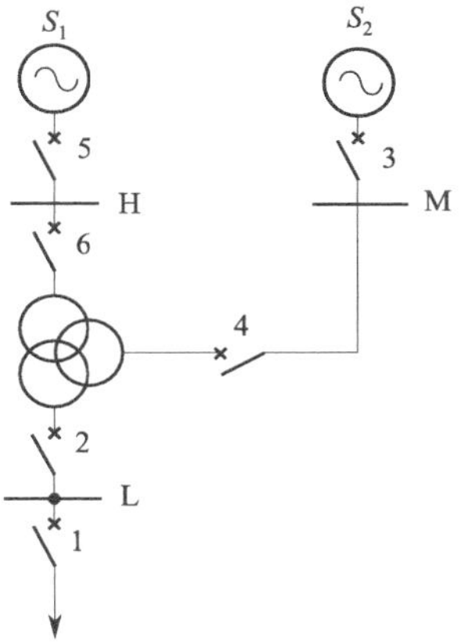

图 11-8　算例 11-4 系统图

(6) 变压器定值清单

根据上述计算，采用某厂家保护产品，可给出变压器保护定值清单如下。

① 主保护定值清单（表 11-1）

表 11-1　变压器主保护定值清单

序号	定值名称	符号	整定值	备注
1	电流比例系数	IBL	厂家给定	0.178
2	电压比例系数	VBL	厂家给定	0.125
3	控制字	KG	7543	
4	差动速断保护	I_{qbset}	1584/13.2A	3.5×3.77
5	差动动作电流	I_{setmin}	180/1.5A	0.4×3.77
6	拐点制动电流	I_t	362/3.0A	0.8×3.77
7	斜率	K	0.5	
8	二次谐波制动比	K_2	17.5%	
9	高压侧平衡系数	K_h	1	
10	中压侧平衡系数	K_m	1.05	
11	低压侧平衡系数	K_l	0.762	
12	突变量启动值	IDQ	90/0.754A	0.2×3.77
13	零序量启动值	I0QD	125/1.125A	0.3×3.77
14	启动通风门槛	IL	300/2.49A	0.66×3.77
15	启动通风延时	TIL	100s	

注：1. 主变各侧 TA 变比：220kV 为 600/5；110kV 为 1200/5；10kV 为 10000/5。
2. 220kV 及 110kV 中性点 TA 变比分别为：600/5，300/5。
3. 220kV 及 110kV 放电间隙 TA 变比分别为：300/5，100/5。
4. 以 220kV 侧为基本侧。

② A柜（220kV）后备保护定值清单（表11-2）

表11-2　高压侧后备保护定值清单

序号	定值名称	符号	整定值	备注
1	电流比例系数	IBL	厂家给定	0.178
2	电压比例系数	VBL	厂家给定	0.125
3	突变量启动值	IQD	90/0.754A	0.2×3.77
4	零序量启动值	I0QD	125/1.125A	0.3×3.77
5	控制字	KGh1		
6	低电压门槛	ULh	66	
7	负序电压门槛	UL2h	6.6	
8	方向过流一段	IL1Fh	15137.3A	
9	出口时限1	TIL1Fh	3.5s	
10	出口时限2	TIL2Fh	4.5s	
11	过流二段	IL2h	15137.3A	
12	出口时限1	TIL21h	5S	
13	零序间隙电流值	I0gh	0.833A	
14	零序间隙电压值	U0gh	180V	
15	间隙出口时限	TU0gh	0.4s	
16	过负荷电流门槛	I1h	11876.9A	
17	持续警告时间	T	15s	
18	方向选择	SFh	0111	
19	方向零序电流一段	3I01h		
20	一段出口时限1	TI01h	6s	
21	一段出口时限2	TI02h	6.5s	
22	零序电流二段	3I02h		
23	二段出口时限1	T2I02h		
24	非全相零序电流值	NI0h		
25	非全相负序电流值	NI2h		
26	非全相出口时限1	TNI2h		
27	控制字	KGh2	7766	
28	低电压门槛	ULm		
29	负序电压门槛	UL2m		
30	低电压门槛	ULl		
31	负序电压门槛	UL2l		

③ B柜（110kV和10kV）后备保护定值清单（表11-3）

表 11-3 中、低压侧后备保护定值清单

序号	定值名称	符号	整定值	备注
1	电流比例系数	IBL	厂家给定	0.178
2	电压比例系数	VBL	厂家给定	0.125
3	突变量启动值	IQDm		
4	突变量启动值	IQDL		
5	零序量启动值	I0QDm		
6	控制字	KGh		
7	低电压门槛	ULh		
8	负序电压门槛	UL2h		
9	控制字	KGm	7000	
10	低电压门槛	ULm		
11	负序电压门槛	UL2m		
12	方向过流一段	ILF11m		
13	出口时限 1	TIF11m		
14	出口时限 2	TIF12m		
15	过流一段	IL1m		
16	出口时限 1	TIL11m		
17	零序间隙电流值	I0gm		
18	零序间隙电压值	U0gm		
19	间隙出口时限	TU0gm		
20	过负荷电流门槛	I1m		
21	持续警告时间	T		
22	方向选择	SFm	1111	
23	方向零序电流一段	3I01Fm		
24	一段出口时限 1	TI011Fm	1.5s	
25	一段出口时限 2	TI012Fm	2s	
26	方向零序电流二段	3I02Fm		
27	二段出口时限 1	TI021Fm	2.5s	
28	控制字	KGL	7642	
29	低电压门槛	ULL	66V	
30	负序电压门槛	UL2L	6.6V	
31	过流一段	IL1L		
32	一段出口时限 1	TIL11L	2s	
33	一段出口时限 2	TIL12L	2.5s	
34	过负荷电流门槛	ILL		

第十二章 传统直流输电系统保护的整定计算

第一节 传统直流输电系统的构成及常见故障

一、直流输电系统概述

在电力技术发展前期，由于交流发电机、变压器和感应电动机的迅速发展与应用，交流电逐渐在发电、输电和用电环节占据了主导地位，形成了大规模的交流电网。一方面，与交流电相比，直流电在输电领域有着不可替代的优势，如线路造价较低、输电损耗较小、可实现电网的异步互联等；另一方面，晶闸管、绝缘栅双极型晶体管（IGBT）等电力电子技术的发展有效地推动了直流输电技术的发展与应用。由于目前电力系统的发电侧和用电侧绝大部分采用交流电，直流输电技术首先将发电侧的交流电整流为直流电，然后在用电侧将直流电逆变为交流电。整流技术和逆变技术统称为换流技术，这也是直流输电的关键技术。根据换流技术所采用的电力电子器件，直流输电技术的发展可分为三个阶段。

（1）早期直流输电系统

早期直流输电系统采用汞弧阀换流技术。从 1954 年到 1977 年，世界上陆续投运 12 个采用汞弧阀的直流输电工程。其中美国太平洋联络线拥有最大输送容量 1440MW 和最长输送距离 1362km；加拿大纳尔逊河 I 期工程拥有最高输电电压等级±450kV。然而，汞弧阀制造技术复杂、价格昂贵、故障率高，严重制约了直流输电技术的发展与应用。

（2）传统直流输电系统

传统直流输电系统采用晶闸管阀换流技术。与汞弧阀相比，晶闸管阀不存在逆弧问题，而且制造、运维和检修更为简便。自 20 世纪 70 年代以来，晶闸管阀逐步取代了汞弧阀，在直流输电工程中得到大规模应用。我国直流输电工程起步于 20 世纪 80 年代，近几十年来发展迅速，已投运数十个高压、特高压直流输电工程。其中，1989 年投运的葛洲坝至上海直流工程是我国首条高压直流输电工程，电压等级±500kV，输电距离 1046km，额定功率 1200MW；2009 年投运的云南至广东直流工程是世界首个特高压直流输电工程，电压等级±800kV，输电距离 1373km，额定功率 5000MW；2014 年投运的哈密南至郑州直流工程是世界上输送功率最大的特高压直流工程，电压等级±800kV，输电距离 2192km，额定功率 8000MW。传统直流输电系统具有低成本、低损耗等优点，是我国近年来实现大功率、远距离、跨区输电的主要方式。

（3）柔性直流输电系统

柔性直流输电系统采用新型半导体换流技术。与晶闸管需要借助外部电路实现自身关断不同，IGBT、集成门极换相晶闸管（IGCT）等新型半导体器件具有自主关断能力。自 20 世纪 90 年代以来，基于 IGBT 的电压源型换流器逐渐应用于直流输电系统。特别是自模块化多电平换流器（MMC）于 2003 年问世以来，柔性直流输电技术进入飞速发展阶段。我国柔性直流输电技术位居世界前列，于 2011 年投运亚洲首条柔性直流输电工程——±30kV 上海南汇柔性直流输电工程，2013 年投运世界首个多端柔性直流输电工程——±160kV 广东南澳柔性直流工程，2014 年投运世界首个五端柔性直流输电工程——±200kV 舟山柔性直流工程，2020 年投运世界首个柔性直流电网工程——±500kV 张北直流电网工程。与传统直流输电系统相比，基于 MMC 的柔性直流输电系统具有谐波含量低、控制灵活、不存在换相失败、潮流翻转便捷等优势，具有广阔的发展前景。

二、传统直流输电系统的基本结构与控制模式

目前，世界上投运的绝大多数传统直流输电工程为两端系统。根据系统的极性，两端直流输电系统分为单极直流输电系统和双极直流输电系统。

（1）单极直流输电系统

根据电流的流通路径，单极直流输电系统主要包括两种接线方式：单极大地回线和单极金属回线。如图 12-1（a）所示，在单极大地回线中，两端换流器通过单根导线以及大地相连，导线和大地共同组成直流电流的通路。这种接线方式具有造价低、导通损耗小的特点。然而，大地如果长期导通系统电流，这会引起一系列其他问题，如接地极附近地下管道的腐蚀以及中性点接地变压器的磁饱和问题。如图 12-1（b）所示，在单极金属回线中，两端换流器通过两根导线相连，系统电流不会流经大地，从而避免了接地电流所衍生的一系列问题。然而，与单极大地回线相比，单极金属回线增加了一根导线的造价，且导线的导通损耗往往高于大地。无论采用何种接线的单极直流输电系统，一旦发生故障，整个系统都无法继续正常运行。

（2）双极直流输电系统

目前，大多数传统直流输电工程采用双极接线方式。如图 12-2 所示，在双

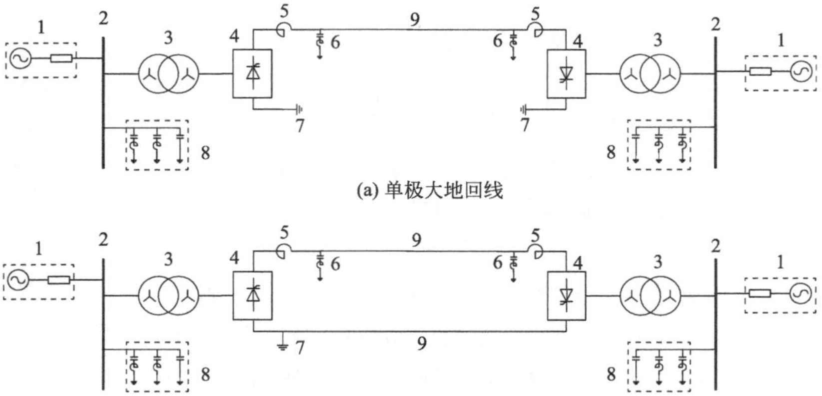

(a) 单极大地回线

(b) 单极金属回线

图 12-1　单极直流输电系统示意图

1—交流系统；2—交流母线；3—换流变压器；4—换流器；5—平波电抗器；
6—直流滤波器；7—接地极；8—交流滤波器；9—直流线路

极直流输电系统里，每端换流站的正、负极分别包含一个换流器。两端的正极换流器通过直流线路的正极线相连，两端的负极换流器通过直流线路的负极线相连。双极直流输电系统主要包括两种接线方式：中性点接地和带金属回线。如图 12-2（a）所示，在中性点接地的系统中，两端换流站中性点直接接地。正极系统和负极系统流过大地的电流方向相反，因此大地电流的幅值为正极电流与负极电流之差，即不平衡电流。在系统双极对称运行时，双极系统的不平衡电流几乎为零，从而避免了大地电流带来的一系列问题。然而，当系统由于检修或故障等原因进入不对称运行状态时，大地仍然需要导通较大的不平衡电流。如图 12-2（b）所示，在带金属回线的系统中，两端换流站的中性点通过中性极线连接。无论系统处于对称或不对称运行状态，大地都无需导通大电流。

当系统发生单极故障时，中性点接地的双极系统可以切换到其他运行方式：

① 将整个故障极停运并隔离后，系统切换至单极大地回线方式；

② 将换流站的故障极停运并隔离后，系统借用故障极的导线切换至单极金属回线方式。

带金属回线的系统同样可以灵活地应对系统的单极故障：

① 对于双极对称运行的系统而言，中性极线故障的影响很小，然而系统需要尽快清除该故障；

② 正极或负极系统故障后，将故障极停运并隔离后，系统切换至单极金属回线方式。

由此可见，双极直流输电系统发生单极故障后，健全极仍能继续传输功率。因此，与单极系统相比，双极系统具有更为灵活的运行方式和更高的可用率。

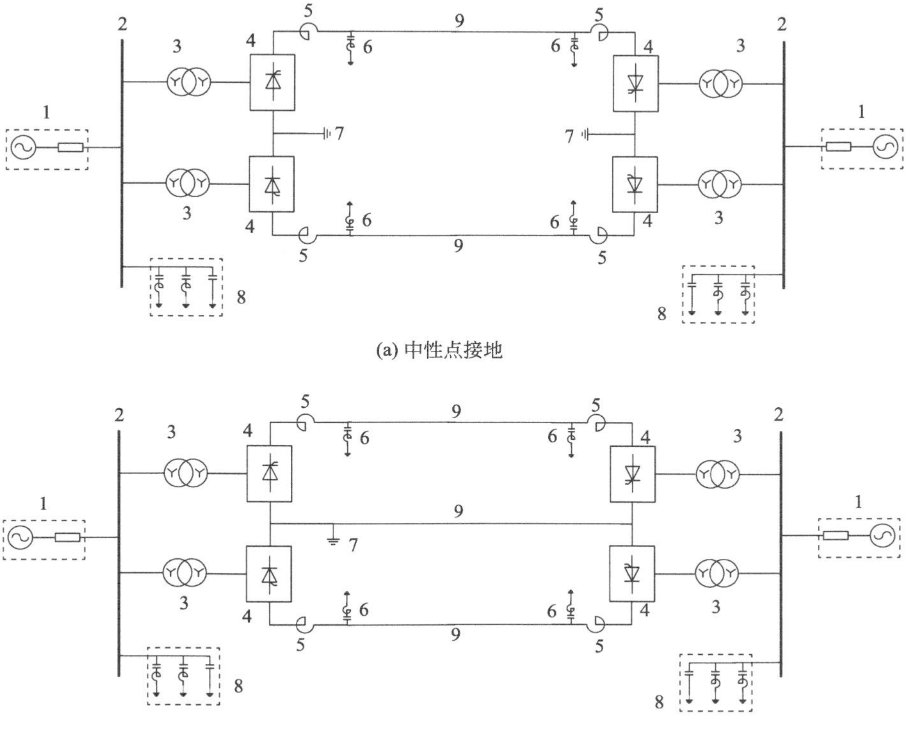

(a) 中性点接地

(b) 带金属回线

图 12-2　双极直流输电系统示意图

1—交流系统；2—交流母线；3—换流变压器；4—换流器；5—平波电抗器；6—直流滤波器；7—接地极；8—交流滤波器；9—直流线路

（3）换流器基本控制模式

直流输电系统通常采用分层控制，高层控制层向下层控制层下达控制指令，从而提高控制系统的可靠性、稳定性和灵活性。常见的控制系统层从上到下包括：系统控制层、极控制层、换流器控制层和阀控制层。

① 系统控制层包括接受调度指令、分配系统功率、潮流反转控制等。

② 极控制层根据系统控制层所下达的指令计算出直流电流、直流功率等电气量的控制整定值，并下达给换流器控制层。

③ 换流器控制层包括定电流控制、直流电压控制、最小触发角控制、定关断角控制等，并向阀控制层下达晶闸管阀触发信号。

④ 阀控制层是最低层的控制层，对换流器控制层下发的触发信号进行信号变换、放大等处理，进而控制晶闸管阀的导通。

发生直流线路故障后，直流输电系统的故障暂态响应特性主要受换流器控制层的影响。因此，本书对换流器控制层予以简要介绍。

① 定电流控制　定电流控制是一种最基本的控制模式，可以将直流电流控制为目标值。对于6脉动换流器，式（12-1）和式（12-2）分别给出了整流器和逆变器的电压表达式

$$U_{dr}=1.35E_r\cos\alpha-\frac{3}{\pi}X_rI_d \tag{12-1}$$

$$U_{di}=1.35E_i\cos\beta+\frac{3}{\pi}X_iI_d$$

$$=1.35E_i\cos\gamma-\frac{3}{\pi}X_iI_d \tag{12-2}$$

式中，α、β、γ分别为滞后触发角、超前触发角和关断角；E_r和E_i分别为整流器和逆变器换流变压器阀侧线电压有效值；X_r和X_i分别为整流器和逆变器的等值换相电抗；I_d为直流电流。

由以上两式可知，当直流电流的实际值与目标值有偏差时，定电流控制器可以通过调节触发角，从而将直流电流维持为目标值。定电流控制不仅可以调节直流系统的稳态运行电流，在直流系统故障时还可以快速响应限制暂态故障电流。因此，定电流控制性能是衡量直流控制系统性能的重要因素。定电流控制的*U-I*特性曲线如图12-3所示。

整流器和逆变器都配置有定电流控制，但是通常情况下由整流器控制直流电流。只有当整流器因直流电压明显降低或者逆变侧交流电压明显升高而失去定电流控制能力时，逆变器才进入定电流控制模式。为了避免两侧换流站同时控制直流电流导致系统不稳定，逆变侧定电流目标值一般比整流侧小，这称为电流裕度。无论稳态运行还是暂态期间，电流裕度都必须保持。如果电流裕度过大，当逆变侧转变为定电流控制时，传输功率会明显下降；如果电流裕度过小，两侧换流站可能在直流电流发生波动时都参与电流控制，进而导致系统不稳定。在实际直流输电工程中，电流裕度通常为0.1pu。

② 直流电压控制　直流电压控制也称作定电压控制，可以将直流电压控制为目标值，通常配置在逆变器。尤其是受端为弱交流系统时，直流电压控制能够提高交流电压的稳定性、减小换相失败的发生概率。为了避免直流系统在异常情况下出现过电压，如直流线路开路导致逆变器无法控制整流侧的直流电压，整流器也需要配置直流电压控制。整流器的定电压控制目标值略高于额定直流电压，从而避免在正常情况下误投入。直流电压控制的*U-I*特性曲线如图12-4所示。

③ 最小触发角控制　最小触发角控制确保滞后触发角α不小于目标值，仅配置在整流器。晶闸管阀的导通不仅需要触发脉冲，还需要施加一定的正向电

压。如果触发角 α 过小，晶闸管阀两侧的正向电压过低，导致晶闸管阀内部的晶闸管模块的导通同时性变差，不利于器件均压。最小触发角控制则能有效避免上述情况的发生，工程上最小触发角通常为 5°。最小触发角控制的 U-I 特性曲线如图 12-5 所示。

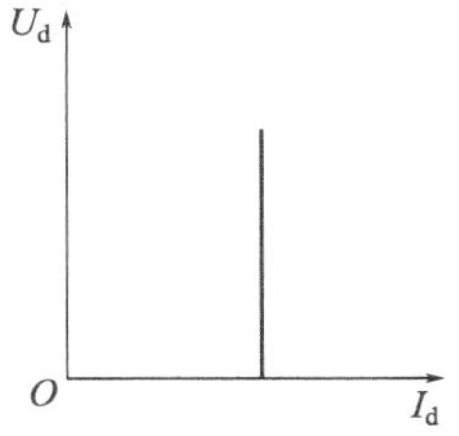

图 12-3　定电流控制的 U-I 特性曲线

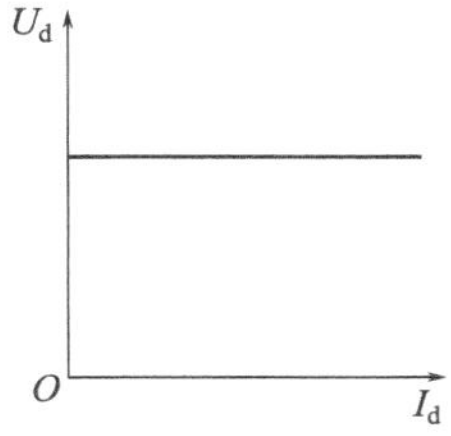

图 12-4　直流电压控制的 U-I 特性曲线

④ 定关断角控制　定关断角控制将晶闸管阀的关断角 γ 控制在目标值，仅配置在逆变器。在换相期间，晶闸管阀从电流过零到再次承受正向电压这段时间对应的电角度称为关断角。如果关断角小于晶闸管的固有关断时间，即晶闸管在尚未恢复阻断能力时再次承受正向电压，晶闸管将会发生不正常导通，进而导致换相失败。一方面，为了减小换相失败发生概率，逆变器所有晶闸管阀的关断角需要尽可能大；然而另一方面，增大关断角将减小直流电压、降低逆变器功率因数。因此，需要综合考虑逆变器的安全需求与性能需求，选取合适的关断角。在实际直流输电工程中，关断角的控制定值通常为 15°～18°。定关断角控制的 U-I 特性曲线如图 12-6 所示。

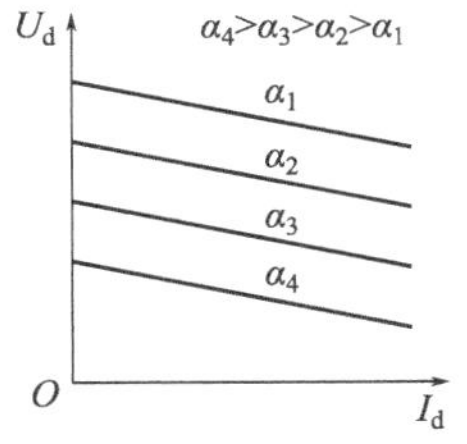

图 12-5　最小触发角控制的 U-I 特性曲线

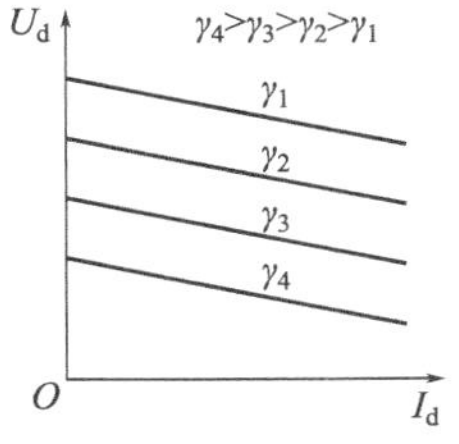

图 12-6　定关断角控制的 U-I 特性曲线

⑤ 低压限流控制　除了上述几种常见的控制策略，在实际工程中换流器还需要配置其他控制策略来应对各种可能出现的异常工况。例如，直流电压因大扰动或者故障而下降后，低压限流控制环节能够自动降低换流器的直流电流控制定值；如果直流电压持续下降至低于某个值，电流整定值不再下降，并保持在最小整定值。

低压限流环节的主要作用包括：

① 换流器发生换相失败导致直流电压下降时，该环节通过对直流电流的控制减小了流过晶闸管阀的电流以及晶闸管阀换相所需时间，从而减小后续发生换相失败的风险；

② 交流系统故障导致直流电压下降时，该环节通过对直流电流的控制减小了换流器所需吸收的无功功率，因而有助于交流电压的稳定与恢复；

③ 直流故障导致直流电压下降时，该环节能够减小整流器的直流输出电流，从而抑制直流故障危害。

低压限流控制的 U-I 特性曲线如图 12-7 所示。

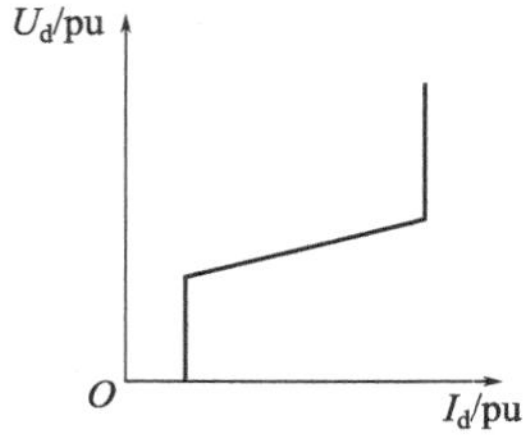

图 12-7 低压限流控制的 U-I 特性曲线

三、传统直流输电系统的常见故障

（1）换流器故障

换流器是直流输电系统的核心元件，其故障形式与故障特征明显有别于传统的交流电网设备。换流器的常见故障点如图 12-8 所示。

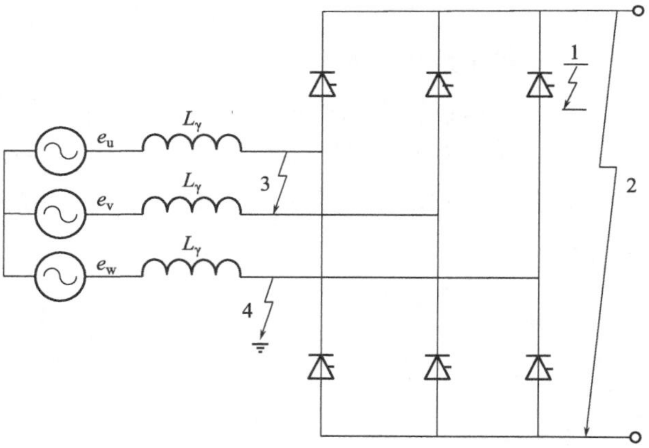

图 12-8 换流器常见故障点示意图

① 换流器阀短路故障　阀组因故被短路，其故障点如图 12-8 的故障点 1。阀短路故障特征与换流器的工作模式（整流或逆变）有关。

整流阀短路故障：交流侧交替出现三相短路和两相短路，进而导致交流侧电流增大；直流母线电压和直流侧电流下降。

逆变阀短路故障：换流阀短路将导致逆变器周期性地发生换相失败。

② 换相失败　逆变器的两个阀在换相时，本应关断的阀不正常导通，而本应导通的阀不正常关断，这种现象称之为换相失败，且通常出现于逆变器。换相失败的根本原因是换流阀的反向偏置时间小于固有关断时间。主要的故障特征包

括：直流电流增大、直流电压下降、交流电流减小、直流系统出现谐波。

③ 换流器直流侧出口短路　直流侧出口发生短路故障，其故障点如图 12-8 的故障点 2。故障特征与换流器的工作模式有关。

整流器直流出口短路：交流系统通过换流器发生短路，导致交流侧电流增大；直流母线电压下降；流入直流线路的电流下降。

逆变器直流出口短路：直流线路无法向逆变器及其交流侧提供能量，交流侧电流减小。

④ 换流器交流侧相间短路　其故障点如图 12-8 中的故障点 3。故障特征与换流器的工作模式有关。

整流器交流侧相间短路：直流侧电压、电流和功率均下降。

逆变器交流侧相间短路：逆变器失去两相换相电压，极易发生换相失败。与上述换相失败故障特征不同的是，交流侧相间短路故障导致交流电流增大。

⑤ 换流器交流侧单相接地故障　其故障点如图 12-8 的故障点 4。故障特征与换流器的工作模式有关。

整流器交流侧单相接地故障：与相间故障类似，交流电流增大，直流电压、电流和功率均下降。此外，交流侧的负序分量导致直流线路出现 2 次谐波。

逆变器交流侧单相接地故障：逆变器极易发生换相失败。

⑥ 控制系统故障　本文所述控制系统故障主要指触发脉冲不正常导致的晶闸管阀不正常状态。

晶闸管阀误导通故障：过高的电压变化率以及误导通脉冲都可能导致晶闸管阀误导通。整流器发生晶闸管阀误导通故障后，直流电压和直流电流略有增加。逆变器发生晶闸管阀误导通故障后，极易导致换相失败。

晶闸管阀不导通故障：触发脉冲丢失或者控制回路故障可能引起晶闸管阀不导通故障。整流器发生晶闸管阀不导通故障时，直流电压和电流下降。逆变器发生晶闸管阀不导通故障后，直流电流上升而直流电压下降。

（2）直流线路故障

在高压直流输电系统里，直流线路地理跨度大、运行环境复杂，雷击、污秽、树枝等因素都可能导致直流线路绝缘水平下降甚至发生故障。直流线路发生短路故障后，故障响应过程分为三个阶段。

① 行波阶段　直流输电线路长达数百甚至上千公里，无法简单地看作集中参数元件。直流线路发生故障后，线路对地电容迅速放电，沿线路的电场能量和磁场能量相互转化，进而形成沿线路传播的故障电流行波和故障电压行波。直流输电线路可视为均匀传输线，即线路的电容、电阻、电感和电导等参数沿着线路均匀分布。如图 12-9 所示，在线路任意位置 x 处取单位长度的线路 dx，该单位长度线路的参数是电容 C_0、电阻 R_0、电感 L_0、电导 G_0，整个直流线路则由无

数个上述单位长度线路串联组成。均匀传输线在 x 处的电压 $U(x)$ 和电流 $I(x)$ 的频域表达式如下：

$$\begin{cases} \dot{U}(x)=U_{\mathrm{F}}\mathrm{e}^{-\gamma x}+U_{\mathrm{B}}\mathrm{e}^{-\gamma x} \\ \dot{I}(x)=I_{\mathrm{F}}\mathrm{e}^{-\gamma x}-I_{\mathrm{B}}\mathrm{e}^{-\gamma x}=\dfrac{U_{\mathrm{F}}}{Z_{\mathrm{c}}}\mathrm{e}^{-\gamma x}-\dfrac{U_{\mathrm{B}}}{Z_{\mathrm{c}}}\mathrm{e}^{-\gamma x} \\ \gamma=\sqrt{Z_0Y_0} \\ Z_{\mathrm{c}}=\sqrt{Z_0/Y_0} \\ Z_0=sL_0+R_0 \\ Y_0=sC_0+G_0 \end{cases} \tag{12-3}$$

式中，U_{F} 为电压前行波；U_{B} 为电压反行波；I_{F} 为电流前行波；I_{B} 为电流反行波；γ 为传播常数；Z_{c} 为线路波阻抗；Z_0 为线路串联阻抗；Y_0 为线路并联导纳；s 为拉普拉斯算子。

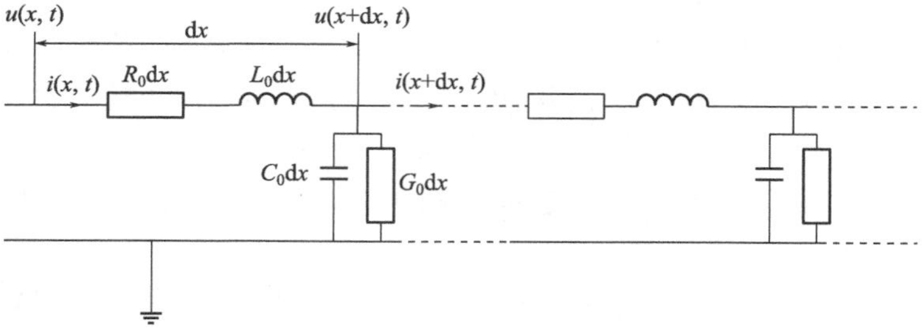

图 12-9　均匀传输线示意图

在直流线路发生故障后，故障行波从故障点向线路两侧传播。在故障行波首次传播到换流器之前，行波过程以及相应的电压、电流暂态量不受换流站的影响。

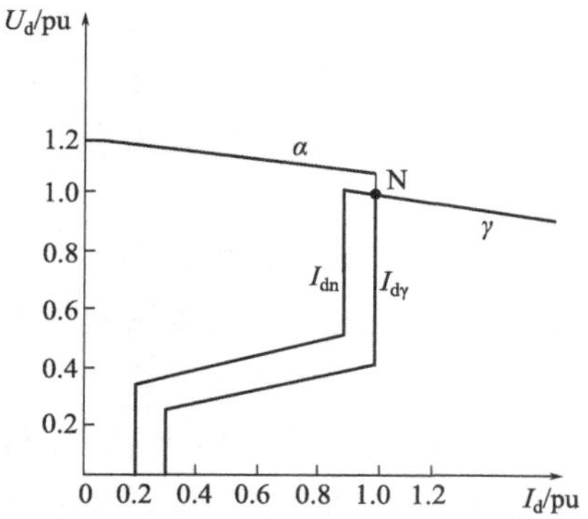

图 12-10　直流输电系统控制特性曲线

② 暂态阶段　在行波发生多次折反射后，换流器控制系统开始起到显著作用，直流输电系统的故障响应进入暂态阶段。图 12-10 给出了一种常见的直流输电系统控制特性曲线。在正常情况下，整流器采用定电流控制，逆变器采用定关断角 γ 控制，直流输电系统运行于 N 点。在直流线路发生故障后，行波导致直流电流急剧增大。在控制系统开始响应后，一方面，整流器的低压限流环节可以降低电流控制定值；另一方面，整流器

在定电流控制的作用下增大触发角 α，从而降低直流电压，使得线路电流趋近于电流控制定值。此外，逆变器在直流线路故障后，从定关断角 γ 控制切换到定电流控制模式。在故障暂态阶段，从定性角度而言，控制系统的响应将使得直流故障电流存在下降的趋势；然而，从定量角度而言，在故障行波和控制响应的共同作用下，直流电压和直流电流的变化是非线性的，整流器和逆变器的运行点也是动态变化的。

③ 稳态阶段　随着故障时间的推移，故障行波效应逐渐衰减，换流器的控制系统将直流电流控制在目标值。当控制系统具有如图 12-10 所示控制特性时，整流器的定电流控制器将整流侧直流电流控制在 I_{r0}；逆变器则转入整流运行状态，从而将逆变侧直流电流控制在 I_{i0}；流入故障点的故障电流为整流侧与逆变器电流之差。在实际系统中，保护系统往往在故障进入稳态阶段之前将故障隔离。

第二节　传统直流输电系统的保护方式

直流输电系统保护的配置需要满足可靠性、灵敏性、选择性和快速性。为了确保可靠性，直流输电系统保护装置采用冗余配置，多套保护装置可以各自独立实现保护功能，常见的有双重冗余配置。为了确保灵敏性，直流输电系统在配置保护分区时要覆盖整个系统，允许分区之间重叠，但不允许存在保护死区，从而应对系统可能出现的各种异常和故障工况。为了确保选择性，各保护之间相互配合，实现最小停电范围。为了确保快速性，保护需要与控制系统紧密结合来应对各类故障，如紧急移相、闭锁触发脉冲等保护措施就是通过控制系统实现的。

直流输电系统保护分为直流侧保护和交流侧保护。交流侧保护包括换流交流母线保护、换流变压器保护、交流滤波器保护等，这些交流侧保护与传统交流电网的相应保护类似，本章不再介绍。直流输电系统的直流侧保护又分为六个保护分区：换流器保护区、直流滤波器保护区、直流母线保护区、接地极保护区、交流开关场保护区和直流线路保护区。图 12-11 以双 12 脉动换流器为例，给出了换流器主要电气测量点位置。

一、换流器保护区

双 12 脉动换流器每极含有两个 12 脉动阀组，高压侧的 12 脉动阀组称为高端阀组，低压侧的 12 脉动阀组称为低压阀组。两个 12 脉动换流器的保护原理相同、保护判据相似，本书以高端阀组为例进行介绍。换流器保护区覆盖阀厅交流穿墙套管和直流穿墙套管之间的区域。该保护区域的观测量包括换流变压器阀侧

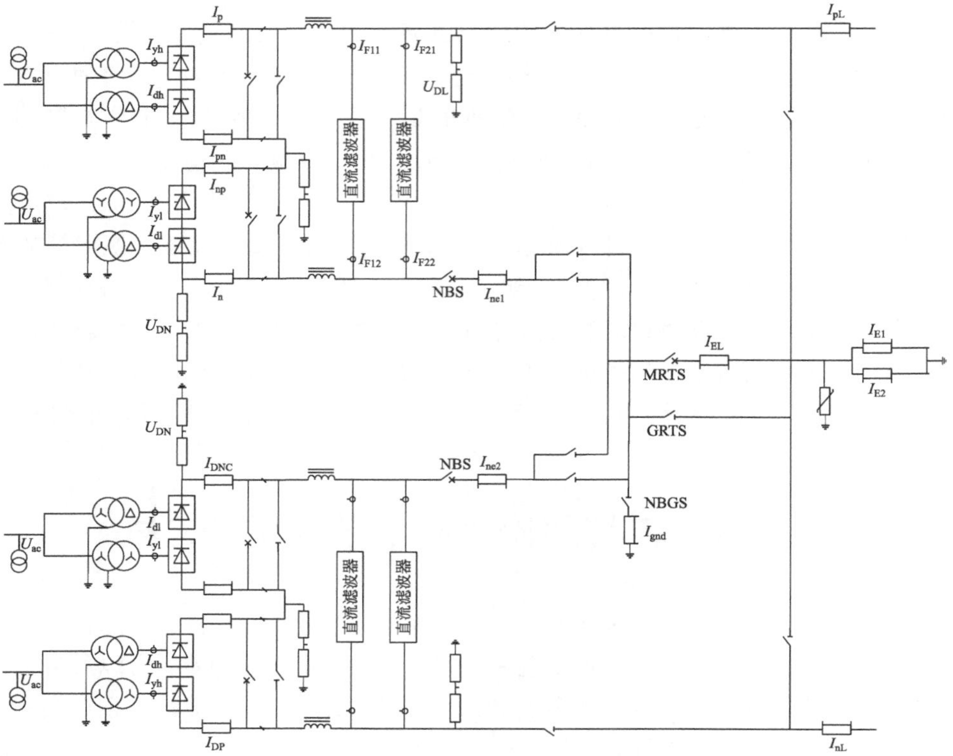

图 12-11 双 12 脉动换流器保护分区与主要测量点

交流电流（I_{yh}、I_{dh}、I_{yl}、I_{dl}）、直流端电流（I_p、I_{pn}、I_{np}、I_n）。阀侧交流电流与阀侧 a、b、c 三相电流的关系为

$$\begin{cases} I_{yh}=\frac{1}{2}(|i_{yha}|+|i_{yhb}|+|i_{yhc}|) \\ I_{dh}=\frac{1}{2}(|i_{dha}|+|i_{dhb}|+|i_{dhc}|) \end{cases} \tag{12-4}$$

在正常情况下，交流电流包含两部分：一部分交流电流通过共阳极晶闸管流向直流正极（直流高压侧），直流负极（直流低压侧）电流通过共阴极晶闸管流回交流侧成为另一部分交流电流，两部分交流电流幅值相等。因此，有以下关系式成立：

$$I_{yh}=I_{dh}=I_p=I_{pn} \tag{12-5}$$

当换流器保护区内发生故障后，上述关系式不再成立，可以据此构造相应的保护判据。

（1）阀组差动保护

$$\begin{cases} I_{yh} - I_{pn} > I_{set1} \\ I_{dh} - I_{pn} > I_{set1} \end{cases} \tag{12-6}$$

I_{set1} 的取值要躲开正常情况以及区外故障时所可能出现的最大不平衡电流。一旦式（12-6）成立，表明发生了阀短路故障。换流器在经过毫秒级的固有动作延时后，闭锁触发脉冲，跳开交流侧断路器。

（2）换相失败保护

$$\begin{cases} \max(I_p, I_{pn}) - I_{yh} > I_{set2} \\ \max(I_p, I_{pn}) - I_{dh} > I_{set2} \end{cases} \tag{12-7}$$

逆变器发生换相失败后，交流侧电流下降，直流侧电流增大，据此可构造如上判据。I_{set2} 的取值要躲开正常情况以及区外故障时所可能出现的最大不平衡电流。一旦上式成立，表明发生了换相失败。换相失败需要与控制系统以及交流保护相配合。在检测到换相失败后，保护立即提前触发逆变器，以防止连续发生换相失败。如果等待时间超过交流保护的最长动作时间且控制系统已经响应后，换相失败仍然存在，则保护闭锁换流器，跳开交流侧断路器。

（3）直流差动保护

$$|I_p - I_{pn}| > I_{set3} \tag{12-8}$$

换流器保护区发生接地故障后，换流阀两端直流电流不再相等，据此构造如上判据。I_{set3} 的取值要躲开正常情况以及区外故障时所可能出现的最大不平衡电流。为了适应各种系统运行工况，直流差动保护可由Ⅰ段和Ⅱ段组成。Ⅰ段保护的整定值较大，在控制系统能够显著抑制故障电流前动作。Ⅱ段保护主要针对高阻接地故障，整定值较小，动作时间大于控制系统的电流调节时间。直流差动保护一旦动作，将闭锁换流器，跳开交流断路器。

（4）过流保护

$$\begin{cases} |I_{yh}| > I_{set4} \\ |I_{dh}| > I_{set4} \end{cases} \tag{12-9}$$

为了避免过电流导致设备损坏，需要配置过电流保护，包括Ⅰ段保护和Ⅱ段保护。Ⅰ段保护的整定值要躲开区外故障引起的最大故障电流，动作时间通常为毫秒级。Ⅱ段保护要与系统的过负载能力相配合，动作时间为秒级。

（5）触发异常保护

触发异常保护通过对比触发信号和返回信号，来检测晶闸管是否正常导通。检测到晶闸管不正常导通或未正常导通后，保护将切换冗余控制系统，如果触发异常仍然存在，保护将闭锁换流器。

（6）电压过应力保护

该保护通过控制换流变压器的分接开关，避免过高的电压应力损害设备安全。保护的动作策略是：当直流空载电压高于定值时，进一步增大直流空载电压的分接开关动作将被禁止；当直流空载电压高于更高的定值时，将通过分接开关动作来减小直流空载电压；如果直流空载电压过高，将闭锁换流器，跳开交流断路器。

（7）直流过电压保护

该保护检测直流端电压是否超过整定值，保护的整定值与动作时间要与设备的过电压耐受能力相配合。连续过电压整定值较小，但动作时间较长；瞬时过电压整定值较大，但动作时间较短。

（8）晶闸管监视

晶闸管监视收集晶闸管工作状态信号，当处于不正常状态的晶闸管达到一定数量时，系统将发出报警。当处于不正常状态的晶闸管达到更高的数量时，将闭锁换流器，跳开交流断路器。

（9）大触发角监视

监视晶闸管在大触发角运行时的电气应力。如果应力超过限制值，将在一段延时后通过调节换流变压器分接开关来降低直流电压；如果应力进一步增加，将在一段延时后闭锁换流器。

二、直流滤波器保护区

（1）直流滤波电抗器过流保护

检测流过直流滤波电抗器的谐波电流，防止滤波器承受过大电流应力。保护的整定要与滤波器的耐热特性相配合，具有反时限动作特性。检测到过电流后，保护将切换到冗余系统，断开当前滤波器；如果是最后一组滤波器且电流过大，将闭锁换流器。

（2）直流滤波电容器不平衡保护

直流滤波电容器包括两个相同的分支，两个分支电流分别记作 I_{c1} 和 I_{c2}，不平衡保护的判据为

$$|I_{c1}-I_{c2}|>I_{set5} \tag{12-10}$$

该保护包括三段保护：不平衡电流达到较小的定值时，保护发出报警；达到较大定值时，切除滤波器；如果是最后一组滤波器，将闭锁换流器。

（3）直流滤波器差动保护

该保护通过检测滤波器极线侧电流和中性线侧电流之间的差值，实现对直流滤波器范围内接地故障的保护。电流差值超过定值后，保护切除滤波器，如果是最后一组滤波器，将闭锁换流器。

（4）平波电抗器保护

平波电抗器保护可由直流极母线差动保护实现。而油浸式平波电抗器还配有非电量保护装置，如油位检测、气体监测、油温监测等。

三、直流母线保护区

（1）直流极母线差动保护

$$|I_{p}-I_{pL}-I_{F11}-I_{F21}|>I_{set6} \tag{12-11}$$

该保护包括Ⅰ段和Ⅱ段保护。Ⅰ段保护的整定需要躲开区外最严重故障时的最大不平衡电流，保护要在控制系统显著抑制故障电流前动作。Ⅱ段保护的整定要躲开换相失败时的最大不平衡电流，动作时间要大于直流线路故障的最长重启时间。保护动作将闭锁换流器、跳开交流断路器。

（2）直流中性母线差动保护

$$|I_{n}-I_{nL}-I_{F12}-I_{F22}|>I_{set7} \tag{12-12}$$

保护定值要考虑躲开正常运行以及换相失败时的最大不平衡电流。保护包括报警段和启动段：当不平衡电流达到较小的定值，保护经过一段延时发出报警，保护报警段的动作时间大于交流系统故障的最长切除时间；不平衡电流达到较大的定值时，保护经过一段延时闭锁换流器，跳开交流断路器，保护启动段的动作时间大于直流线路故障的最长重启时间。

（3）换流器大差保护

$$|I_{p}-I_{n}|>I_{set8} \tag{12-13}$$

保护定值要考虑躲开正常运行以及换相失败时的最大不平衡电流。该保护包括报警段和启动段，报警段的动作时间与直流中性母线差动保护报警段相类似；保护启动段作为换流器差动保护与阀连接母线差动保护的后备，动作时间要与上述两种保护相配合。

（4）阀连接母线差动保护

$$|I_{pn}-I_{np}|>I_{set9} \tag{12-14}$$

保护定值要考虑躲开正常运行以及换相失败时的最大不平衡电流。该保护包括报警段和启动段，报警段的动作时间与直流中性母线差动保护报警段相类似；保护启动段的动作时间要与直流系统控制特性相配合，在控制系统能够显著抑制故障电流前动作。

（5）直流极差动保护

$$|I_{pL}-I_{nL}|>I_{set9} \tag{12-15}$$

保护定值要考虑躲开正常运行以及换相失败时的最大不平衡电流。该保护包括报警段和启动段，报警段的动作时间与直流中性母线差动保护报警段相类似；保护启动段的动作时间不仅要大于直流线路故障的最长重启时间，还要大于换流器大差保护、极母线差动保护、中性母线差动保护的最长动作时间。

四、接地极保护区

（1）双极中性母线差动保护

$$|I_{ne1}+I_{ne2}-I_{gnd}-I_{E1}-I_{E2}|>I_{set10} \tag{12-16}$$

上述判据适用于双极运行的直流输电系统，保护定值要躲开正常运行以及换相失败时的最大不平衡电流。该保护Ⅰ段发送双极平衡运行请求，动作时间大于直流线路故障的最长重启时间；该保护Ⅱ段发送 NBGS 合闸请求，动作时间要确保Ⅰ段保护完成操作并保留秒级的时间差；该保护Ⅲ段发送双极停运信号，动作时间要确保Ⅱ段保护完成操作并至少保留数百毫秒的时间差。

（2）站内接地过电流保护

如果流入接地网的电流较大，保护首先发送双极平衡运行请求，投入中性母线接地开关；如果已经使用了站内接地网，则经过一段延时后发送双极停运信号。

（3）中性母线断路器（NBS）保护

NBS 能够将换流器与中性母线连接或隔离。如果在发送 NBS 分闸信号一段时间后（该时间要大于 NBS 的最长分闸时间），流过 NBS 的电流大于整定值，表明 NBS 不能正常转移电流，保护将发出 NBS 重合闸指令。

（4）中性母线接地开关（NBGS）保护

如果在发送 NBGS 分闸信号一段时间后（该时间要大于 NBGS 的最长分闸时间），流过 NBGS 的电流大于整定值，表明 NBGS 不能正常转移电流，保护将发出 NBGS 重合闸指令。

（5）大地回线转换开关（GRTS）保护

GRTS 位于接地极线与极线之间，能够将直流电流从金属回线转换至大地回线，从而改变直流系统运行方式。如果在发送 GRTS 分闸信号一段时间后（该时间要大于 GRTS 的最长分闸时间），流过 GRTS 的电流大于整定值，保护将发出 GRTS 重合闸指令。

（6）金属回线转换开关（MRTS）保护

MRTS 位于接地极线，能够将直流电流从大地回线转换到金属回线，从而改变直流系统运行方式。如果在发送 MRTS 分闸信号一段时间后（该时间要大于 MRTS 的最长分闸时间），流过 MRTS 的电流大于整定值，保护将发出 MRTS 重合闸指令。

（7）金属回线横差保护

$$|I_{L1}+I_{L2}|>I_{set11} \tag{12-17}$$

保护整定值要躲开正常运行和换相失败时所可能出现的最大不平衡电流。保护Ⅰ段的动作时间要躲过线路电容的最长充放电时间；保护Ⅱ段的动作时间比Ⅰ段动作时间大数百毫秒。保护动作将闭锁换流器。

（8）金属回线纵差保护

该保护利用直流线路两侧换流站金属回线电流的差值，检测金属回线接地故障。保护整定值要躲开正常运行和换相失败时所可能出现的最大不平衡电流，保护动作时间要大于交流系统保护的最长故障清除时间。

（9）金属回线接地故障保护

$$|I_{gnd}+I_{E1}+I_{E2}|>I_{set12} \tag{12-18}$$

保护整定值要躲开正常运行时所可能出现的最大不平衡电流。保护动作时间要大于换流站其他接地保护的动作时间。

（10）接地极引线断线保护

$$|U_{DN}|>U_{set1} \tag{12-19}$$

在换流器中性点电压超过整定值后，保护将闭合 NBGS，避免过电压损害设备。整定值与动作时间的选取要与设备的耐压特性相配合：连续过电压整定值较小，但动作时间较长；瞬时过电压整定值较大，但动作时间较短。

（11）接地极线路过流保护

$$\begin{cases}|I_{E1}|>I_{set13}\\|I_{E2}|>I_{set13}\end{cases} \tag{12-20}$$

保护整定值与动作时间的选取要与接地极线路的过电流水平相配合。接地极线路电流超过整定值一段时间后，保护将发送降功率运行指令；如果电流仍然过大，保护将闭锁换流站。

（12）接地极线路阻抗监测

系统通过串联谐振电路向接地极线路注入高频电流，并根据接地极线路首端的电压、电流计算出接地极线路阻抗。接地极线路阻抗偏离正常值时，表明接地极线路发生故障。

（13）接地极线路不平衡监测

$$|I_{E1}-I_{E2}|>I_{set14} \tag{12-21}$$

该保护检测两条接地极线的电流不平衡分布，整定值要躲开正常下的最大不平衡电流。

五、直流线路保护区

（1）直流线路行波保护

直流线路故障后，故障行波从故障点向直流线路两侧传播。故障行波的来回折反射在线路端口处产生高频的暂态电压和暂态电流。与交流系统的故障行波相比，直流系统的故障行波不受故障初始相位角的影响，传播特性较为理想，因而

得到了广泛应用。本章以典型的电压行波保护和模量行波保护为例进行介绍。电压行波保护判据如下

$$\begin{cases} \mathrm{d}u_{\mathrm{L}}/\mathrm{d}t > \Delta_1 \\ \Delta u_{\mathrm{L}} > \Delta_2 \\ \Delta i_{\mathrm{L}} > \Delta_3 \quad \text{整流侧} \\ \Delta i_{\mathrm{L}} < \Delta_4 \quad \text{逆变侧} \end{cases} \tag{12-22}$$

整定值的选取要确保保护能够识别线路末端保护，且在区外故障（交流系统故障、换相失败、换流站内部故障等）时不发生误动。电压行波保护首先检测电压变化率和电压变化量，只有在这两个判据成立后才启动电流变化量判据。其中，电压变化率判据用于区分区内外故障，电压变化量判据用于区分扰动和故障，电流变化量判据用于判断故障是否发生在本极线路。

模量行波保护判据如下

$$\begin{cases} \mathrm{d}P/\mathrm{d}t > \Delta_5 \\ \Delta P > \Delta_6 \\ \mathrm{d}G_0/\mathrm{d}t > \Delta_7 \\ \Delta G_0 > \Delta_8 \end{cases} \tag{12-23}$$

其中极波和地模波是通过数学运算而来，类似于交流 a、b、c 三相电气量通过相序变换得到正负零序分量。极波 P 和地模波 G_0 的计算表达式为

$$\begin{cases} P = Z_1(i_{\mathrm{L}} - i_{\mathrm{L\_op}}) - (u_{\mathrm{L}} - u_{\mathrm{L\_op}}) \\ G_0 = Z_0(i_{\mathrm{L}} + i_{\mathrm{L\_op}}) - (u_{\mathrm{L}} + u_{\mathrm{L\_op}}) \end{cases} \tag{12-24}$$

式中，Z_1 和 Z_0 分别为线路的极波阻抗和地模波阻抗，下标 $_{\mathrm{\_op}}$ 表示对极的电气量。

当直流线路正常运行时，极波的幅值和变化率都接近于零；线路发生故障后，极波发生显著变化；地模波用于识别故障极线。故障行波幅值随着故障电阻的增大而下降，这导致上述两种行波保护无法识别直流线路高阻故障，为此直流线路还需配置其他保护实现对直流线路故障的全覆盖。

（2）微分欠压保护

$$\begin{cases} \mathrm{d}u/\mathrm{d}t > \Delta_9 \\ u < \Delta_{10} \end{cases} \tag{12-25}$$

与电压行波保护相比，直流线路微分欠压保护具有相同的整定原则，但对电压变化率的上升沿进行了拓展。因此，在行波保护退出运行或由于电压变化率上升沿宽度不足而拒动时，微分欠压保护可以提供后备保护。然而，该保护同样具有耐受过渡电阻能力不足的缺陷。

（3）直流线路纵差保护

$$|I_{dr}-I_{di}|>\Delta_{11} \tag{12-26}$$

其中，I_{dr} 和 I_{di} 分别为整流侧和逆变侧的直流电流。

保护的整定值要躲开非区内故障时所可能出现的最大不平衡电流，保护的动作时间要大于交流系统保护的最长故障清除时间，通常为数百毫秒。对于行波保护和微分欠压保护不能识别的高阻故障，直流线路纵差保护可以提供后备保护。然而，由于保护动作时间过长，可能导致在保护动作之前直流控制系统已经响应并切换控制模式。

（4）故障清除与重启动

在行波保护、微分欠压保护、纵差保护等直流线路保护检测到直流线路故障后，系统开始执行故障清除与重启动程序：整流器触发角增大至 90°以上，直流线路两侧换流器均处于逆变运行状态；直流线路电流下降至零后，等待一定的去游离时间，使直流线路恢复绝缘能力；整流侧尝试重新建立直流电压，直流电压超过整定值表明直流故障已经清除，直流系统开始恢复正常运行，否则直流线路再次执行故障清除与重启动程序。

（5）直流欠电压保护

测量每个换流器的直流输出电压，输出电压低于整定值表明直流线路发生故障。保护动作时间要与直流线路保护以及交流系统保护相配合，保护动作将闭锁换流器。

（6）直流线路开路试验监测

在直流系统进行开路试验期间，通过直流电压的实际值与理论计算值之间的差值，来检测直流侧故障。此外，交流侧电流过大时，保护也会启动。保护动作将闭锁换流器。

（7）直流谐波保护

$$\begin{cases} I_{d\_50Hz}>\Delta_{12} \\ I_{d\_100Hz}>\Delta_{13} \end{cases} \tag{12-27}$$

该保护包括 50Hz 保护和 100Hz 保护，其中 50Hz 保护用于换相失败的后备保护，100Hz 保护用于交流系统单相故障或相间故障的后备保护。保护提取直流电流对应频率的交流分量，当交流分量大于整定值时，表明直流系统发生相应的故障。保护动作时间要与交流系统的最长故障清除时间以及换相失败保护的最长动作时间相配合。

第三节　传统直流输电系统保护的整定计算算例

一、算例

【算例 12-1】 双 12 脉动整流器的交流侧线电压有效值为 170kV，换相电抗为 5Ω，直流电压为 810kV，直流电流为 3kA，试判断最小触发角控制是否动作。

解： 双 12 脉动整流器含有 4 个 6 脉动整流器，极对地电压为

$$U_{dc}=4\times(1.35U_{ac}\cos\alpha-\frac{3}{\pi}X_{r}I_{dc})$$

将已知参数代入上式，可得

$$810=4\times(1.35\times170\times\cos\alpha-\frac{3}{\pi}\times5\times3)$$

通过求解上式，可得触发角 $\alpha=19.1°$，大于最小触发角 5°，因此，最小触发角控制不会动作。

【算例 12-2】 传统直流输电系统的直流电压为 800kV，正常情况下的电压波动不超过 2%。逆变侧直流出口处发生金属性接地故障后，整流侧直流线路的 du/dt 最大值为 0.11。请计算：整流侧直流线路行波保护的电压变化率判据整定值；直流线路低电压判据整定值。

解： 对于直流线路整流侧而言，其行波保护的电压变化率判据要躲开逆变侧直流出口处故障后的 du/dt 最大值。考虑 1.3 倍的可靠性系数，则电压变化率判据整定值为

$$\left(\frac{du}{dt}\right)_{set}=1.3\times0.11=0.143$$

直流线路低电压判据需要躲开正常运行时的最低直流电压。考虑 0.9 倍的可靠性系数，则低电压判据整定值为

$$u_{set}=0.9\times800\times(1-2\%)=705.6(kV)$$

二、工程定值清单

以某±800kV 直流输电工程为例，额定直流电流 5000A，额定输送功率 8000MW。换流站每极由两组 12 脉动换流器串联而成。直流系统保护主要由阀组保护、极保护、双极保护、换流变引线和换流变保护、交流滤波器及其母线保护组成，直流系统保护定值清单如表 12-1 所示。

表 12-1　传统直流系统保护定值清单

保护名称	参数说明	逻辑	动作后果
阀组阀短路保护（VSCP）	IVY 和 IVD 为阀组的交流电流；IDC1P 和 IDC2P 分别为高端阀和低端阀的正极直流电流； IDC1N 和 IDC2N 分别为高端阀和低端阀的负极直流电流； ID_NOM 为额定直流电流	MAX(IVY、IVD)－MAX(IDC1/2P、IDC1/2N)＞MAX[0.2×MAX(IDC1/2P、IDC1/2N)、0.5×ID_NOM]，延时 500μs 跳闸	1. 单极单阀组保护动作：执行 X 闭锁，跳交流开关，合 BPS，启动开关失灵保护，锁定交流开关；极隔离； 2. 单极双阀组保护动作：执行 U 闭锁，跳交流开关，合 BPS，启动开关失灵保护，锁定交流开关，阀组隔离
阀组过流保护（DCOCP）	IVY 和 IVD 为阀组的交流电流； IDC1P 和 IDC2P 分别为高端阀和低端阀的正极直流电流； IDC1N 和 IDC2N 分别为高端阀和低端阀的负极直流电流； ID_NOM 为额定直流电流	额定直流电流 ID_NOM = 5000 A 1. 过流保护Ⅰ段 MAX[(IDC1/2N)、MAX(IVY)、MAX(IVD)]＞ID_NOM×1.13，延时 120min 切换系统；延时 125min 回降功率； 2. 过流保护Ⅱ段 MAX[(IDC1/2N)、MAX(IVY)、MAX(IVD)]＞ID_NOM×1.31，延时 3s 切换系统；延时 3.5s 回降功率；延时 3.7s 跳闸； 3. 过流保护Ⅲ段 MAX[(IDC1/2N)、MAX(IVY)、MAX(IVD)]＞ID_NOM×2.0，经延时 2ms，展宽 15ms，延时 600ms 跳闸； 4. 过流保护Ⅳ段 MAX[(IDC1/2N)、MAX(IVY)、MAX(IVD)]＞ID_NOM×3.5，延时 2ms 跳闸	1. 单极单阀组保护动作：切换系统，功率回降，执行 Y 闭锁，跳交流开关，合 BPS，启动失灵保护，锁定交流开关；极隔离； 2. 单极双阀组保护动作：切换系统，功率回降，执行 V 闭锁，跳交流开关，合 BPS，启动失灵保护，锁定交流开关，阀组隔离
换相失败保护（CFP）	IVY 和 IVD 为阀组的交流电流； IDCP 为正极直流电流； IDCN 为负极直流电流	额定直流电流 ID_NOM=5000A 判据 1：[MAX(IDCP、IDCN)－MAX(IVY)]＞限幅 [MAX(IDCP，IDCN)×0.1]且[0.65×MAX(IDCP、IDCN)]＞MAX(IVY)； 判据 2：[MAX(IDCP、IDCN)－MAX(IVD)]＞限幅 [MAX(IDCP，IDCN)×0.1+0]且[0.65×MAX(IDCP、IDCN)]＞MAX(IVD)； 本阀组在逆变模式，且在解锁状态下，该保护有效。 1. 检测到换相失败： 当[0.65×MAX(IDC1/2P、IDC1/2N)]＞MAX(IVY)或者[0.65×MAX(IDC1/2P、IDC1/2N)]＞MAX(IVD)时检测到换相失败； 2. 单桥 CFP 保护（计时原理）：在判据 1 和判据 2 仅有一个满足时，且无交流低电压闭锁，经展宽 150ms，延时 400ms 切换系统；经展宽 150ms，延时 650ms 跳闸；	1. 单极单阀组保护动作：切换系统，单桥换相失败执行 X 闭锁，双桥换相失败执行 Y 闭锁，跳交流开关，合 BPS，启动失灵保护，锁定交流开关；

续表

保护名称	参数说明	逻辑	动作后果
换相失败保护(CFP)	IVY 和 IVD 为阀组的交流电流； IDCP 为正极直流电流； IDCN 为负极直流电流	3. 单桥 CFP 保护(计数原理)：在判据 1 和判据 2 仅有一个满足时，且无交流低电压闭锁，在 860ms 时窗内换相失败次数大于 20 次切换系统；在 860ms 时窗内换相失败次数大于 30 次跳闸； 4. 双桥换相失败保护(计时原理)： 快速段：判据 1、判据 2 任意一个满足，展宽 500ms，延时 1000ms 切换系统；展宽 500ms，延时 1600ms 跳闸； 慢速段：判据 1、判据 2 任意一个满足，展宽 2.5s，延时 7s 切换系统；展宽 2.5s，延时 10s 跳闸； 5. 双桥换相失败保护(计数原理)： 判据 1、判据 2 任意一个满足，在 2800ms 时窗内换相失败次数大于 150 次切换系统；在 2800ms 时窗内换相失败次数大于 200 次跳闸； 6. 双桥换相失败快速段：新增双桥换相快速段展宽 200ms，动作延时 1.2s； 7. 双桥换相失败加速度段：(1)当直流双极功率在 6500MW 以上时，一旦检测任一桥换相失败(0 时刻)，计数器计 1 并自保持 200ms；计数器计 1 后 200ms 到 400ms 期间检测任一桥换相失败，计数器计 2 并自保持 200ms；计数器计 2 后 200ms 到 500ms 期间再次检测任一桥换相失败，计数器计 3。上述任一条件不满足，计数器清 0；计数器达到 3，阀组出口脉宽为 500ms 信号至极控。 (2)当直流双极功率在 5500MW 及以上 6500MW 以下时，一旦检测任一桥换相失败(0 时刻)，计数器计 1 并自保持 200ms；计数器计 1 后 200ms 到 400ms 期间检测任一桥换相失败，计数器计 2 并自保持 200ms；计数器计 2 后 200ms 到 400ms 期间检测任一桥换相失败，计数器计 3 并自保持 200ms；计数器计 3 后 200ms 到 500ms 期间再次检测任一桥换相失败，计数器计 4。上述任一条件不满足，计数器清 0；计数器达到 4，阀组出口脉宽为 500ms 信号至极控。 (3)当直流双极功率在 4000MW 及以上 5500MW 以下时，一旦检测任一桥换相失败(0 时刻)，计数器计 1 并自保持 200ms；计数器计 1 后 200ms 到 400ms 期间检测任一桥换相失败，计数器计 2 并自保持 200ms；计数器计 2 后 200ms 到 400ms 期间检测任一桥换相失败，计数器计 3 并自保持 200ms；计数器计 3 后 200ms 到 400ms 期间检测任一桥换相失败，计数器计 4 并自保持 200ms；计数器计 4 后 200ms 到 500ms 期间再次检测任一桥换相失败，计数器计 5。上述任一条件不满足，计数器清 0；计数器达到 5，阀组出口脉宽为 500ms 信号至极控。 (4)当直流双极功率在 4000MW 以下时，一旦检测任一桥换相失败(0 时刻)，计数器计 1 并自保持 200ms；计数器计 1 后 200ms 到 400ms 期间检测任一桥换相失败，计数器计 2 并自保持 200ms；计数器计 2 后 200ms 到 400ms 期间检测任一桥换相失败，计数器计 3	2. 单极双阀组保护动作：切换系统，单桥换相失败 U 闭锁，双桥换相失败执行 V 闭锁，跳交流开关，合 BPS，启动失灵保护，锁定交流开关，阀组隔离； 3. 双极换相失败保护快速段动作：长期动作报警，执行 Y 闭锁，跳交流开关，启动失灵保护，锁定交流开关，执行极隔离命令

续表

保护名称	参数说明	逻辑	动作后果
换相失败保护（CFP）	IVY 和 IVD 为阀组的交流电流； IDCP 为正极直流电流； IDCN 为负极直流电流	并自保持 200ms；计数器计 3 后 200ms 到 400ms 期间检测任一桥换相失败，计数器计 4 并自保持 200ms；计数器计 4 后 200ms 到 400ms 期间检测任一桥换相失败，计数器计 5 并自保持 200ms；计数器计 5 后 200ms 到 500ms 期间再次检测任一桥换相失败，计数器计 6。上述任一条件不满足，计数器清 0；计数器达到 6，阀组出口脉宽为 500ms 信号至极控。 极控检测本极在运阀组均发出该信号，本极动作信号满足，同时向对极发出动作信号。极控检测到本极动作信号和对极动作信号同时满足时，闭锁该极。 ① 双极功率水平取故障前的双极功率值； ② 双极功率水平判断迟滞值为 100MW（功率门槛值为“给定功率值＋100MW”）	
阀组差动保护（VDCDP）	IDC1P 和 IDC2P 分别为高端阀和低端阀的正极直流电流； IDC1N 和 IDC2N 分别为高端阀和低端阀的负极直流电流	直流差动电流 VDP _ DIFF＝|（IDC1/2P）－（IDC1/2N）| 额定直流电流 ID _ NOM＝5000A 1. 报警：VDP _ DIFF＞0.03×ID _ NOM，延时 4s 报警； 2. 保护Ⅰ段： VDP _ DIFF＞|［（IDC1/2P）＋（IDC1/2N）］×0.5|×0.2，展宽 4ms，延时 200ms 跳闸； 3. 保护Ⅱ段： VDP _ DIFF＞|［（IDC1/2P）＋（IDC1/2N）］×0.5|×0.2，延时 5ms 跳闸	报警；X 闭锁，跳换流变开关，锁定换流变开关，启动失灵保护，极隔离
阀组触发异常保护（VMP）		比较点火信号和回报信号或者电流过零信号，判断换流器是否正常导通	换流器级保护动作，报警，切换到冗余控制系统，换流器 X 闭锁，换流器隔离，交流开关跳闸
线路行波保护（LPTW）	DID 为直流线路电流； DUD 为直流线路电压	大地回线运行： COMM _ WAVE _ DT＞COMM _ WAVE _ DT _ SET，且 COMM _ WAVE＞COMM _ WAVE _ AMP _ REF，且 DIFF _ WAVE＞DIFF _ WAVE _ AMP _ REF，且电流没有减小，则保护延时 0.2ms 后动作。 WC＝COMM _ WAVE ×DIFF _ WAVE； IC＝0.5 ×（DID＋DID _ OP）×0.5（DID－DID _ OP）；	线路重启动

续表

保护名称	参数说明	逻辑	动作后果
线路行波保护（LPTW）	DID为直流线路电流； DUD为直流线路电压	UC=0.5×(DUD+DUD _ OP)×0.5(DUD−DUD _ OP)； 金属回线运行： COMM _ WAVE _ DT>COMM _ WAVE _ DT _ SET，且COMM _ WAVE>COMM _ WAVE _ AMP _ REF，且DIFF _ WAVE>DIFF _ WAVE _ AMP _ REF，且电流没有减小，则保护延时0.2ms后动作	
线路电压突变量保护(LPDUPT)	UDL为直流线路正极电压； IPL为直流线路正极电流	(DU _ DTS<−1.3×UD _ NOM延时0.2ms或DU _ DTL<−1.3×UD _ NOM延时0.2ms)，且UDL _ POL<0.4×UD _ NOM延时0.8ms，且IPL−IPLq−20≥300A时，保护动作	线路重启动
线路低电压保护（LPUV）（仅在整流侧配置）	UDL为直流线路正极电压	额定直流电压：UD _ NOM=800kV×UD _ SCAL； 1.单极双阀组运行 重启动信号保持500ms，同时，整流侧，正常电压运行，UDL _ LP<UD _ NOM×0.35，延时80ms，线路保护有效、无低交流电压指示跳闸； 重启动信号保持500ms，同时，整流侧，降压运行，UDL _ LP<UD _ NOM×0.25，线路保护有效、无低交流电压指示，延时80ms，跳闸； 整流侧，通信正常，正常电压运行，UDL _ LP<UD _ NOM×0.35，且线路保护有效、无低交流电压指示时，延时80ms，跳闸； 整流侧，通信正常，降压运行，UDL _ LP<UD _ NOM×0.25，且线路保护有效、无低交流电压指示时，延时80ms，跳闸； 整流侧，通信不正常，正常电压运行，UDL _ LP<UD _ NOM×0.35，且另一极运行并无低直流电压指示，且线路保护有效、无低交流电压指示时，延时200ms，跳闸； 整流侧，通信不正常，降压运行，UDL _ LP<UD _ NOM×0.25，且另一极运行并无低直流电压指示，且线路保护有效、无低交流电压指示时，延时200ms，跳闸； 整流侧，通信不正常，正常电压运行，UDL _ LP<UD _ NOM×0.35，且线路保护有效、无低交流电压指示时，延时700ms，跳闸； 整流侧，通信不正常，降压运行，UDL _ LP<UD _ NOM×0.25，且线路保护有效、无低交流电压指示时，延时700ms，跳闸	线路重启动

续表

<table>
<tr><th>保护名称</th><th>参数说明</th><th>逻辑</th><th>动作后果</th></tr>
<tr><td>直流过压保护(OVP)</td><td>UDL 为直流线路正极电压；
UDN 为中性线电压；
IN 为中性线电流</td><td>额定直流电流 ID _ NOM=5000A；
额定直流电压 UD _ NOM _ OVP=400kV(至少有一个阀组被旁通)；UD _ NOM _ OVP=800kV(两个阀组均未被旁通)；
In _ TRIP _ REF=ID _ NOM×0.025；
1. 直流过压切换段
①母线间
|UDL−UDN|＞UD _ NOM _ OVP×1.04，不在 OLT 状态，延时 30s 切换系统；
②极母线
|UDL|＞UD _ NOM _ OVP×1.04，不在 OLT 状态，延时 30s 切换系统；
2. 直流过压Ⅰ段
①母线间
|UDL−UDN|＞UD _ NOM _ OVP×1.1，延时 400ms 切换系统；延时 700ms 跳闸；
②极母线
|UDL|＞UD _ NOM _ OVP×1.1，延时 400ms 切换系统；延时 700ms 跳闸；
3. 直流过压Ⅱ段
①母线间
|UDL−UDN|＞UD _ NOM _ OVP×1.3，且 IN _ TRIP _ REF＞IN，延时 300ms 切换系统；延时 500ms 跳闸；
②极母线
|UDL|＞UD _ NOM _ OVP×1.3，且 IN _ TRIP _ REF＞IN，延时 300ms 切换系统；延时 500ms 跳闸</td><td>系统切换，Ⅰ段 Z 闭锁，Ⅱ段 X 闭锁，跳换流变开关，锁定换流变开关，启动失灵保护，极隔离</td></tr>
<tr><td>直流低电压保护(UVP)(仅在整流侧配置)</td><td>UDL 为直流线路正极电压；
IPL 为直流线路正极电流</td><td>额定直流电流 ID _ NOM=5000A；
额定直流电压：UD _ NOM=800kV(单极双阀组正常电压运行)；UD _ NOM=560kV(单极双阀组降压运行)；UD _ NOM=400kV(单极单阀组正常电压运行)；
1. 不带电流段：
整流站，无 UVP 保护闭锁信号，且至少 1 个换流器正常运行，|UDL|＜UD _ NOM×0.3，经延时 10ms，展宽 100ms，延时 2s 切换系统；经延时 10ms，展宽 100ms，延时 4s 跳闸；</td><td>系统切换，Z 闭锁，跳换流变开关，启动失灵保护，锁定换流变开关</td></tr>
</table>

续表

<table>
<tr><th>保护名称</th><th>参数说明</th><th>逻辑</th><th>动作后果</th></tr>
<tr><td></td><td></td><td>2. 带电流段：
整流站，无 UVP 保护闭锁信号，且至少 1 个换流器正常运行，|UDL|<UD _ NOM×0. 3，且 IPL>ID _ NOM×0. 3，延时 400ms 切换系统</td><td></td></tr>
<tr><td>线路差动保护(DLPLD)</td><td>IPL 为直流线路正极电流；
IPL _ FOSTA 为对端直流线路正极电流</td><td>I _ ARLRM _ REF=
|0. 07×(IPL+IPL _ FOSTA)×0. 5|；
当 I _ ARLRM _ REF<100A 时，
I _ REF _ ARLRM=100A；
当 100A<I _ ARLRM _ REF<500A 时，
I _ REF _ ARLRM=I _ ARLRM _ REF；
当 I _ ARLRM _ REF>500A 时，
I _ REF _ ARLRM=500A；
I _ TRIP _ REF=
|0. 1×(IPL+IPL _ FOSTA)×0. 5|；
当 I _ TRIP _ REF<200A 时，
I _ REF _ TRIP=200A；
当 200A<I _ TRIP _ REF<500A 时，
I _ REF _ TRIP=I _ TRIP _ REF；
当 I _ TRIP _ REF>500A 时，
I _ REF _ TRIP=500A；
1. 报警部分：
整流侧
|IPL−IPL _ FOSTA|>I _ REF _ ARLRM，
延时 1s，且极解锁、差动保护有效、DLPLD _ OK，则报警；
2. 动作部分：
整流侧
|IPL−IPL _ FOSTA|>I _ REF _ TRIP，延时 3s，且极解锁、差动保护有效、DLPLD _ OK，则启动线路重启动</td><td>报警，线路重启动</td></tr>
</table>

续表

保护名称	参数说明	逻辑	动作后果
极母线差动保护(PBDP)	UDL 为直流线路正极电压； IDC1P 为高端阀的正极直流电流； IDC2P 为低端阀的正极直流电流 IPL 为直流线路正极电流； IZT1 为直流滤波器电流	额定直流电压：UD _ NOM=800kV(单极双阀组正常电压运行)；UD _ NOM=560kV(单极双阀组降压运行)；UD _ NOM=400kV(单极单阀组正常电压运行)； 额定直流电流：ID _ NOM=5000A 阀组高压侧电流： ID _ HV _ SIDE=MAX(IDC1/2P)(高低端阀组 CONV1、CONV2 都被旁通(未运行))，ID _ HV _ SIDE=IDC2P(高端阀 CONV1 被旁通，低端阀 CONV2 未被旁通)，ID _ HV _ SIDE=IDC1P(高端阀 CONV1 未被旁通，低端阀 CONV2 被旁通/高低端阀 CONV1、CONV2 都未被旁通)； 差动电流： 1. 阀阳极接地时(站 2 极Ⅱ) ① 高端阀 CONV1 和低端阀 CONV2 被旁通(未运行)时，IPBDP _ DIFF=0 ② 高端阀 CONV1 未被旁通(运行)时， IPBDP _ DIFF=|IDC1P−IPL−IZT1| ③ 高端阀 CONV1 被旁通，低端阀 CONV2 未被旁通时， IPBDP _ DIFF=|IDC2P−IPL−IZT1| 2. 阀阳极不接地时(站 2 极Ⅰ) ① 高端阀 CONV1 和低端阀 CONV2 被旁通时，I _ PBDP _ DIFF=0 ② 高端阀 CONV1 未被旁通时， IPBDP _ DIFF=|IDC1P−IPL+IZT1| ③高端阀 CONV1 被旁通，低端阀 CONV2 未被旁通时，IPBDP _ DIFF=|IDC2P−IPL+IZT1| a. 报警部分： IPBDP _ DIFF>ID _ NOM×0.0375，延时 2s，报警； b. 差动保护Ⅰ段： IPBDP _ DIFF>MAX[|MAX(|ID _ HV _ SIDE|、|IPL|、|IZT1|)×0.15、1000]，延时 150ms 跳闸； c. 差动保护Ⅱ段： (UD _ NOM×0.54)>(UDL/−UDL)，且 IPBDP _ DIFF>MAX[|MAX(|ID _ HV _ SIDE|、|IDL|、|IZT1|)×0.2、1750]，延时 6ms 跳闸	报警，Z 闭锁，跳换流变开关，锁定换流变开关，启动失灵保护，极隔离

续表

<table>
<tr><th>保护名称</th><th>参数说明</th><th>逻辑</th><th>动作后果</th></tr>
<tr><td>中性线差动保护(NBDP)</td><td>IDC1N 和 IDC2N 分别为高端阀和低端阀的负极直流电流；
IN 为中性线电流</td><td>额定直流电流：ID _ NOM=5000A；
阀组低压侧电流：
ID _ LV _ SIDE=MAX(IDC1/2N)(高低端阀组 CONV1、CONV2 都被旁通(未运行))，ID _ LV _ SIDE=IDC1N(高端阀 CONV1 未被旁通，低端阀 CONV2 被旁通)，ID _ LV _ SIDE=IDC2N(高端阀 CONV1 被旁通，低端阀 CONV2 未被旁通/高低端阀 CONV1、CONV2 都未被旁通)；
差动电流：
1. 阀阳极接地时(站 2 极Ⅱ)
① 高端阀 CONV1 和低端阀 CONV2 被旁通(未运行)时，INBDP _ DIFF=0
② 高端阀 CONV1 未被旁通(运行)时
INBDP _ DIFF=|IDC1N−IN−(IZ1T2Z _ P+IZ2T2 _ P)+(ICN+IAN)|
③ 高端阀 CONV1 被旁通，低端阀 CONV2 未被旁通时
INBDP _ DIFF=|IDC2N−IN−(IZ1T2Z _ P+IZ2T2 _ P)+(ICN+IAN)|
2. 阀阳极不接地时(站 2 极Ⅰ)
① 高端阀 CONV1 和低端阀 CONV2 被旁通时，
I _ NBDP _ DIFF=0
② 高端阀 CONV1 未被旁通(运行)时
INBDP _ DIFF=|IDC1N−IN+(IZ1T2Z _ P+IZ2T2 _ P)−(ICN+IAN)|
③ 高端阀 CONV1 被旁通，低端阀 CONV2 未被旁通时，
INBDP _ DIFF=|IDC2N−IN+(IZ1T2Z _ P+IZ2T2 _ P)−(ICN+IAN)|
a. 报警部分：
INBDP _ DIFF>ID _ NOM×0.0375，延时 2s 报警；
b. 差动保护Ⅰ段：
INBDP _ DIFF>MAX[|MAX(|ID _ LV _ SIDE|、|IN|、|(IZ1T2 _ P+IZ2T2 _ P)|)×0.1、300]，延时 150ms 跳闸；
c. 差动保护Ⅱ段：
INBDP _ DIFF>MAX[|MAX(|ID _ LV _ SIDE|、|IN|、|(IZ1T2 _ P+IZ2T2 _ P)|)×0.2、1750]，延时 16ms 跳闸</td><td>报警，Z 闭锁，跳换流变开关，锁定换流变开关，启动失灵保护，极隔离</td></tr>
</table>

续表

保护名称	参数说明	逻辑	动作后果
直流谐波保护(HAP)	IPL 为直流线路正极电流； IPL _ 100Hz 为 IPL 的 100Hz 分量； IPL _ 50Hz 为 IPL 的 50Hz 分量	额定直流电流:ID _ NOM=5000A； 1.基波部分： IPL _ 50Hz>ID _ NOM×0.03,展宽 50ms,延时 5s 报警； IPL _ 50Hz>(IPL×0.1+ID _ NOM×0.06),经延时 4ms,展宽 50ms,延时 1s 切换系统;经延时 4ms,展宽 50ms 后,延时 4s 功率回降;经延时 4ms,展宽 50ms 后,延时 6s 跳闸； 2.二次谐波部分： IPL _ 100Hz>ID _ NOM×0.03,延时 5s 报警； IPL _ 100Hz>(IPL×0.2+ID _ NOM×0.06),经延时 2ms,展宽 25ms 后,延时 1s 切换系统;经延时 2ms,展宽 25ms 后,延时 7s 功率回降;经延时 2ms,展宽 25ms 后,延时 10s 跳闸	报警,系统切换,功率回降,Y 闭锁,跳换流变开关,锁定换流变开关,启动失灵保护,极隔离
极不平衡保护(UOP)	UDL 为直流线路正极电压	不在 OLT 期间,且 2 个换流器正常运行,|UDL|>0.35×UDREFVARECT,且|UDL|<MAX(420kV,0.65×UDREFVARECT),整流侧延时 5s 退出低端阀组,逆变侧延时 3s 退出低端阀组	退低阀
中性线开关保护(NBSP)	IN 为中性线电流	|IN|>75A,且 NBS 开关在断开位置,展宽 10ms,延时 140ms 重合 NBS 开关,触发 NBSF	重合 NBS,触发 NBSF(不再重合 NBGS)
交直流碰线/远端故障检测(ACDC _ TOUCH)	UDL _ 50Hz 为直流线路正极电压的 50Hz 分量	UDL _ 50Hz>80kV,延时 150ms,信号为 500ms 脉冲出口闭锁重启动	闭锁线路重启

续表

<table>
<tr><th>保护名称</th><th>参数说明</th><th>逻辑</th><th>动作后果</th></tr>
<tr><td>接地极线开路保护(ELOCP)</td><td>UDN 为中性线电压</td><td>1. 天山站在金属回线运行方式时
|UDN|>85kV,延时 60s,且极解锁、保护有效保护Ⅰ段动作合 NBGS;
|UDN|>85kV,延时 90s,且极解锁、保护有效保护Ⅰ段动作跳闸;
|UDN|>114kV,延时 350ms,且极解锁、保护有效保护Ⅱ段动作合 NBGS;
|UDN|>115kV,延时 450ms,且极解锁、保护有效保护Ⅱ段动作跳闸;
|UDN|>250kV,IN<100A,延时 30ms,且极解锁、保护有效保护Ⅲ段动作跳闸;
2. 天山站不在金属回线运行方式,或中州站在金属回线方式,或中州站不在金属回线方式时:
|UDN|>10kV,延时 60s,且极解锁、保护有效保护Ⅰ段动作合 NBGS;
|UDN|>10kV,延时 90s,且极解锁、保护有效保护Ⅰ段动作跳闸;
|UDN|>19kV,延时 350ms,且极解锁、保护有效保护Ⅱ段动作合 NBGS;
|UDN|>20kV,延时 450ms,且极解锁、保护有效保护Ⅱ段动作跳闸;
|UDN|>30kV,IN<100A,延时 10ms,且极解锁、保护有效保护Ⅲ段动作跳闸</td><td>1. 保护Ⅰ段动作后果:
合 NBGS;
2. 保护Ⅱ段动作后果:
Z 闭锁,跳换流变开关,锁定换流变开关,启动失灵保护,极隔离;
3. 保护Ⅲ段动作后果:
X 闭锁,跳换流变开关,锁定换流变开关,启动失灵保护,极隔离</td></tr>
<tr><td>双极中性母线差动保护(BNBDP)</td><td>IN 为中性线电流;
IN _ OP 为对极中性线电流;
IGND 为接地开关电流;
IDME 为金属回线电流</td><td>额定直流电流:ID _ NOM=5000A;
差动电流:
①阀组阳极接地(站 2 极Ⅱ)
IDIF _ BNBDP=|(IN _ OP−IN)−(IGND+IDME+IDEL1+IDEL2+IANE)|;
②阀组阳极不接地(站 2 极Ⅰ)
IDIF _ BNBDP=|(IN-IN _ OP)−(IGND+IDME+IDEL1+IDEL2+IANE)|;
①、②两式中,当极Ⅰ未连接(WN _ Q11、WN _ Q13 均在断开位置)或极Ⅱ未连接(WN _ Q12、WN _ Q14 均在断开位置)或 WN _ Q15 在断开位置或 WN _ Q16 在断开位置时,相应的 IN、IN _ OP、IGND、IDME 取值为 0,当两极均未连接(极Ⅰ的 WN _ Q11、WN _ Q13 均在断开位置,且极Ⅱ的 WN _ Q12、WN _ Q14 均在断开位置)且 WN _ Q16 在断开位置时或接地极线未连接(WN _ Q17 在断开位置)时,IDEL1、IDEL2、IANE 均取值为 0;
制动电流:
I _ BIPOLE _ RES=|IN−IN _ OP|,当极Ⅰ未连接(WN _ Q11、WN _ Q13 均在断开位置)或极Ⅱ未连接(WN _ Q12、WN _ Q14 均在断开位置)时,相应的 IN、IN _ OP 取值为 0;</td><td>单极:移相重启动,Y 闭锁,跳换流变开关,锁定换流变开关,启动失灵保护;
双极:极平衡,Y 闭锁,跳换流变开关,锁定换流变开关,启动失灵保护</td></tr>
</table>

续表

<table>
<tr><th>保护名称</th><th>参数说明</th><th>逻辑</th><th>动作后果</th></tr>
<tr><td>双极中性母线差动保护(BNBDP)</td><td>IN 为中性线电流；
IN_OP 为对极中性线电流；
IGND 为接地开关电流；
IDME 为金属回线电流</td><td>1. 报警部分：
IDIF_BNBDP>ID_NOM×0.015，延时 1s 报警；
2. 动作部分：
单极运行：
控制极，IDIF_BNBDP>MAX(I_BIPOLE_RES×0.1，ID_NOM×0.03)，延时 150ms，且信号输出 200ms 脉冲请求移相；延时 600ms 跳闸；
双极运行：
控制极，IDIF_BNBDP>MAX(I_BIPOLE_RES×0.1，ID_NOM×0.03)，延时 200ms 极平衡；
控制极，IDIF_BNBDP>MAX(I_BIPOLE_RES×0.1，ID_NOM×0.03)，延时 2s 跳闸</td><td>单极：移相重启动，Y 闭锁，跳换流变开关，锁定换流变开关，启动失灵保护；
双极：极平衡，Y 闭锁，跳换流变开关，锁定换流变开关，启动失灵保护</td></tr>
<tr><td>金属回线纵差保护(MRLDP)</td><td>IDME 为金属回线电流；
IDME_FOSTA 为对端金属回线电流</td><td>当 WN_Q16 在分时，IDME=0；IDME 两站正负号不一致。
1. |IDME+IDME_FOSTA|>|(IDME−IDME_FOSTA)×0.5×0.1|，延时 1000ms，且是整流站、金属回线运行、控制极，且无闭锁信号报警；
2. |IDME+IDME_FOSTA|>|(IDME−IDME_FOSTA)×0.5×0.1|，且是整流站、金属回线运行、控制极，且无闭锁信号，延时 250ms，信号保持 200ms，执行移相；延时 500ms，跳闸</td><td>报警，移相重启动，Y 闭锁，跳换流变开关，锁定换流变开关，启动失灵保护，极隔离</td></tr>
<tr><td>站内接地网过流保护(SGOCP)</td><td>IGND 为接地开关电流</td><td>接地开关电流绝对值：IGND_SW_ABS=|IGND|(当 WN_Q15 在断开位置时，IG−ND=0)；
1. 报警：
IGND_SW_ABS>100A，延时 1s 报警；
2. 单极运行，控制极：
IGND_SW_ABS>200A，且不在双极运行，无 NBS 重合故障指示，延时 2s 跳闸；
3. 双极运行，控制极：
① IGND_SW_ABS>100A，且在双极运行，延时 1.5s 极平衡；
② IGND_SW_ABS>100A，且在双极运行或有 NBS 重合故障指示，站内接地(WN_Q1、WN_Q15 合闸)，延时 12s(有 NBS 重合故障指示)或延时 3s(无 NBS 重合故障指示)跳闸</td><td>报警；
单极：Y 闭锁，跳换流变开关，锁定换流变开关，启动失灵保护，极隔离；
双极：极平衡，Y 闭锁，跳换流变开关，锁定换流变开关，启动失灵保护，极隔离</td></tr>
</table>

续表

保护名称	参数说明	逻辑	动作后果
中性母线接地开关保护(NBGSP)	IGND 为接地开关电流	控制极,|IGND|>75A,且 NBGS 在断开位置,展宽 10ms,延时 140ms,重合 NBGS	重合 NBGS
金属回线横向差动保护(MRTDP)	IN 为中性线电流; IDME 为金属回线电流	额定直流电流:ID _ NOM=5000A; 中性母线开关电流:IN _ SW=IN,当极未连接(WN _ Q11、WN _ Q13 均在断开位置,极Ⅰ未连接;WN _ Q12、WN _ Q14 均在断开位置,极Ⅱ未连接)时 IN=0; 金属回线开关电流:IDME _ SW=IDME,当 WN _ Q16 分位时 IDME=0; 差动电流: ①大地回线运行方式:IN _ IDME _ DIFF=0; ②金属回线运行方式,且阀组阳极接地(站 2 极Ⅱ): IN _ IDME _ DIFF=|IN _ SW+IDME _ SW|; ③金属回线运行方式,且阀组阳极不接地(站 2 极Ⅰ): IN _ IDME _ DIFF=|IN _ SW−IDME _ SW|; 1. 报警部分: 控制极,本保护有效且金属回线接地保护有效,IN _ IDME _ DIFF>ID _ NOM×0.03,延时 1s 报警; 2. 跳闸部分: 控制极,IN _ IDME _ DIFF>MAX[(|IDME|×0.2)、250],延时 750ms 跳闸	Y 闭锁,跳换流变开关,锁定换流变开关,启动失灵保护,极隔离
金属回线接地保护(MRCGFP)	IGND 为接地开关电流; IN 为中性线电流	接地开关电流与接地极引线电流之和: IGND _ IDEL _ SUM=|IGND+IDEL1+IDEL2|,当 WN _ Q15 在断开位置时,IG−ND=0,当接地极未连接(WN _ Q17 在断开位置)时,IDEL1=0,IDEL2=0; 1. 报警部分: IGND _ IDEL _ SUM>75A,延时 1s 报警; 2. 移相部分: 控制极,IGND _ IDEL _ SUM>||IN|×0.1+100|,延时 200ms,输出脉冲信号 200ms 移相; 3. 跳闸部分: 控制极,IGND _ IDEL _ SUM>||IN|×0.1+100|,延时 450ms 跳闸	移相重启动,Y 闭锁,跳换流变开关,锁定换流变开关,启动失灵保护,极隔离

第十三章 柔性直流输电系统保护的整定计算

第一节 柔性直流输电系统的基本原理

一、柔性直流输电系统的关键设备

传统直流输电技术在我国大容量远距离输电领域得到了广泛应用，然而，该技术具有无功消耗大、谐波含量多、存在换相失败风险、新能源消纳能力不足等固有缺陷。与传统直流输电技术相比，柔性直流输电技术采用基于全控型开关器件的电压源型换流器，能够灵活控制有功功率和无功功率，不存在换相失败，可向无源网络供电，便于实现潮流翻转，适用于新能源消纳等诸多优势，发展潜力巨大。

（1）MMC换流器

根据输出电压电平数，电压源型换流器包括两电平、三电平和多电平换流器。其中，两电平和三电平换流器结构简单，但考虑到开关器件电压和功率等级的限制，仅适用于低压场合。模块化多电平换流器（MMC）采用模块化设计，通过调整子模块数量可扩展至任意电压等级，在柔性直流输电技术中得到广泛应用。如图13-1所示，MMC每相均由上、下桥臂串联而成，每个桥臂有n个子模块和一个桥臂电感串联而成，两个桥臂电感的交点即为该相的交流输出端。

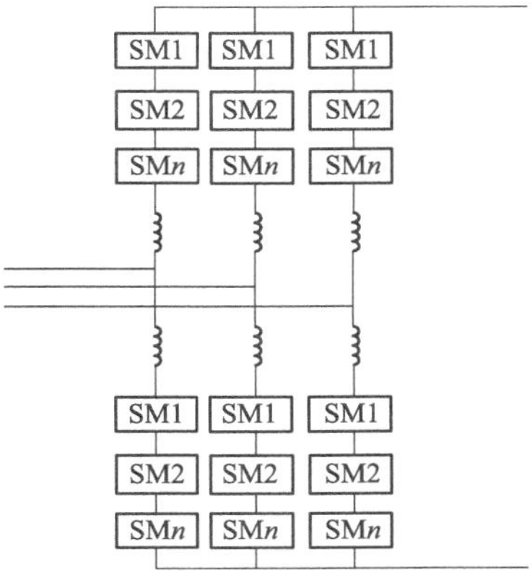

图13-1 MMC拓扑结构

常见的子模块拓扑包括半桥子模块和全桥子模块。如图13-2所示，半桥子模块由2个IGBT（VT1、VT2），2个二极管（VD1、VD2）和1个电容组成。根据IGBT的开关状态，半桥子模块的工作模式分为三种。模式一：VT1和VT2

均关断，此状态称为闭锁状态，仅在 MMC 停运、发生严重故障出现，在正常工作状态下不能出现；模式二：VT1 导通，VT2 关断，此状态称为投入状态，子模块输出电容电压；模式三：VT1 关断，VT2 导通，此状态称为旁路状态，子模块输出电压为零。

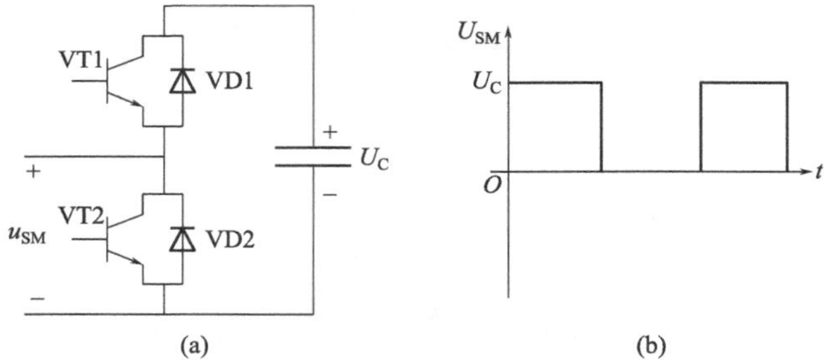

图 13-2　半桥子模块拓扑及其输出电平

如图 13-3 所示，全桥子模块由 4 个 IGBT（VT1、VT2、VT3、VT4），4 个二极管（VD1、VD2、VD3、VD4）和一个电容组成。根据 IGBT 的开关状态，全桥子模块由三种工作模式。模式一：VT1 和 VT4 导通，VT2 和 VT3 关断，子模块输出电容电压；模式二：VT1 和 VT4 关断，VT2 和 VT3 导通，子模块输出负的电容电压；模式三：VT1 和 VT2 导通（关断），VT3 和 VT4 关断（导通），子模块输出零电压。

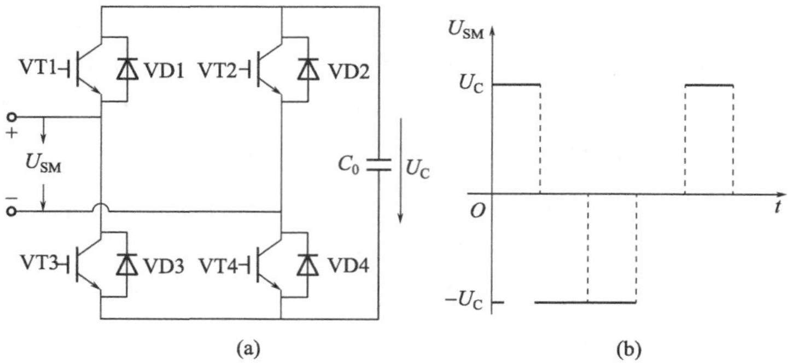

图 13-3　全桥子模块拓扑及其输出电平

半桥子模块具有拓扑简单、成本低、损耗小的优点，然而不具备故障清除能力；全桥子模块能够输出负电压，因而具备故障清除能力，但是器件数量多、成本高、导通损耗大。在一些需要 MMC 故障清除能力的场合中，为了尽量降低器件成本，MMC 桥臂由全桥子模块和半桥子模块按一定比例组成。

无论 MMC 采用何种拓扑的子模块，通过控制子模块的开关状态能够调节桥臂电压。考虑 MMC 三相之间完全对称，下面以 a 相为例进行讨论，结论同样适用于其他两相。考虑到直流侧的对称性，直流母线的正极和负极电压分别为 $u_{dc}/2$ 和 $-u_{dc}/2$。忽略桥臂电感电压，在 MMC 中有以下关系

$$\begin{cases} u_{ap}=\frac{1}{2}U_{dc}-u_a \\ u_{an}=\frac{1}{2}U_{dc}+u_a \end{cases} \tag{13-1}$$

以上两式分别相加和相减，可以得到：

$$\begin{cases} U_{dc}=u_{ap}+u_{an} \\ u_a=\frac{1}{2}(u_{an}-u_{ap}) \end{cases} \tag{13-2}$$

由上式可知，MMC 可以独立控制交流侧电压和直流侧电压。为了保证直流电压稳定，上、下桥臂在任意时刻处于导通状态的子模块数量之和恒定，通常等于桥臂子模块数量 n。在满足上述条件的情况下，通过控制上、下桥臂分别处于导通状态的子模块数量，即可实现对交流电压的控制。

（2）直流断路器

直流断路器能够在数毫秒内开断直流故障电流，是柔性直流输电技术所需的关键故障清除设备，也是直流线路继电保护的重要执行设备。柔性直流输电系统发生直流故障后，故障电流在数毫秒内就能上升至数十千安且不存在自然过零点，这给直流断路器的开断速度和开断容量提出了很高的要求。根据采用的器件类型，直流断路器分为固态直流断路器、机械式直流断路器和混合式直流断路器。其中，固态直流断路器在正常情况下由电力电子器件导通系统电流，运行损耗大，不适用于直流输电系统。

① 机械式直流断路器　±160kV 南澳柔性直流工程配置有如图 13-4 所示基于耦合电感的机械式直流断路器拓扑。该拓扑包括高压侧和低压侧，其中高压侧由机械开关 CB、电容 C2、耦合电感副边 L2、避雷器 MOV 组成；低压侧由预充电电容 C1、耦合电感原边 L1、反向导通晶闸管 S（SCR 和 D）组成。低压侧和高压侧实现了电气隔离，因此 C1 和反向导通晶闸管无需承受系统级高电压，便于工程实现。电容 C1、C2、耦合电感以及反向导通晶闸管所组成部分称为主断支路。该直流断路器的工作原理如下。

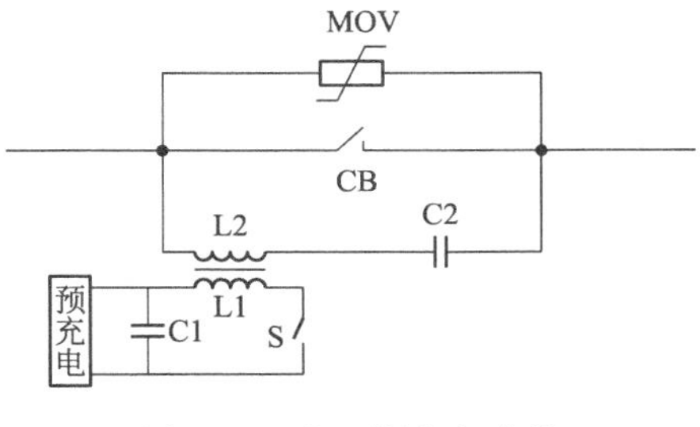

图 13-4　基于耦合电感的机械式直流断路器拓扑

在正常情况下，CB 导通系统电流，导通损耗极小，可以忽略不计。电容 C1 维持一定的初始电压，反向导通晶闸管处于关断状态。

在接收到开断故障电流的指令后，CB 开始燃弧分闸。当 CB 的触头打开一定的间距后，导通反向导通晶闸管，电容通过 L1 和反向导通晶闸管放电产生高频放电电流。与此同时，耦合电感的副边 L2 也感应出高频电流，L2、CB 和 C2 为感应电流提供回路。

当流过 CB 的感应电流与故障电流幅值相等、方向相反时，CB 熄弧。此后故障电流全部流过 L2 和 C2 的串联支路。随着故障电流对 C2 的充电，C2 电压不断增大。

当 C2 电压达到避雷器参考电压后，故障电流开始转移到避雷器支路。避雷器参考电压高于系统直流电压（通常为 1.5 倍额定电压），直流故障电流逐渐下降至零。

② 混合式直流断路器　如图 13-5 所示，ABB 混合式直流断路器包含主支路、转移支路和耗能支路三条并联支路。其中，主支路由超快速机械开关和电流转移开关组成，电流转移开关仅需承受很小的换流电压，无需承受系统电压，由少量反并联二极管的 IGBT 模块组成；转移支路需要承受暂态开断电压，由大量反并联二极管的 IGBT 模块组成；耗能支路由避雷器组成。该直流断路器的工作原理如下。

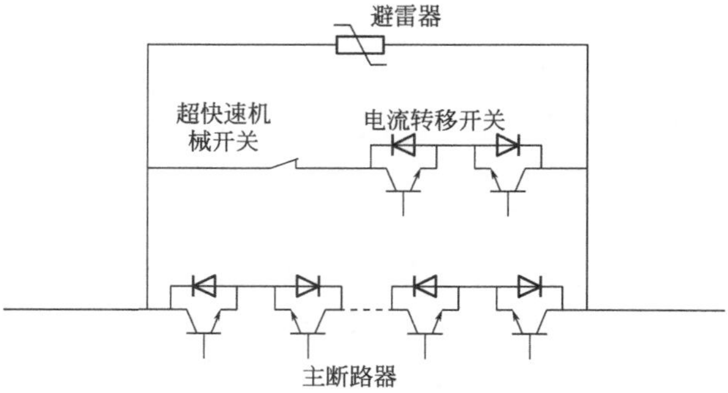

图 13-5　混合式直流断路器拓扑

在正常情况下，主支路导通系统电流。由于电流转移开关仅含有少量电力电子器件，主支路的导通损耗较小。

在接收到开断故障电流的指令后，导通主断路器的 IGBT，关断电流转移开关的 IGBT，故障电流转移到主断路器。当流过快速机械开关的电流为零时，快速机械开关无弧分闸。

快速机械开关恢复绝缘能力后，关断主断路器的 IGBT，故障电流转移到避雷器支路，并逐渐下降到 0。

国家智能电网研究院采用IGBT全桥子模块替代了ABB拓扑中的反并联二极管的IGBT器件，从而降低IGBT的关断损耗，便于实现器件间的电压平衡。该拓扑已成功应用于±200kV舟山柔性直流工程中，工作原理与ABB拓扑类似，本章不再赘述。

③ 多端直流断路器　从端口数的角度而言，上述机械式直流断路器和混合式直流断路器都属于双端直流断路器。为了有选择地切除故障线路、保证非故障线路的正常运行，每个线路端口都需要配置一个双端直流断路器，然而这种配置方案的建造成本过高。在大规模柔性直流电网里，多条直流线路汇聚于一条直流母线。在直流母线处，利用一个多端直流断路器替代多个双端直流断路器，使多个端口共用高成本的主断支路和吸能支路，能够有效地降低建造成本。目前，学者们提出了具有不同拓扑结构的多端直流断路器，其中一些拓扑不仅能够显著地降低设备成本，还能具备与双端直流断路器类似的良好开断性能。如图13-6所示，笔者所提多端直流断路器包含 n 个机械开关（MS1～MSn），n 个双向晶闸管（BT1～BTn），1个主断支路MB和一个避雷器MOV。其中主断支路需具备提供反向电流的能力，例如图13-4所采用的主断支路。该多端直流断路器的工作原理如下。

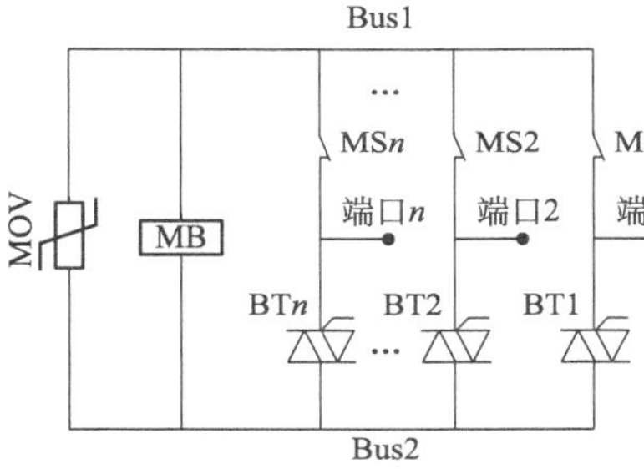

图13-6　多端直流断路器拓扑

在正常情况下，MB和所有BT都处于关断状态。系统电流流过MS，导通损耗可忽略不计。

在开断端口 n 的故障电流时，燃弧打开MSn。MSn 的触头间距满足绝缘要求后，导通BTn，主断支路MB提供反向电流，从而使MSn 熄弧，电流完全转移到主断支路MB。

当故障电流将主断支路MB中的电容充电至避雷器参考电压后，故障电流转移到避雷器支路，并逐渐下降到0。

（3）直流变压器

我国已投运数十条高压直流输电工程，其中绝大部分为传统直流输电工程，少数为柔性直流输电工程，且这些工程具有不同的电压等级。未来的大规模直流电网有望通过直流变压器（DC-DC变换器）将不同换流器拓扑、不同电压等级的直流工程互联。此外，直流变压器还被认为是未来海上风电机组集群并网的关键设备。目前，适用于直流电网的高压大容量直流变压器仍处于理论研究阶段，尚无工程应用案例。其中，基于晶闸管的谐振式直流变压器、模块组合型直流变压器和模块化多电平直流变压器受到较多关注。

在基于晶闸管的谐振式直流变压器里，两个晶闸管型换流器的交流侧通过并联电容器直接连接，且交流侧电容与直流侧滤波电感共同组成 LCL 谐振电路，省去了交流变压器。该直流变压器能够隔离直流故障，晶闸管的均压均流相对容易实现，然而谐波含量大，对电感、电容要求较高，低压侧的开关器件也要按照高压侧的绝缘等级设计。

模块组合型直流变压器采用多个直流变压器单元串并联的方式，可满足不同的电压和需求。常见的组合型 DC-DC 变换器可分为 4 种基本类型：输入并联输出串联型、输入串联输出并联型、输入串联输出串联型和输入并联输出并联型。模块组合型 DC-DC 可以根据不同的应用场合选取不同的子单元，且模块化结构设计能够避免开关器件直接串并联带来的器件均压均流问题，因此在可再生能源并网等领域具有较好的应用前景。然而，该直流变压器的每个单元都需要电压控制环节，控制系统随着子单元的增加而越来越复杂。

基于模块化多电平技术的直流变压器具有许多拓扑结构。如图 13-7 所示，本书以两个 MMC 通过交流变压器“面对面”连接的直流变压器为例进行介绍。在该拓扑中，MMC 的相数可以根据需要而变化，中间的交流电气量不一定是正弦波，可以根据效率、体积等系统优化指标选择合适的电压调制波形，如方波和梯形波。中间交流环节的频率也不一定是 50Hz，可以采用中高频调制，从而减小对子模块电容、桥臂电感等无源器件的需求以及节省设备占地面积，这对于海上风电并网等空间有限的场合尤为重要。

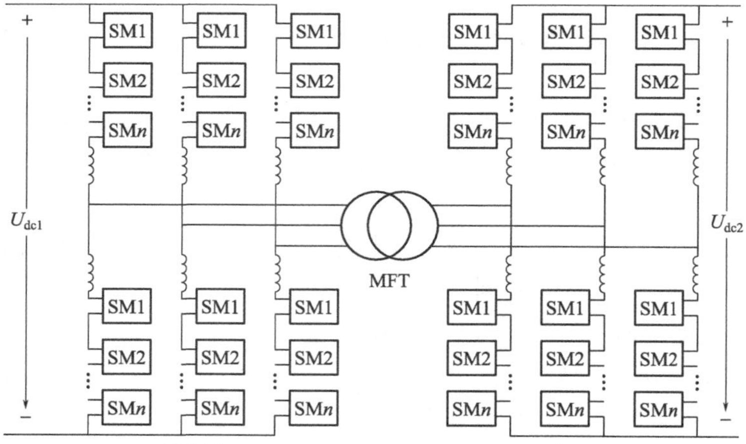

图 13-7　F2F 型 DC-DC 变换器

该直流变压器的常见控制方式包括移相控制和定直流电压/功率控制。在移相控制中，两侧 MMC 分别在交流变压器原边和副边产生具有一定相位差的电压波形，调整移相角的大小即可调节直流变压器的功率传输方向和大小。移相控制要求两侧 MMC 之间具有良好的通信。在定直流电压/功率控制中，一侧 MMC 运行于定交流电压模式，其传输功率的大小和方向取决于另一侧 MMC 的需求。另一侧 MMC 根据系统需求，采取定直流电压控制或定功率控制。

二、柔性直流输电系统的基本结构

（1）换流站的接线方式

换流站是柔性直流输电系统的核心设备，具有多种接线方式：不对称单极接线、伪双极接线和真双极接线。

① 不对称单极接线　如图 13-8 所示，在不对称单极接线方式下，MMC 的交流侧与换流变压器相连，MMC 直流侧的一极与直流线路相连，另外一极则直接接地（或与金属回线相连）。一方面，换流变压器需要承受直流偏置电压；另一方面，在相同的系统电压等级下，不对称单极接线所传输的功率仅为其他两种接线方式的一半，因此不对称单极接线在实际工程中不常见。

② 伪双极接线　如图 13-9 所示，在伪双极接线方式下，MMC 的直流侧两极分别与直流线路的正负极相连。换流变压器阀侧无需承受直流偏置电压，因此建造成本较低。然而，由于正负极系统共用一个 MMC，直流系统发生单极故障后，非故障极同样会受到严重影响。伪双极接线换流站的接地方式包括直流侧接地和交流侧接地两种方式，其中交流侧接地又分为换流变压器中性点接地和交流侧经星形电感接地。

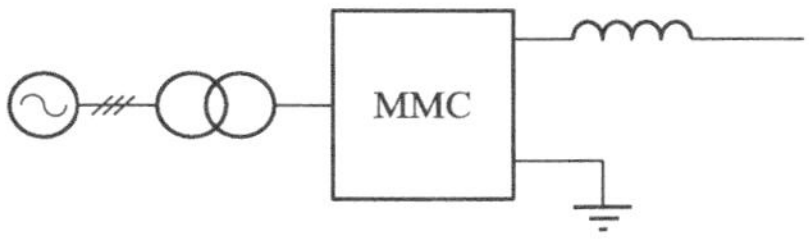

图 13-8　不对称单极接线

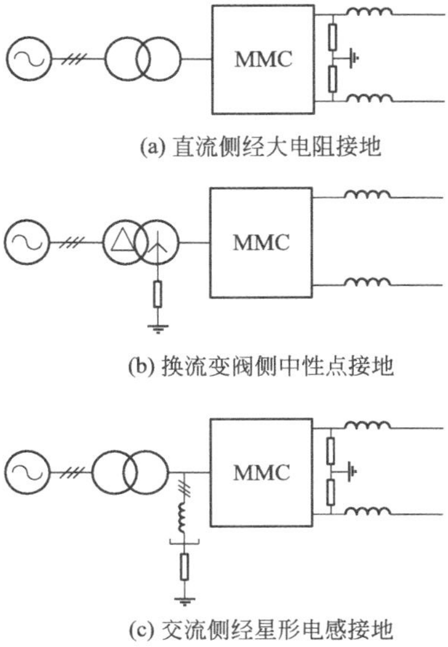

图 13-9　伪双极接线

如图 13-9（a）所示，在直流侧接地方式下，换流站两极通过两个相同的钳位大电阻相连，两个大电阻的中点接地。该接地方式对换流变压器的接线方式没有要求。然而，钳位电阻长期承受直流系统电压，这不仅带来了一定的运行损耗，还给电阻散热技术提出了较高的要求。增大电阻值能够减小运行损耗，但电阻过大时会影响正负极线电压的对称性。此外，在系统长期运行期间，两个钳位电阻值可能发生偏离，同样会影响正负极线的对称性。

如图 13-9（b）所示，换流变压器的阀侧绕组采用星形接线，中性点可直接接地或经小电阻接地，上海南汇柔性直流工程正是采用了这种接地方式。在该接地方式下，接地支路在正常情况下所承受的电压基本为零，接地电阻的作用是限制直流侧发生单极故障时的故障电流。为了隔离零序分量，该接地方式要求换流变压器的交流侧采用三角形接线，仅适用于中低压交流电网，不适用于 110kV 及以上电压等级的交流电网。

如图 13-9（c）所示，换流变压器阀侧经过星形电感接地，该接地方式对换流变压器的接线方式没有要求，接地电阻无需长期承受系统电压。然而，电抗取值过大时，会增大设备体积和成本；电抗取值过小时则会消耗大量的无功功率。

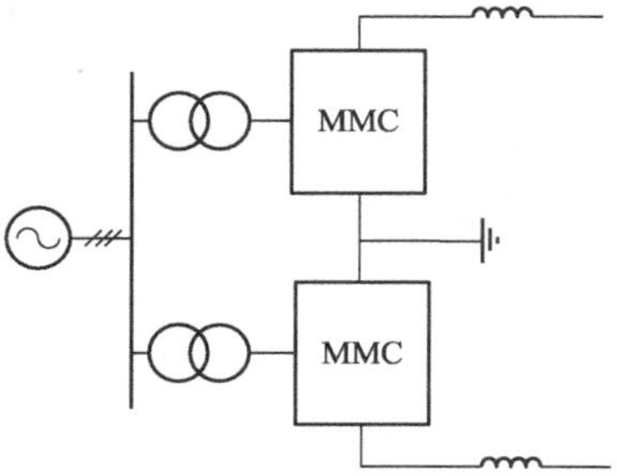

图 13-10　真双极接线

③ 真双极接线　如图 13-10 所示，在真双极接线方式下，系统正极和负极分别包含一个 MMC，适用于大容量传输场合。真双极接线的换流站在单极因检修或故障而无法正常运行后，另外一极 MMC 仍能继续传输功率，具有较高的可靠性。与传统直流输电系统的双极接线方式类似，MMC 换流站的中性点可以直接接地或者与金属回线相连。尽管大地回线的建造成本较低且在正常情况下流过的电流几乎为零，然而，当系统处于双极不对称运行状态时，大地回线将流过不平衡电流，这对接地点附近的金属设施和电气设备不利。采用金属回线的真双极系统则能避免上述问题，且能灵活转换为不对称单极接线方式。我国的张北直流电网工程就采用了带金属回线的真双极接线方式。

（2）柔性直流输电系统的发展形态

① 两端柔性直流输电系统　如图 13-11 所示，与两端的传统直流输电系统类似，两端柔性直流输电系统包含两个换流站和一条直流线路。其中，一个换流站运行于整流状态，从交流系统吸收功率并向直流系统提供功率；另一个换流站运行于逆变状态，从直流系统吸收功率并向交流系统提供功率。与两端传统直流输电系统相比，两端柔性直流输电系统具有以下技术优势。

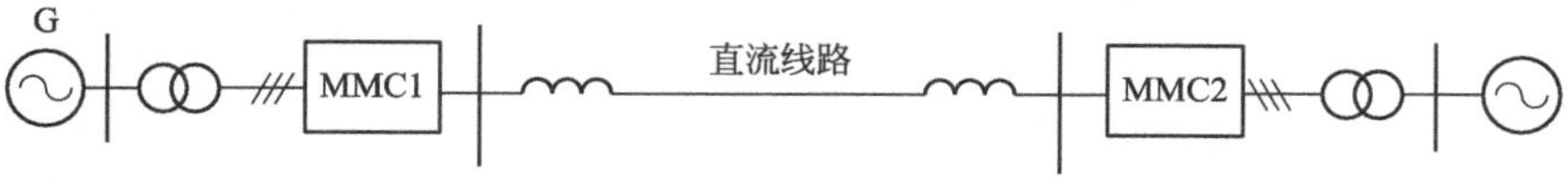

图 13-11　两端柔性直流输电系统拓扑

a. 从换流站层面而言，MMC 换流站无需无功补偿、不会发生换相失败、能够向无源电网供电、谐波含量低、具有更高的控制自由度、占地面积小。

b. 从系统层面而言，在受端交流电网存在多个传统直流输电落点时（即多直流馈入），受端交流电网发生故障后，容易发生多个换流站发生换相失败，进而引起多回路直流功率输送受限，这将影响受端交流电网的稳定性。而柔性直流输电系统不存在换相失败问题，因而避免了多直流馈入引起的受端交流电网失稳问题。

② 多端柔性直流输电系统　多端柔性直流输电系统包含三个或三个以上的换流站以及多条直流线路，图 13-12 给出了呈放射状的三端柔性直流输电系统示意图。与两端柔性直流系统相比，多端柔性直流输电系统能够实现多电源供电和多落点受电。为了维持系统稳定，所有整流站向直流侧提供的功率必须等于所有逆变站从直流侧吸收的功率，且至少有一个换流站具备控制直流电压的能力。

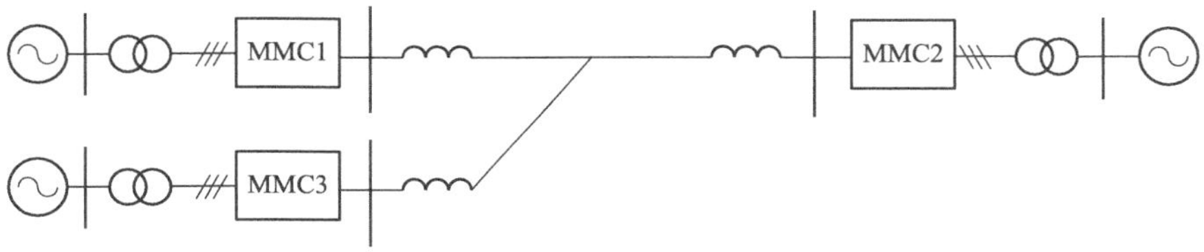

图 13-12　三端柔性直流输电系统拓扑

③ 柔性直流输电网　与多端柔性直流输电系统相比，柔性直流输电网具有网格化的拓扑结构，图 13-13 给出了四端柔性直流电网示意图。在直流电网中，换流站通过多条直流线路与其他换流站相连，这意味着单条线路退出运行后，换流站仍能通过其他线路与直流电网交换功率，因而具有较高的运行可靠性。柔性直流输电网能够实现广域内的风/光等多种新能源互补，具有广阔的发展前景。

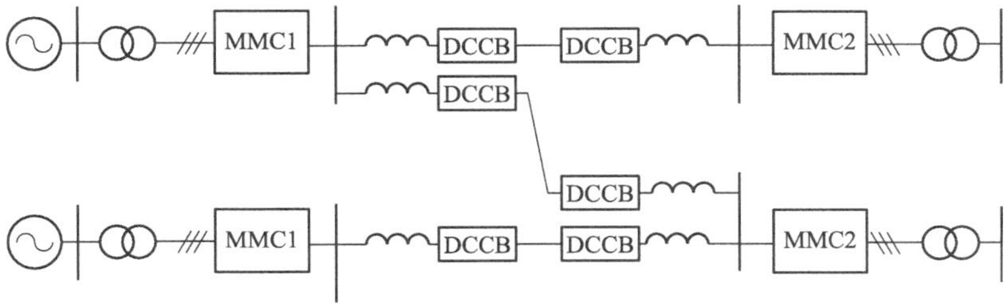

图 13-13　四端柔性直流电网拓扑

（3）柔性直流输电系统的系统级控制

多端柔性直流系统的系统级控制包括带通信的主从控制和无通信的控制两大类。常见的无通信的控制包括直流电压偏差控制和直流电压斜率控制。

① 主从控制　正常情况下，选取一个换流站作为主换流站控制直流系统电压，其余换流站作为从换流站。从换流站连接有源交流系统时采用定有功功率控制，连接无源系统时采用孤岛控制。当主换流站因故退出运行时，向邻近的从换流站发送指令使其迅速切换至定直流电压控制，从而避免系统功率失衡、电压失稳。主从控制的原理简单，然而对换流站之间的通信要求较高。

② 直流电压偏差控制　与主从控制不同，直流电压偏差控制通过合理地设置各换流站的电压控制定值，使各换流站在无需站间通信的条件下实现控制模式的自动切换。以四端直流系统为例，简要论述直流电压偏差控制原理。

如图 13-14 所示，换流站 2、换流站 3 和换流站 4 设置有直流电压偏差控制。正常情况下，换流站 1 运行于定直流电压控制模式，其余三个换流站运行于定功率控制模式。当换流站 1 失去定直流电压控制能力后，直流电网功率失衡导致直流电压发生变化，并且首先触发换流站 2 的电压偏差控制器，换流站 2 开始运行于定直流电压控制模式。当换流站 2 失去定直流电压控制能力后，直流电压的变化将触发换流站 3 的电压偏差控制器。直流电压偏差控制不需要站间通信，然而同一时刻只有一个换流站控制直流电压。此外，换流站控制器之间的配合随着配合级数的增加而趋于复杂。

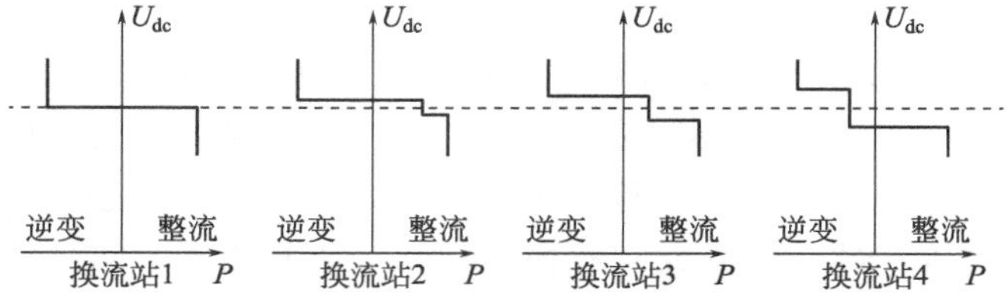

图 13-14　直流电压偏差控制示意图

③ 直流电压下垂控制　如图 13-15 所示，对于直流电压下垂控制，功率控制定值随着直流电压的变化而变化。对于向直流电网提供功率的整流站，随着直流电压的上升（下降），其功率控制定值的绝对值下降（上升）。对于从直流电网吸收功率的逆变站，随着直流电压的上升（下降），其功率控制定值的绝对值上升（下降）。

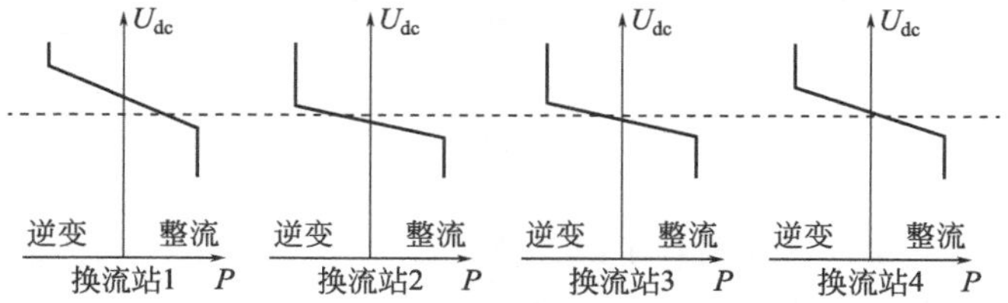

图 13-15　直流电压下垂控制示意图

直流电压下垂控制允许多个换流站同时控制直流电压，因而具有较强的直流电压控制能力，能够迅速响应直流电网潮流的变化。然而，直流电压控制定值随着功率的变化而变化，难以维持在额定值。

（4）柔性直流输电系统的换流器级控制

柔性直流输电系统的换流器级控制往往采用基于直接电流控制的矢量控制，包括外环控制器和内环控制器。

① 外环控制器　外环控制器根据直流系统的不同控制目标来设计，最终输出电流参考值给内环控制器。如图 13-16 所示，外环控制器包括有功控制环节和无功控制环节。其中，有功控制环节包括直流电压控制环节和功率控制环节，分别在换流站处于定直流电压控制和定功率控制模式时启动。当换流站运行于下垂控制模式时，直流电压控制环节和功率控制环节将共同启动，两者对有功电流参考值 i_d^* 的贡献占比取决于下垂系数。无功控制环节包括无功功率控制环节和交流电压控制环节，分别控制换流站无功功率和交流电压。无功控制环节最终输出无功电流参考值 i_q^* 至内环控制。上述外环控制器均包括比较环节、比例积分环节和电流限幅环节。

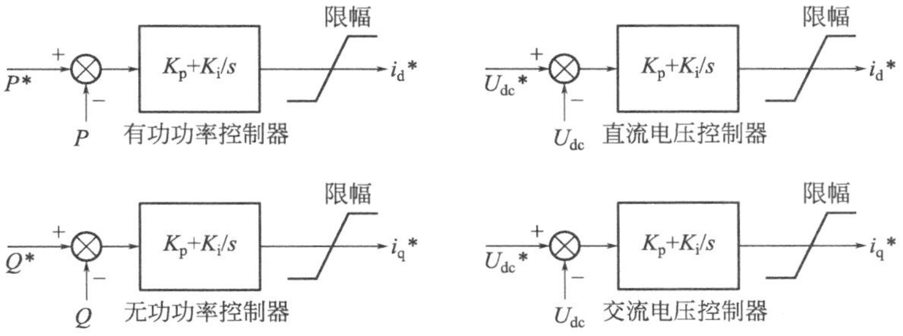

图 13-16　外环控制器示意图

② 内环控制器　内环控制器接收外环控制器输出的有功电流参考值 i_d^* 和无功电流参考值 i_q^*，并快速跟踪参考电流，实现对换流器交流电流的直接控制。内环控制器包括内环直接电流控制、电流平衡控制、负序电压控制等。其中，内环电流直接控制环节对有功电流 i_d 和无功电流 i_q 分别进行独立控制，最终输出三相电压调制波。电流平衡控制环节输出电压调制波修正量，用以抑制桥臂电流不平衡量。在换流站交流侧发生不对称故障后，负序电压控制环节输出电压调制波修正量，尽可能地抑制换流站交流侧负序电流。

（5）柔性直流输电系统的阀级控制

阀级控制是控制系统与换流阀的接口层，实现对电力电子开关器件的驱动。阀级控制主要包括调制策略、电容电压均衡控制策略、换流器状态监测策略等。

① 调制策略　目前多电平换流器的调制策略主要分为两大类：脉宽调制（PWM）和阶梯波调制。其中阶梯波调制的开关频率低、开关损耗小，且在换流器具有高电平数时能够很好地抑制谐波。在高压输电领域，常用的阶梯波调制策略为最近电平逼近调制，其实现方式如下。

如图 13-17 所示，最近电平逼近调制采用阶梯波逼近调制波，理论上阶梯波与调制波之间的差值不超过单个子模块电容电压的一半。用 $u_s(t)$ 表示某相调制波的瞬时值，U_c 表示子模块的电容电压平均值，n 表示上桥臂/下桥臂的子模块个数，这样每个相单元总是只投入 n 个功率模块。则上桥臂/下桥臂投入的子模块个数分别为

$$n_{\mathrm{up}}=\frac{N}{2}-\mathrm{round}\left(\frac{u_s}{U_c}\right) \tag{13-3}$$

$$n_{\mathrm{down}}=\frac{N}{2}+\mathrm{round}\left(\frac{u_s}{U_c}\right) \tag{13-4}$$

其中 round(x) 为取整函数。可以看出，每相上桥臂和下桥臂投入的子模块总数始终保持为 N，从而确保直流电压的稳定。

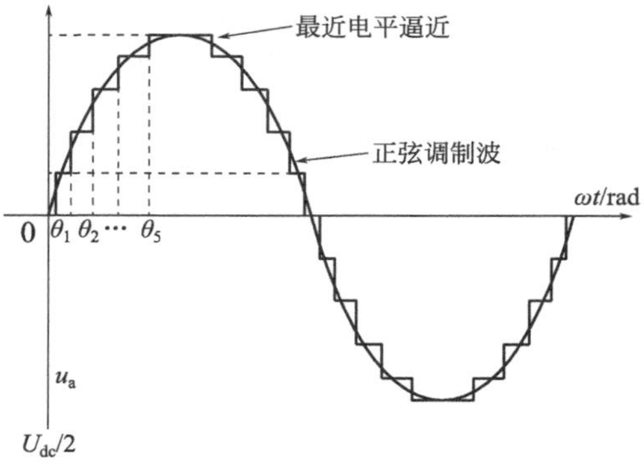

图 13-17　最近电平逼近调制策略示意图

② 电容电压均衡控制策略　最近电平逼近控制只提供了需要开通或关断的子模块数目，而电容电压均衡控制策略则指定了具体开通或关断哪些子模块，从而维持电容电压均衡。电容电压均衡控制策略有多种实现方法，其最基本的思路如下：假设某桥臂需导通的子模块个数为 x，当某桥臂电流对子模块电容充电时，导通电容电压最低的 x 个子模块；当某桥臂电流对子模块电容放电时，导通电容电压最高的 x 个子模块。通过这样的电容电压均衡控制，避免某个子模块电容电压过高或过低。

第二节　柔性直流输电系统的常见故障与保护方式

一、柔性直流输电系统的故障分类与保护配置

如图 13-18 所示，根据设备的空间位置，柔性直流输电系统的保护包括交流侧保护区、换流器保护区和直流侧保护区。以下简要介绍交流侧保护区与换流器保护区存在的故障类型以及相应的保护动作。

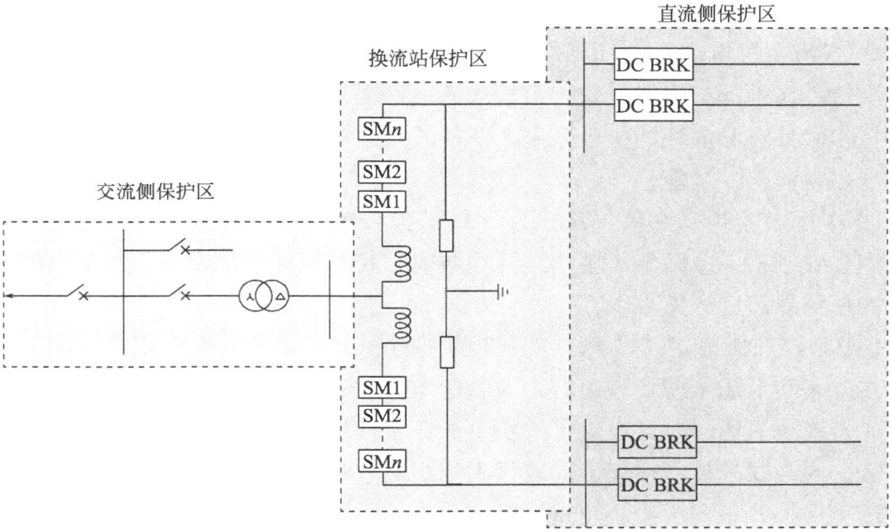

图 13-18　柔性直流输电系统保护分区示意图

（1）交流侧保护区

柔性直流输电系统的交流侧保护与传统直流输电系统类似，本章仅予以简要介绍。

① 交流母线电流差动保护　在交流母线发生接地故障后，流入交流母线的电流之和不再等于流出交流母线的电流之和。交流母线差动保护将动作跳开与故障母线相连的所有交流断路器，并且闭锁换流器。

② 交流侧过电压保护　在交流系统异常引起交流电压过高后，交流侧过电压保护在经过一段延时后，跳开交流断路器并且闭锁换流器。

③ 交流侧过电流保护　在系统正常运行阶段，当故障或者其他原因引起换流站侧电流超过限值一段时间后，交流侧过电流保护将跳开交流断路器，并且闭锁换流器。

④ 交流侧不对称故障　在交流系统发生不对称故障后，交流系统将产生负

序电流分量。与传统直流输电系统不同的是，柔性直流输电系统发生交流侧不对称故障后，MMC 的负序电压控制环节能够抑制负序故障电流，从而避免不对称故障扩大。如果 MMC 控制系统未能充分抑制故障电流，则交流侧保护在经过一段延时后将跳开交流断路器，闭锁换流器。

(2) 换流器保护区

① 桥臂保护　在桥臂内部发生接地故障后，流入桥臂电流不再等于流出桥臂电流，桥臂电流差动保护将导通旁路晶闸管，跳开交流断路器，并且闭锁换流阀。当桥臂内部发生故障或者换流阀过载时，桥臂过电流保护将导通旁路晶闸管，跳开交流断路器，并且闭锁换流阀。

② 换流器过电流保护　柔性直流输电系统的保护配置应该充分利用 MMC 的控制特性实现保护功能，这种方法具有良好灵活性和经济性。通过合理设置换流器级控制外环和内环的指令限制，能够减小故障后的 MMC 交流侧过电流，从而实现过电流保护功能。

③ 子模块监测　阀体绝缘损坏、机械失效或者控制系统故障等多种因素，都可能导致子模块故障。子模块故障主要有：IGBT 的短路故障、开路故障；二极管的短路故障、开路故障。

IGBT 或二极管短路故障：IGBT 的短路故障会导致当另一正常 IGBT 开通时，在电路间形成子模块直通，二极管的短路故障也会导致当其互补 IGBT 开通时形成子模块直通。一旦发生子模块直通，子模块电容迅速放电导致电容电压迅速下降，同时在故障子模块内形成很大的短路电流。目前实际工程中大都采用子模块过流保护，识别子模块短路故障。

一旦发生二极管开路故障，桥臂电流迅速下降为 0，桥臂电感会产生很高的过电压，叠加在故障子模块上。当过电压超过电力器件的击穿电压时，二极管开路故障发展为电力器件的短路故障。

IGBT 开路故障会导致故障子模块实际投切状态与理论值不符，引起桥臂电压波动和相间环流，具体故障机理如下。

如图 13-19 (a) 所示，VT1 开路故障且投入子模块，在桥臂电流本应当流过 VT1 而使子模块电容放电时，理论上子模块应当输出电容电压。而实际上，由于 VT1 开路，电容无法放电，桥臂电流流经 VD2，子模块输出电压为 0。可见 VT1 开路会导致故障子模块无法正常投入。

如图 13-19 (b) 所示，VT2 开路且子模块处于切除状态，在桥臂电流本应当流过 VT2 时，理论上子模块输出电压为零。而实际上，由于 VT2 开路，桥臂电流将流过 VD1 并对子模块电容充电，子模块输出电压为电容电压。可见，VT2 开路会导致故障子模块无法正常切除。

由上述分析可知，MMC 子模块故障会导致桥臂电压的实际值与理论值不相

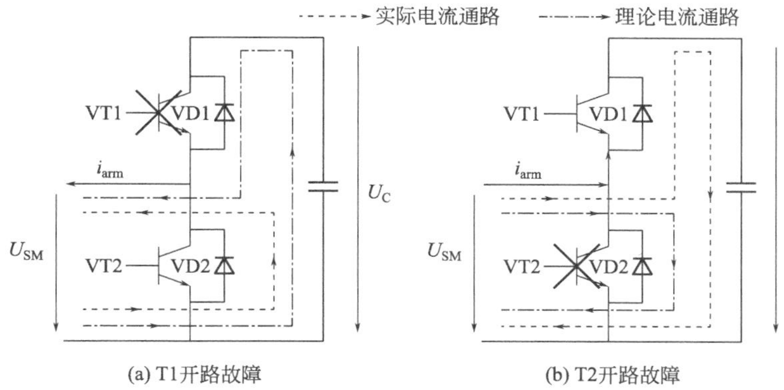

图 13-19　IGBT 开路故障示意图

符，这会增大相间环流，恶化 MMC 工作工况。因此需要及时检测出 SM 故障、准确定位并隔离故障，保证系统稳定运行。针对子模块故障的保护设计目标，在子模块发生故障时迅速将其切除，使 MMC 从 N 子模块运行模式平滑过渡到（$N-x$）运行模式，其中 N 为桥臂子模块数目，x 为故障子模块的数目。当 x 超过最大允许值后，保护将闭锁 MMC。

二、柔性直流输电系统的直流线路故障特性与故障清除策略

与传统直流输电系统相比，柔性直流输电系统的直流侧故障响应特性存在明显差异，且故障危害程度更高、故障清除难度更大。本节以直流线路故障为例，论述柔性直流输电系统的直流故障特性与故障清除策略。

（1）直流线路双极短路故障

MMC 换流站主要有伪双极接线方式和真双极接线方式，当换流站直流侧发生双极短路故障时，两种接线方式下的换流站故障特性相似，本节以伪双极接线 MMC 为例进行论述。

如图 13-20 所示，直流侧发生双极短路故障后，在 MMC 闭锁前，所有处于投入状态的子模块电容将通过桥臂电感迅速放电。与子模块电容放电电流相比，交流电网向直流侧提供的故障电流较小，因此在短时间的故障分析中，可以忽略交流系统对直流故障的影响。在故障期间，每相在任意时刻都有 N 个子模块处于放电状态，且每相所有子模块（共 $2N$ 个）会轮流处于放电状态。从能量守恒角度出发，可近似认为每相的等值电容为 $2C/N$，其中 C 为子模块电容值。在每相中，上桥臂和下桥臂串联放电。在整个 MMC 中，三相之间并联放电。因此，可将 MMC 等值为如图 13-20（b）所示的 RLC 电路，且等值电容初始电压等于直流电压，且电路参数为

$$\begin{cases} R_{eq}=2r_0/3 \\ L_{eq}=2L_0/3 \\ C_{eq}=6C/N_c \end{cases} \tag{13-5}$$

式中，r_0 为单个桥臂的等值电阻，L_0 为桥臂电感。

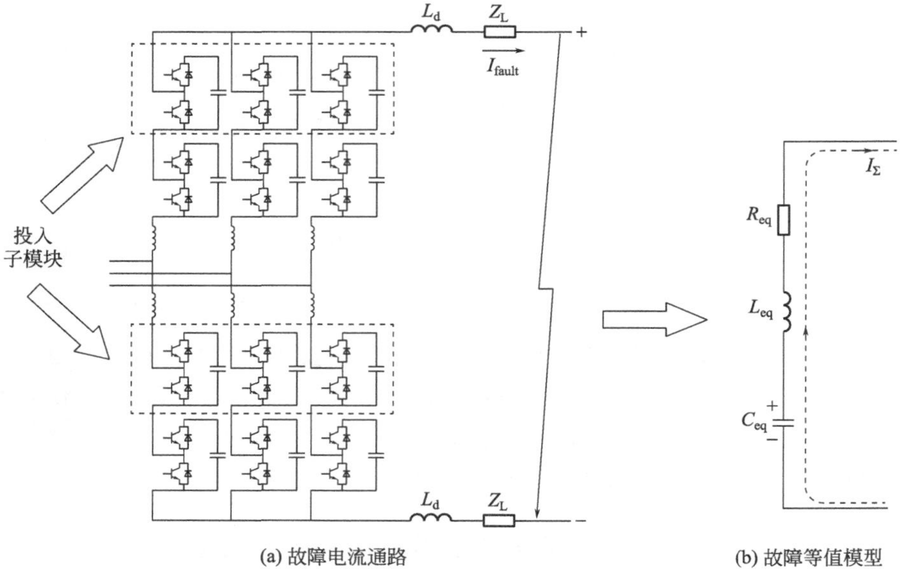

图 13-20　MMC 直流侧双极故障电流通路示意图与故障等值模型

由于 MMC 等值电容较大而等值电感较小，如果不采用特殊的控制保护措施，直流故障电流可在几个毫秒内上升至十几甚至数十千安，这将给电力电子器件带来极大的挑战。为了避免电力电子器件过流损坏，当桥臂电流超过限定值后（通常为 2 倍额定电流），MMC 立即闭锁。在 MMC 闭锁后，子模块电容放电通路被切断，所有桥臂都处于导通状态，MMC 进入电感续流阶段。当某个桥臂电流的交流分量反向超过直流分量后，该桥臂二极管反向截止，MMC 进入不控整流暂态阶段。与传统的三相不控整流电路不同，MMC 整流桥的桥臂由桥臂电感和二极管串联组成。一方面，桥臂电感导致 MMC 整流桥存在明显的换相重叠角；另一方面，桥臂电流的直流分量变化迅速，这导致 MMC 整流桥频繁切换导通工况。最终，MMC 进入不控整流稳态阶段，直流故障电流保持在稳态值附近。

（2）直流线路单极接地故障

真双极接线的换流站在直流线路单极接地故障后，其故障响应特性与伪双极接线换流站发生直流双极故障类似。而伪双极接线的换流站在直流线路单极接地故障后，具有明显不同的故障响应特性。在直流线路发生单极接地故障后，子模块电容的放电路径与 MMC 的接地方式有关。无论何种接线方式下，电容放电路径都存在很大的阻抗，能够有效地抑制故障电流。然而，由于故障极线电压跌落至零，而 MMC 的直流端口电压不变，则非故障极的电压将增大为原来的 2 倍。因此，伪双极接线 MMC 在直流侧发生单极接地故障后，故障电流不明显，然而系统将出现明显的过电压。

（3）直流线路故障清除策略

目前，柔性直流输电系统的直流故障清除策略主要有 3 种。

① 如图 13-21（a）所示，检测到直流线路故障后，闭锁柔性直流输电系统的所有换流站，跳开所有换流站的交流侧断路器，直流故障下降到零后打开故障线路两侧的直流隔离开关，将故障线路隔离。

② 如图 13-21（b）所示，柔性直流输电系统采用具有隔离直流故障能力的换流站，检测到直流线路故障后，所有换流站切换至主动限流控制模式，直流故障下降到零后打开故障线路两侧的直流隔离开关，将故障线路隔离。

③ 如图 13-21（c）所示，所有直流线路两端均配置一台直流断路器，检测到直流线路故障后，故障线路两端直流断路器动作，将故障线路隔离。

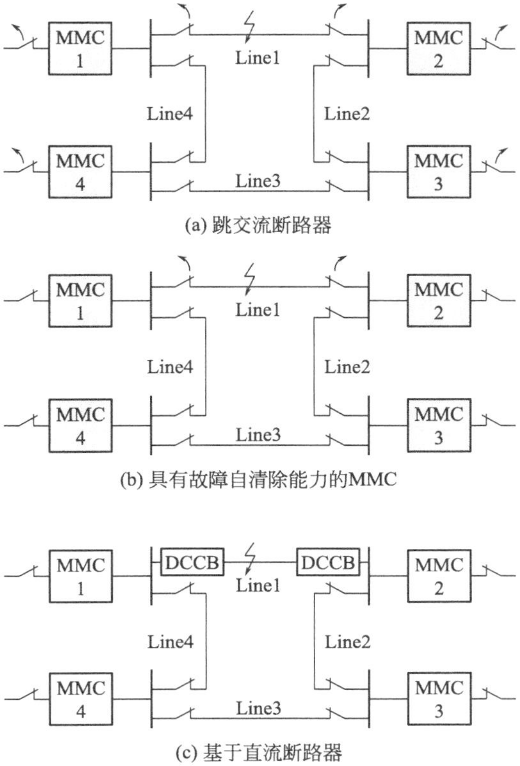

(a) 跳交流断路器

(b) 具有故障自清除能力的MMC

(c) 基于直流断路器

图 13-21　直流线路故障清除示意图

第一种策略的故障清除时间长达数十甚至上百毫秒，且所有换流站在故障后都将闭锁；第二种策略在清除故障期间，所有换流站的正常工作都会受到影响，且换流站的建造成本和运行损耗大。前两种策略适用于小规模的柔性直流输电系统，但是难应用于大规模的柔性直流输电系统。基于直流断路器的故障清除策略则能够快速隔离故障线路，保证非故障区域的正常运行，工程应用前景良好。例如，张北直流电网工程正是采用直流断路器清除直流故障。

三、柔性直流输电系统的直流线路保护原理

本节以基于直流断路器的直流线路故障清除策略为例，论述直流线路保护流程。如图 13-22 所示，在直流线路发生故障后，该线路主保护要快速检测到故障，并立即向该线路两端的直流断路器发送动作指令，从而隔离故障线路。如果主保护未能检测到故障，则该线路后备保护要尽快检测出故障，并立即向该线路两端的直流断路器发送动作指令。如果保护向直流断路器发送动作指令后，直流断路器未能正确动作，则相邻线路的直流断路器要后备动作，从而隔离故障。可见，直流线路保护需要直流线路主保护、直流线路后备保护和直流断路器失灵保护之间相互配合，从而可靠地清除故障。

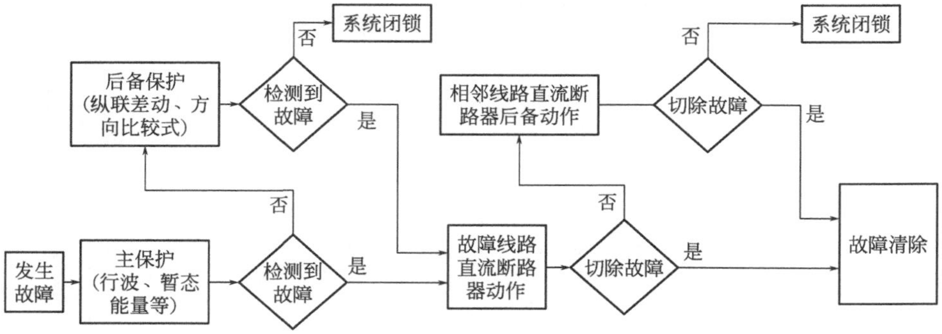

图 13-22　基于直流断路器的直流线路保护流程图

直流线路发生短路故障后，所有换流站的子模块电容器迅速放电，由于故障回路的阻抗较小，故障电流在几个毫秒上升到额定值的数倍，极易损坏柔性直流输电系统中的电力电子器件，而且过高的直流故障电流对直流断路器提出了极高的要求。因此，直流线路的主保护和后备保护的动作时间通常为毫秒级。

（1）直流线路主保护

直流线路故障后，故障行波沿线路向两侧传播，线路两侧保护最先检测到故障行波，且故障行波波头不受换流站控制系统的影响。因此，单端行波保护是直流线路主保护的理想选择。如图 13-23 所示，直流线路两侧往往配置有限流电感，构成了直流线路保护的天然边界。以直流线路 L12 为例，在本直流线路发

生故障 f1 后，故障行波从故障点传播至本线路保护安装处 R1，衰减较小；而线路外部发生故障 f2 和 f3 后，故障行波需要经过限流电感才能传播至 R1 处，故障行波的高频分量发生明显衰减。因此，故障行波的高频分量在区内故障和区外故障时存在明显差异，据此可以构造保护动作判据，来识别区内、外故障。过渡电阻的存在会同时削弱区内故障行波的高频分量和低频分量，而故障行波的高频能量与低频能量的比值受过渡电阻影响较小，因此，也可以利用高、低频能量比值构造保护动作判据，提高线路主保护的耐受过渡电阻能力。

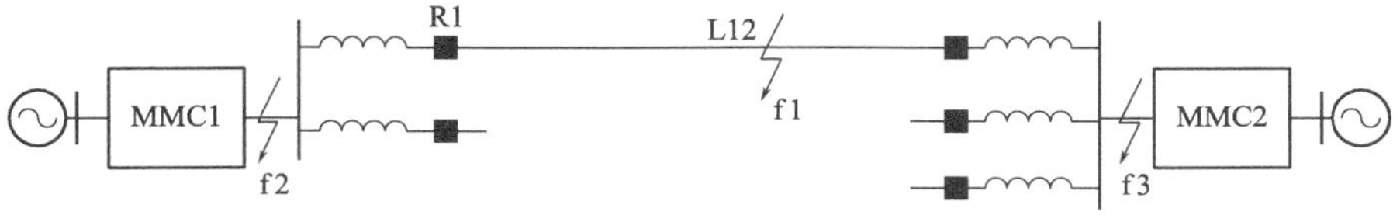

图 13-23　直流线路保护配置示意图

图 13-24 给出了常见的直流线路主保护流程：在线路发生故障后，系统电气量的骤变使得主保护启动；当故障电气量满足动作判据后，主保护识别出本线路故障；主保护采用一定的方法识别出故障所在极线（正极或负极）后，向故障极线的直流断路器发送动作指令。直流线路主保护能够利用保护本地的故障初始行波，快速、灵敏、可靠地识别故障线路和故障极线，并具有一定的耐受过渡电阻能力。

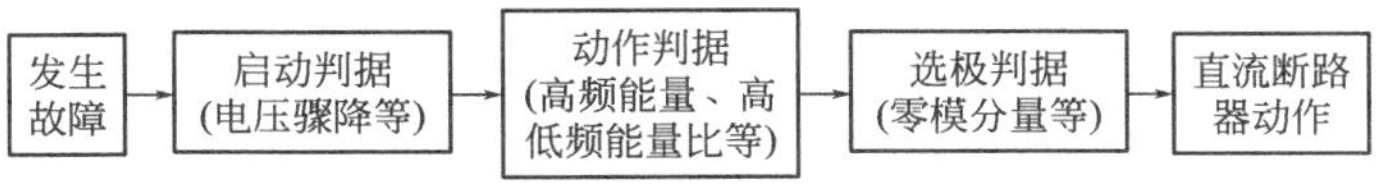

图 13-24　直流线路主保护流程图

（2）直流线路后备保护

主保护存在无法识别线路故障的风险，例如：线路发生主保护难以识别的轻微故障，主保护因自身故障而拒动等，此时，后备保护应及时动作，避免故障范围扩大。直流线路后备保护的动作时间比主保护动作时间长，但是要先于交流系统保护动作，且尽可能在故障范围扩大之前动作。

作为直流线路主保护的补充，直流线路后备保护可以利用线路双端故障电气量构造纵联保护，从而实现较好的选择性和足够的灵敏性。一类纵联保护直接将本端测量到的电气量传输到对端，如利用两端电流量构造不受分布电容影响的电流差动保护；另一类纵联保护则首先对本端电气量进行处理，然后将处理结果传输到对端，这种方案的数据传输量较小且无需双端数据同步，如利用故障行波构造方向判据。然而，双端通信不仅带来了通信延时，还使得保护的可靠性严重受限于通信系统。

利用保护本地的过电流或者电流增量可以构造直流线路后备保护，其关键在于通过选取合理的整定值实现相邻线路保护之间的配合。整定值过大，则后备保护动作时间较长，可能导致换流器因过流而闭锁；整定值过小，则后备保护可能在相邻线路故障时发生误动作。

(3) 直流断路器失灵保护

直流断路器需要在几毫秒内开断高达数十千安的故障电流，这种严苛的工作条件给内部元件的安全性带来了很大的挑战。在长期运行中，内部元件难免发生失效，进而导致直流断路器失去开断能力，即直流断路器失灵。广义的后备保护需要解决直流线路主保护拒动以及直流断路器失灵等问题。为了便于区分，将针对前者的后备称作直流线路后备保护，针对后者的后备称作直流断路器失灵保护。以图 13-25 (a) 为例，直流线路 1 发生故障且直流线路保护正确识别出该故障，如果直流断路器 DCCB1 未能成功开断故障电流，直流断路器失灵保护需要跳开与直流母线相连的其他直流断路器（DCCB2～DCCBm）并且闭锁相邻换流站。如图 13-25 (b) 所示，如果相邻换流站与直流母线之间配置有直流断路器 DCCBx，则直流断路器失灵保护将跳开 DCCBx，而无需闭锁换流站。直流断路器失灵保护的关键在于及时检测出直流断路器失灵，为此，需要准确提取相关电气量在直流断路器正确动作与失灵时的特征差异。

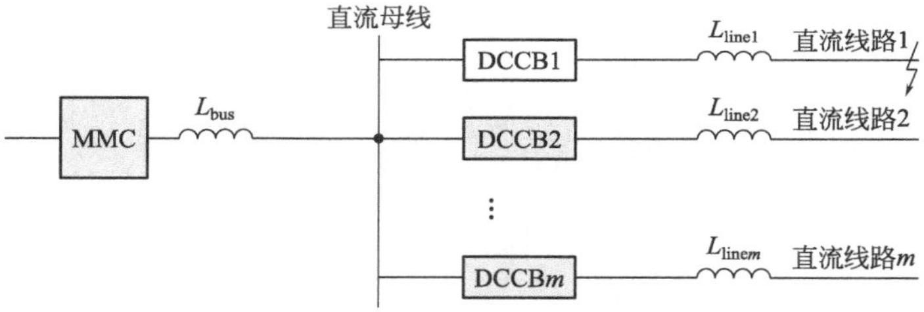

(a)

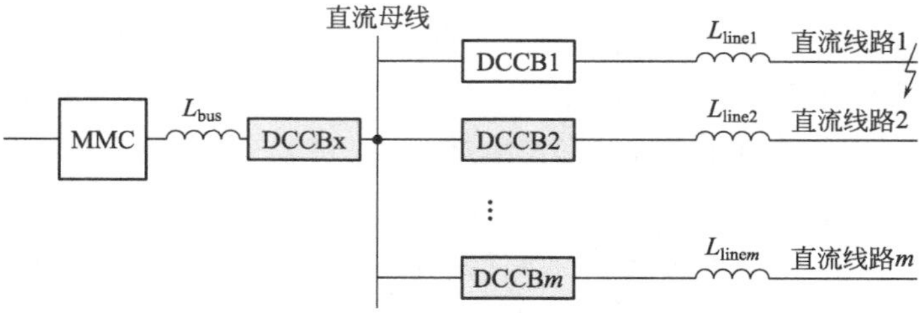

(b)

图 13-25　直流断路器失灵保护示意图

第三节　柔性直流输电系统保护的整定计算算例

一、算例

【算例 13-1】 MMC 的直流电压为 200kV，直流负荷电流为 1kA，交流相电流为 2kA，正、负极的直流出口分别串联 0.075H 限流电感，桥臂包含 300 个子模块，桥臂电感为 90mH，子模块电容为 12mF，每个子模块的导通阻抗近似为 0.2mΩ，IGBT 的额定电流为 1.5kA。在直流侧发生双极短路故障后，如果直流保护始终未动作，请计算 MMC 的过流闭锁整定值以及过流闭锁时刻。

解： MMC 过流闭锁整定值通常为 2 倍的子模块 IGBT 额定电流，即 3kA。

直流侧双极短路故障后，MMC 在闭锁前等值为 RLC 二阶放电电路，具体等值参数为

$$\begin{cases} R=\dfrac{2}{3}\times n\times r_0=\dfrac{2}{3}\times 300\times 2\times 10^{-4}=0.04(\Omega) \\ L=\dfrac{2}{3}\times L_{arm}+2L_{dc}=\dfrac{2}{3}\times 90\times 10^{-3}+2\times 0.075=0.21(\mathrm{H}) \\ C=3\times\dfrac{2\times C_{sm}}{n}=3\times\dfrac{2\times 12\times 10^{-3}}{300}=240(\mu\mathrm{F}) \end{cases}$$

根据上述参数，MMC 的放电为零输入振荡放电过程，则放电电流计算表达式为

$$\begin{cases} i_{dc}=e^{\frac{-tR}{2L}}\left[U_N\sqrt{\dfrac{C}{L}}\sin(\omega t)+I_N\cos(\omega t)\right] \\ \omega=\sqrt{\dfrac{1}{LC}-\left(\dfrac{R}{2L}\right)^2} \end{cases}$$

代入系统参数可得：

$$\begin{cases} i_{dc}=e^{-0.04t/0.42}\left[200\times\sqrt{240\times 10^{-6}\div 0.21}\times\sin(\omega t)+1\times\cos(\omega t)\right] \\ \omega=\sqrt{1\div(0.21\times 240\times 10^{-6})-\left[0.04\div(2\times 0.21)^2\right]} \end{cases}$$

而桥臂电流的计算表达式为

$$\begin{aligned} i_{arm}&=\frac{i_{ac}}{2}+\frac{i_{dc}}{3} \\ &=1+\frac{1}{3}e^{-0.04t/0.42}\left[200\times\sqrt{240\times 10^{-6}\div 0.21}\times\sin(\omega t)+1\times\cos(\omega t)\right] \end{aligned}$$

由上式计算可知，在 $t_1=6.58$ms 时，桥臂电流达到 3kA，MMC 发生过流闭锁。

【算例 13-2】 系统参数与算例 12-1 一致，MMC 直流侧配置有直流断路器，动作时间为 2.5ms，要求直流过电流保护在 MMC 闭锁前清除故障。试计算直流断路器的容量以及直流过电流保护的最大整定值。

解： 由算例 12-1 可知，MMC 在 $t_1=6.58$ms 时刻发生闭锁。为了在 MMC 闭锁前清除故障，并保留 0.2ms 的时间裕度，直流过电流保护检测出故障的时刻不晚于

$$t_2=t_1-t_{CB}-t_{裕度}=6.58-2.5-0.2=3.88(\text{ms})$$

根据算例 12-1 的故障电流计算表达式，在 $t_2=3.88$ms 时，直流故障电流为 4.36kA。因此，直流过电流保护的最大整定值为 4.36kA。

在 $t_1=6.58$ms 时，直流故障电流为 6kA。考虑 1.2 倍的可靠性系数，直流断路器的容量为

$$I_r=1.2\times 6=7.2\ (\text{kA})$$

【算例 13-3】 为改善控制系统动态性能，将直流限流电感减小至 0.05H，其余系统参数与算例 12-1 一致。此时，要求直流行波保护在 MMC 闭锁前清除故障。试计算行波保护的最长故障识别时间。

解： 直流限流电感减小至 0.05H 后，RLC 等值电路里的等值电感为 0.16H，其余参数不变。此时，直流故障电流的计算表达式为

$$\begin{cases} i_{dc}=e^{-0.04t/0.32}[200\times\sqrt{240\times 10^{-6}\div 0.16}\times\sin(\omega t)+1\times\cos(\omega t)] \\ \omega=\sqrt{1\div(0.16\times 240\times 10^{-6})-[0.04\div(2\times 0.16)^2]} \end{cases}$$

桥臂电流的计算表达式为

$$\begin{aligned} i_{arm}&=\frac{i_{ac}}{2}+\frac{i_{dc}}{3} \\ &=1+\frac{1}{3}e^{-0.04t/0.32}[200\times\sqrt{240\times 10^{-6}\div 0.16}\times\sin(\omega t)+1\times\cos(\omega t)] \end{aligned}$$

根据上式可得，桥臂电流在 $t_3=4.65$ms 时刻增大至 3kA，MMC 过流闭锁。保留 0.2ms 的时间裕度，则行波保护的最长故障识别时间为

$$t_4=t_3-t_{CB}-t_{裕度}=4.65-2.5-0.2=1.95(\text{ms})$$

二、工程定值清单

以某柔性直流输电工程为例，直流系统保护定值清单如表 13-1 所示。

表 13-1　柔性直流系统保护定值清单

<table>
<tr><th>保护名称</th><th>参数说明</th><th>逻辑</th><th>动作后果</th></tr>
<tr><td>直流过电压保护</td><td>Udp 为正极直流电压；UdN 为负极直流电压；IdP 为正极直流电流；IdN 为负极直流电流；
U _ set1、U _ set2、I _ set 分别为对应判据的门槛值</td><td>电压判据：|Udp−UdN|>U _ set1
电流闭锁电压判据：
|Udp|>U _ set2 & |IdP|<I _ set；or |Udn|>U _ set2 & |IdN|<I _ set
Ⅰ段电压门槛值为 1.1pu，动作延时 1s；Ⅱ段电压门槛为 1.25pu，动作延时 10ms；电流闭锁电压判据分 1 段，电压门槛为 1.06pu，电流门槛按照允许的最小电流设置为 0.02pu，动作延时为 30ms</td><td>Ⅰ段：闭锁换流阀、立即跳/锁定换流变开关、启动失灵；
Ⅱ段：闭锁换流阀、立即跳/锁定换流变开关、启动失灵；
电流闭锁电压段：闭锁换流阀、立即跳/锁定换流变开关、启动失灵</td></tr>
<tr><td>直流低电压保护</td><td>Udp 为正极直流电压；UdN 为负极直流电压；U _ set1、U _ set2、U _ set _ unb 分别为对应判据的门槛值</td><td>U _ set1<|UdP−UdN|<U _ set2 & |UdP+UdN|<U _ set _ unb
保护投入有压门槛 U _ set1 为 0.7pu；
低电压门槛 U _ set2 为 0.9pu；
不平衡电压门槛 U _ set _ unb 为 0.1pu；
动作延时为 5s，在阀解锁状态且直流已经运行的情况下投入。
当电压大于 0.95pu、持续时间大于 1s，该保护投入；当电压低于 0.65pu、持续时间超过 0.1s，该保护退出</td><td>闭锁换流阀、立即跳/锁定换流变开关、启动失灵</td></tr>
<tr><td>直流场区接地过流保护</td><td>IacZ 为接地极电流；
I _ set 为判据门槛值</td><td>|IacZ|>I _ set；
分报警和动作段；
报警段电流门槛为 5A，延时 5s；
动作段电流门槛为 10A，延时 10ms。
|IacZ|取直流分量或基波分量</td><td>Ⅰ段：报警；
Ⅱ段：闭锁换流阀、立即跳/锁定换流变开关、启动失灵</td></tr>
<tr><td>交直流碰线保护</td><td>UdP _ 50Hz 为正极直流电压的 50Hz 分量</td><td>UdP _ 50Hz>0.15pu；
Or UdN _ 50Hz>0.15pu；
保护只有动作段，动作延时为 100ms</td><td>闭锁换流阀、立即跳/锁定换流变开关、启动失灵</td></tr>
<tr><td>直流线路 50Hz 保护</td><td>IdP _ 50Hz 为正极直流电流的 50Hz 分量；
IdP _ DC 为正极直流电流的直流分量</td><td>保护反映于直流线路电流基波分量的增大
IdP _ 50Hz>0.15 * IdP _ DC；
Or IdN _ 50Hz>0.15 * IdN _ DC；
保护只有动作段，动作延时为 5s</td><td>闭锁换流阀、立即跳/锁定换流变开关、启动失灵</td></tr>
<tr><td>阀直流过流保护</td><td>IdP 为正极直流电流；IdN 为负极直流电流；
I _ set 为判据门槛值</td><td>Max(IdP，IdN)>I _ set
分 3 段，1 个告警段和 2 个动作段。
Ⅰ段门槛值 I _ set 取 1.2pu，告警延时 5s；
Ⅱ段门槛值 I _ set 取 1.5pu，动作延时 10ms，请求控制系统切换；
Ⅲ段门槛值 I _ set 取 2pu，动作延时 2ms</td><td>Ⅰ段：报警；
Ⅱ段：请求控制系统切换（该功能退出）；
Ⅲ段：闭锁换流阀、立即跳/锁定换流变开关、启动失灵</td></tr>
</table>

附录　模拟试题与参考答案

电力系统继电保护原理模拟试题 1

一、判断题（每题 1 分，共 13 分）

1. 过电流保护动作值是按照躲过短路电流整定的。（　）
2. 电流比相式母线保护要求母线各连接元件 TA 变比必须相同。（　）
3. 当短路点位于线路出口附近时，方向保护可能拒绝动作。（　）
4. 电力系统中，利用消弧线圈对电容电流进行补偿，以减少单相接地电流。（　）
5. 当系统振荡时线路上电压最低的点称为电气中心。（　）
6. 重合闸前加速保护第一次动作不能保证动作的选择性。（　）
7. 外部故障时，相差高频保护设置的闭锁角保证保护不会误动作。（　）
8. 单相重合闸通常用于电压等级较高线路。（　）
9. 全阻抗继电器构成的距离保护不存在电压死区。（　）
10. 高频闭锁方向保护在系统振荡时不会误动作。（　）
11. 变压器纵差保护在变压器外部故障时差动回路没有电流。（　）
12. 绝缘监视装置反映单相接地故障时具有选择性。（　）
13. 距离保护可以保证全线故障瞬时切除。（　）

二、名词解释（每题 2 分，共 12 分）

1. 过电流保护；2. 消弧线圈；3. 方向保护；4. 高频保护；
5. 零序电流滤过器；6. 电流保护三相星形接线。

三、填空题（每题 1.5 分，共 15 分）

1. 继电保护装置是指电气元件发生故障和__________时，动作于跳闸或发信号的一种自动装置。

2. 利用线路侧保护切除母线故障时，不能保证______和______。

3. 功率方向继电器通常采用____________接线方式。

4. 距离保护测量阻抗越小，动作时间____________。

5. 高频保护中，高频通道通常用____________和大地构成。

6. 采用纵差保护可以反映大容量发电机____________故障。

7. 变压器内部故障是指__________________故障。

8. 振荡时，若保护的______________，则距离保护不受振荡影响。

9. 线路越短，相差高频保护的闭锁角______________。

10. 采用两相星形接线时流过电流继电器的电流与电流互感器的____相同。

四、单选题（每题 1 分，共 10 分）

1. 发电机定子绕组距中性点 20%处单相接地时，机端零序电压是（　　）。

A. E_ϕ　　B. $0.5E_\phi$　　C. $\sqrt{3}E_\phi$　　D. $0.2E_\phi$

2. 电力线路发生相间短路时，下列叙述不正确的为（　　）。

A. 电流迅速增大　　B. 阻抗较正常运行时大

C. 测量阻抗的阻抗角较大　　D. 电压较正常时低

3. 方向高频保护中，理想情况下内部故障时（　　）。

A. 被保护线路两侧电流大小相同　　B. 被保护线路两侧电流相位相同

C. 保护延时 0.5s 动作　　D. 保护瞬时动作于发出信号

4. 大容量变压器差动保护中，采用比率制动和二次谐波制动，以下正确叙述为（　　）。

A. 电流互感器断线时比率制动部分用于防止保护误动

B. 比率制动用于防止外部故障时保护的误动

C. 二次谐波制动用于防止外部故障时保护误动

D. 保护动作电流是恒定不变的

5. 下列叙述中不是继电保护装置基本任务的为（　　）。

A. 设备故障时动作于发跳闸命令

B. 故障时根据选择性配合决定保护动作

C. 调整电网运行方式

D. 根据时限配合决定断路器动作

6. 系统全相运行发生振荡时，下述叙述正确的为（　　）。

A. 三相完全对称　　B. 各点电压幅值保持不变

C. 各点测量阻抗保持不变　　D. 保护动作时限较短时不受振荡影响

7. 线路上装设相间电流速断保护（　　）。

A. 用于反映相邻线路接地故障　　B. 用于反映相邻线路相间短路

C. 用于反映本线路的故障　　D. 保护动作带有较长延时

8. 中性点直接接地电网中发生单相接地时，下列哪个叙述是正确的（　　）。

A. 接地点流过短路电流，且有较大值

B. 三相对地电压升高

C. 三相短路电流相同

D. 接地点流过电容电流

9. 若阻抗继电器采用0°接线，接入某继电器的电压为$\dot{U}_{CA}$时，对应电流应该是（　　）。

A. $\dot{I}_A-\dot{I}_B$　　B. $\dot{I}_B-\dot{I}_C$　　C. $\dot{I}_C-\dot{I}_A$　　D. $\dot{I}_A+\dot{I}_B$

10. 距离保护中，由于过渡电阻的存在使得（　　）。

A. 故障时保护的测量阻抗变大　　B. 使继电器启动阻抗变大

C. 继电器测量阻抗与保护安装地点无关　　D. 保护动作时间缩短

五、简答题（每题6分，共30分）

1. 电流继电器的动作电流如何调整？如图电流继电器有两个电流线圈，当线圈串联时继电器动作电流为3A，若改为并联，加入多大电流时继电器才会动作？

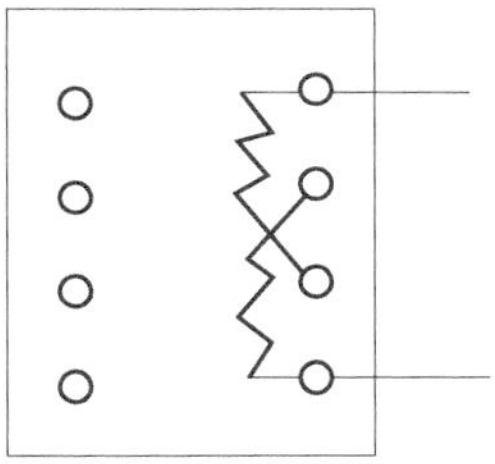

2. 简述线路瞬时电流速断保护的作用和整定原则。

3. 简述距离保护的时限特性。

4. 简述母线完全电流差动保护的整定原则。

5. 简述影响变压器纵差动保护不平衡电流的因素。

六、计算题（每题10分，共20分）

1. 如题图1所示电路。保护1处装设电流保护，已知，$X_1=0.4\Omega/\text{km}$，$K'_{rel}=1.25$，$K''_{rel}=1.15$，$\Delta t=0.5\text{s}$；试对保护1的电流Ⅰ段（电流速断保护）进行整定计算，求出动作电流、动作时限，最大保护范围和最小保护范围，过流保护的动作时限如何确定？（10分）

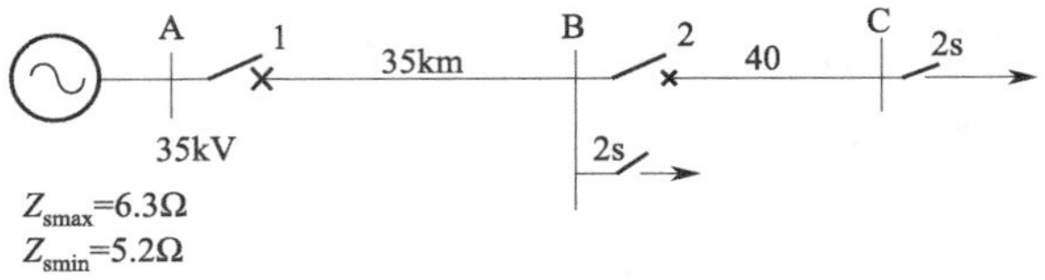

题图 1

2. 系统其他参数如题图 1 所示，电压等级改为 110kV，线路 AB 上装设距离保护，$X_b=0.4\Omega/km$，保护的距离Ⅰ、Ⅱ段可靠系数均取 0.8，$\Delta t=0.5s$，试整定保护 1 的距离Ⅰ段和距离Ⅱ段，求出动作值、保护范围、灵敏度和动作时限。(10 分)

电力系统继电保护原理模拟试题 1 参考答案

一、判断题（每题 1 分，共 13 分）

1.(×)；2.(×)；3.(√)；4.(√)；5.(√)；6.(√)；7.(√)；8.(√)；9.(√)；10.(×)；11.(×)；12.(×)；13.(×)。

二、名词解释（每题 2 分，共 12 分）

1. 过电流保护

答：按照躲过被保护元件或线路的最大负荷电流整定的电流保护，作为本元件或线路的后备保护以及相邻设备的后备保护。

2. 消弧线圈

答：中性点采用电感线圈接地方式，利用其产生的感性电流与单相接地故障时的电容电流相抵消，从而减小故障点的接地电流，避免故障点产生电弧。

3. 方向保护

答：用于判断短路功率的方向或电流电压的相位差角的保护。

4. 高频保护

答：将被保护线路两侧的电流相位或功率方向转化为高频信号，然后利用高频通道将信号送至对侧进行比较，以决定保护是否应该动作。

5. 零序电流滤过器

答：用于从三相不对称电流中得到零序电流的电路。

6. 电流保护三相星形接线

答：电流继电器和电流互感器分别按相连接成星形的接线方式。

三、填空题（每题 1.5 分，共 15 分）

1. 继电保护装置是指电气元件发生故障和不正常状态时，动作于跳闸或发信号的一种自动装置。

2. 利用线路侧保护切除母线故障时，不能保证选择性和速动性。

3. 功率方向继电器通常采用 90°接线方式。

4. 距离保护测量阻抗越小，动作时间越短。

5. 高频保护中，高频通道通常用相导线和大地构成。

6. 采用纵差保护可以反映大容量发电机定子绕组和引出线的相间短路故障。

7. 变压器内部故障是指变压器油箱内及引出线的相间短路故障。

8. 振荡时，若保护的动作时限长或振荡中心位于保护反方向，则距离保护不受振荡影响。

9. 线路越短，相差高频保护的闭锁角越小。

10. 采用两相星形接线时流过电流继电器的电流与电流互感器的二次电流相同。

四、单选题（每题 1 分，共 10 分）

1.（D）；2.（B）；3.（B）；4.（B）；5.（C）；

6.（A）；7.（C）；8.（A）；9.（C）；10.（A）。

五、简答题（每题 6 分，共 30 分）

1. 答：改变线圈匝数或调整弹簧张力。两组线圈并联后动作电流变为 6A。

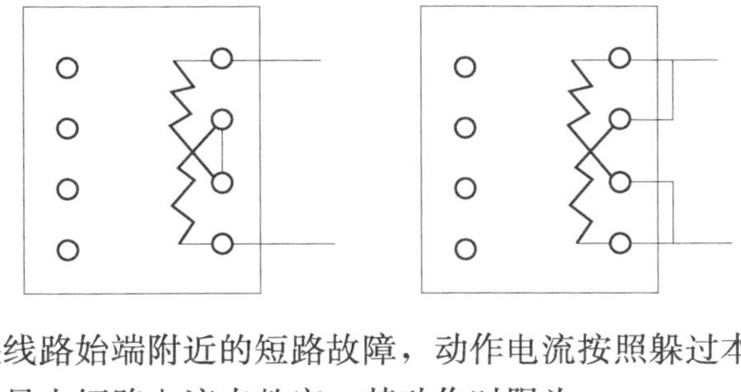

2. 答：反映线路始端附近的短路故障，动作电流按照躲过本线路末端或下条线路始端短路的最大短路电流来整定，其动作时限为 0。

3. 答：保护动作时间与故障点距离的关系称为时限特性，距离保护通常采用三段式阶梯形时限特性。

4. 答：完全电流差动母线保护要求各连接元件的电流互感器采用相同变比。

① 动作电流躲过各连接元件的最大负荷电流。

② 动作电流躲过外部故障时的最大不平衡电流。

5. 答：变压器差动保护的不平衡电流较大，引起不平衡电流的因素为：①变压器励磁涌流；②电流互感器计算变比与实际变比不同；③变压器可调分接头；④各侧绕组接线方式不同；⑤电流互感器型号不同。

六、计算题（每题10分，共20分）（答案略）

电力系统继电保护原理模拟试题2

一、判断题（每题1分，共12分）

1. 阻抗继电器反映短路故障后测量阻抗的增大而动作。（ ）
2. 功率方向继电器仅在发生短路故障时才动作。（ ）
3. 限时电流速断保护可以保护线路全长的80%。（ ）
4. 距离保护的动作时限与短路点位置无关。（ ）
5. 定时限过电流继电器的动作时间与电流无关。（ ）
6. 后加速保护用于电压等级较高的电力线路。（ ）
7. 一般来说，线路纵差保护的不平衡电流小于变压器纵差的不平衡电流。（ ）
8. 阻波器的作用是保证通过工频信号，阻止高频信号通过。（ ）
9. 发电机纵差动保护用于反映定子单相接地故障。（ ）
10. 中性点不接地系统发生单相接地时，保护应立即动作于跳闸。（ ）
11. 采用自动重合闸的主要原因是线路故障大部分为瞬时性故障。（ ）
12. 零序过电流保护的动作速度比同线路的相间过电流保护动作速度快。（ ）

二、选择题（每空2分，共20分）

1. 下列保护动作不符合选择性要求的是（ ）。

A. 主保护拒绝动作时，由后备保护延时动作切除故障

B. 断路器拒绝动作时，由相邻最近的保护动作切除故障

C. 差动保护在外部故障时0s动作切除故障

D. 位于线路末端的过电流保护采用0s动作时限

2. 中性点直接接地电网发生单相接地故障时，下列正确的叙述是（ ）。

A. 非故障相对地电压升高为线电压

B. 三相星形接线的相间过电流保护瞬时动作跳闸

C. 三相星形接线相间过电流保护可以反映单相接地故障

D. 三相对地电容电流相等

3. 全阻抗继电器的整定阻抗（ ）。

A. 大于线路的短路阻抗　　B. 与短路点的位置有关

C. 小于线路最小负荷阻抗　　D. 动作范围随阻抗角变化

4. 单侧电源供电线路发生短路故障时，过渡电阻（ ）。

A. 使测量阻抗减小　　B. 使测量阻抗增大

C. 使保护范围增大　　D. 使距离保护拒绝动作

5. 对自动重合闸前加速保护而言，下列叙述正确的是（ ）。

A. 保护第一次动作有延时　　B. 保护第二次切除故障有选择性

C. 保护第一次切除故障有选择性　　D. 保护第二次动作无延时

6. 以下不属于变压器主保护的是（ ）。

A. 纵联差动保护　　B. 过电流保护

C. 瓦斯保护　　D. 二次谐波制动的纵差保护

7. 对线路过电流保护，下面描述正确的为（ ）。

A. 动作时限较长

B. 动作电流大于本线路的速断保护动作电流

C. 灵敏度较低

D. 只能反映本线路故障

8. 发电机失磁后，发电机参数变化的正确描述是（ ）。

A. 励磁绕组电压降低　　B. 机端电压明显升高

C. 机端阻抗明显增加　　D. 输出无功增加

9. 对线路方向高频保护，在保护范围内部发生短路故障时（ ）。

A. 两侧电流方向相反　　B. 两侧电流大小相同

C. 0.5s 后动作于跳闸　　D. 两侧短路功率方向均为正值

10. 当电力系统发生短路故障时（ ）。

A. 测量阻抗角减小　　B. 各母线电压保持不变

C. 短路功率由正变负　　D. 流过保护的电流明显增加

三、填空题（每空 1.5 分，共 18 分）

1. 电力系统振荡时距离保护的第Ⅲ段一般______动作于跳闸。

2. 功率方向继电器反映短路时电流与电压的__________而动作。

3. 中性点非直接接地系统发生单相接地故障时，故障点流过的为________电流。

4. 系统全相运行发生振荡，两侧系统电压幅值相等时，振荡中心与电气中心______。

5. 线路上采用重合闸可以提高供电__________。

6. 距离Ⅰ段的保护范围__________线路全长。

7. 利用供电元件保护切除母线故障不能保证__________性。

8. 完全电流差动母线保护要求母线各连接元件的电流互感器变比______。

9. 被保护线路外部故障时，方向高频保护闭锁信号由功率方向为____的一侧发出。

10. 发电机横差保护正常工作时的动作时限取________ s。

11. 线路上瞬时动作的电流Ⅰ段保护的动作电流应大于__________。

12. 具有制动特性的变压器纵差保护其动作电流随__________。

四、分析简答题（每题 6 分，共 30 分）

1. 你了解的哪些继电保护有死区，为什么？

2. 简述电流保护三相星形接线方式。(作图分析)

3. 简述电力系统振荡对距离保护的影响。

4. 简述变压器纵差保护的整定计算原则。

5. 如何由三个电流互感器得到零序电流（零序电流过滤器）?（作图说明）

五、计算题（每题 10 分，共 20 分）

1. 电路及相关参数如题图 1 所示。已知线路单位阻抗 $X_b=0.4\Omega/\text{km}$，可靠系数 $K'_{rel}=1.3$，$K''_{rel}=1.1$，时限取 $\Delta t=0.5\text{s}$；试对保护 1 的电流Ⅰ段、电流Ⅱ段进行整定计算，即计算动作电流、灵敏度和动作时限。求出 $I^{\text{I}}_{set.1}$、$L_{max}\%$、$L_{min}\%$、$I^{\text{II}}_{set.1}$、$K^{\text{II}}_{sen.1}$、t^{II}_1；要求 $K^{\text{II}}_{sen.1}>1.3$。

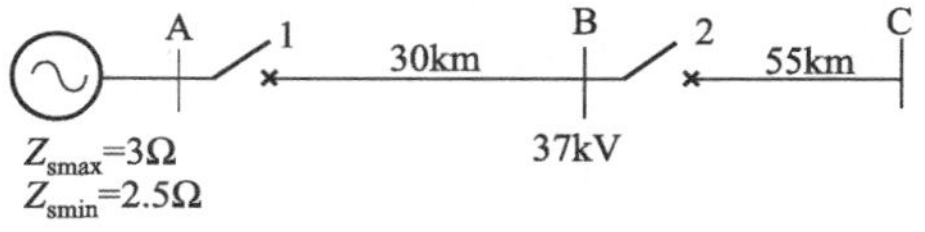

题图 1

2. 电路及相关参数如题图 2 所示。已知线路上装设有三段式距离保护，计算图中保护 1 的距离Ⅰ段和Ⅱ段的整定阻抗，保护范围和动作时限。

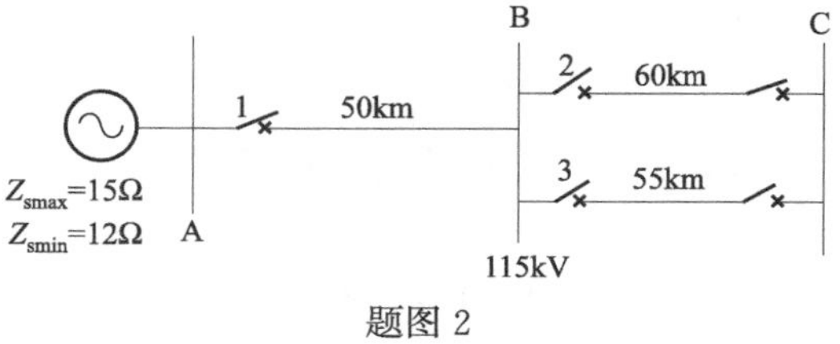

题图 2

电力系统继电保护原理模拟试题 2 参考答案

一、判断题（每题 1 分，共 12 分）

1.(×)；2.(×)；3.(×)；4.(×)；5.(√)；6.(√)；
7.(√)；8.(√)；9.(×)；10.(×)；11.(√)；12.(√)。

二、选择题（每空 2 分，共 20 分）

1.(C)；2.(C)；3.(C)；4.(B)；5.(B)；
6.(B)；7.(A)；8.(A)；9.(D)；10.(D)。

三、填空题（每空 1.5 分，共 18 分）

1.电力系统振荡时距离保护的第Ⅲ段一般不会动作于跳闸。

2.功率方向继电器反映短路时电流与电压的相位差角而动作。

3.中性点非直接接地系统发生单相接地故障时，故障点流过的为电容电流。

4.系统全相运行发生振荡，两侧系统电压幅值相等时，振荡中心与电气中心相同或重合。

5.线路上采用重合闸可以提高供电可靠性。

6.距离Ⅰ段的保护范围不能保护线路全长。

7.利用供电元件保护切除母线故障不能保证速动性和选择性。

8.完全电流差动母线保护要求母线各连接元件的电流互感器变比相同。

9.被保护线路外部故障时，方向高频保护闭锁信号由功率方向为负的一侧发出。

10.发电机横差保护正常工作时的动作时限取 0s。

11.线路上瞬时动作的电流Ⅰ段保护的动作电流应大于线路末端最大短路电流。

12.具有制动特性的变压器纵差保护其动作电流随制动电流的增加而增加。

四、分析简答题（每题 6 分，共 30 分）

1.答：任何具有方向性的保护都有死区。例如：①方向阻抗继电器，②功率方向继电器，有些其他保护也存在死区，例如发电机定子单相接地故障采用零序电压保护。

2.答：电流互感器和电流继电器分别按相连接成星形。正常运行和对称故障时流过中线电流为零。图略。

3.答：电力系统振荡时，各点电流电压的幅值和相位出现周期性变化，导致各点测量阻抗周期性变化，当测量阻抗进入阻抗继电器的动作特性圆内，继电器动作，保护是否跳闸决定于测量阻抗端点在圆内停留的时间，当停留时间超过阻抗继电器的整定延时，保护即误动跳闸。

当保护动作时限较长或振荡中心位于保护反方向时，保护不会误动。

4.答：①躲过励磁涌流；②躲过 TA 二次回路断线；③躲过外部相间短路的最大不平衡电流。

然后取三者中的最大值作为动作值。

5.

$$3\dot{I}_0=\dot{I}_A+\dot{I}_B+\dot{I}_C$$

采用三个单相电流互感器二次侧并联连接，输出即为 3 倍零序电流。

作图略。

五、计算题（每题 10 分，共 20 分）

1.**解：**

短路电流：

$$I_{kB.max}=\frac{37/\sqrt{3}}{Z_{min}+0.4Z_{AB}}=\frac{37/\sqrt{3}}{2.5+0.4\times 30}=1.47(kA)$$

$$I_{kC.max}=\frac{37/\sqrt{3}}{Z_{min}+0.4Z_{AC}}=\frac{37/\sqrt{3}}{2.5+0.4\times 85}=0.585(kA)$$

B、C 母线最小短路电流

$$I_{kB.min}=\frac{\sqrt{3}}{2}\times\frac{37/\sqrt{3}}{3+30\times 0.4}=1.23(kA)$$

$$I_{kC.min}=\frac{\sqrt{3}}{2}\times\frac{37/\sqrt{3}}{3+85\times 0.4}=0.5(kA)$$

动作电流：

$$I_{set.1}^{I}=1.3I_{kB.max}=1.3\times 1.47=1.911(kA)$$

$$I_{set.2}^{I}=1.3I_{kC.max}=1.3\times 0.585=0.761(kA)$$

$$I_{set.1}^{II}=1.1I'_{set.2}=1.1\times 0.761=0.837(kA)$$

Ⅰ段保护范围：

$$L_{max}=\frac{1}{Z_1}\left(\frac{E_\phi}{I_{set}^{I}}-Z_{s.min}\right)=\frac{1}{0.4}\left(\frac{37/\sqrt{3}}{1.911}-2.5\right)=21.69(km)$$

$$L_{max}\%=21.69/30=72.3(\%)$$

$$L_{min}=\frac{1}{Z_1}\left(\frac{\sqrt{3}}{2}\frac{E_\phi}{I_{set}^{I}}-Z_{s.max}\right)=\frac{1}{0.4}\left(\frac{37/2}{1.911}-3\right)=16.7(km)$$

$$L_{min}\% = 16.7/30 = 55.7(\%)$$

Ⅱ段灵敏度：$K_{sen.1}^{Ⅱ} = \dfrac{I_{kB.min}}{I_{set.1}^{Ⅱ}} = \dfrac{1.23}{0.837} = 1.47$ 满足要求。

动作时间：$T_1^{Ⅱ} = 0.5s$

2. **解：**

$$Z_{set.1}^{Ⅰ} = 0.8 \times 0.4 \times 50 = 16(\Omega)$$

$$Z_{set.2}^{Ⅰ} = 0.8 \times 0.4 \times 60 = 19.2(\Omega)$$

$$Z_{set.3}^{Ⅰ} = 0.8 \times 0.4 \times 55 = 17.6(\Omega)$$

各保护Ⅰ段的保护范围为线路的 80%。

动作时间均为 0s。

保护 1 的距离Ⅱ段

① 与保护 2 距离Ⅰ段配合

$$Z_{set.1}^{Ⅱ} = 0.8(Z_{AB} + K_{b.min} Z_{set2}^{Ⅱ}) = 0.8 \times \left(20 + \frac{22+4.8}{24+22} \times 19.2\right) = 24.95(\Omega)$$

② 与保护 3 距离Ⅰ段配合

$$Z_{set.1}^{Ⅱ} = 0.8(Z_{AB} + K_{b.min} Z_{set.3}^{Ⅰ}) = 0.8 \times \left(20 + \frac{24+4.4}{24+22} \times 17.6\right) = 24.69(\Omega)$$

取以上最小值 24.69Ω。

保护灵敏度 $K_{sen} = \dfrac{Z_{set.1}^{Ⅱ}}{Z_{AB}} = \dfrac{24.69}{20} = 1.24$ 满足要求。

动作时间：0.5s。

参考文献

[1] 贺家李，李永丽，等. 电力系统继电保护原理. 3版. 北京：中国电力出版社，2010.
[2] 梁振锋，康小宁. 电力系统继电保护习题集. 北京：中国电力出版社，2008.
[3] 许建安，王风华. 电力系统继电保护整定计算. 北京：中国水利水电出版社，2007.
[4] 李光琦. 电力系统暂态分析. 3版. 北京：中国电力出版社，2007.
[5] 陈皓. 微机保护原理及算法仿真. 北京：中国电力出版社，2007.
[6] 林军主. 电力系统微机继电保护. 北京：中国水利水电出版社，2006.
[7] 何仰赞，温增银. 电力系统分析题解. 武汉：华中科技大学出版社，2006.
[8] 杨晓敏，王艳丽，等. 电力系统继电保护原理及应用. 北京：中国电力出版社，2006.
[9] 张保会，尹项根. 电力系统继电保护. 北京：中国电力出版社，2005.
[10] 杨奇逊，黄少峰. 微型机继电保护基础. 3版. 北京：中国电力出版社，2005.
[11] 王维俭. 发电机变压器继电保护应用. 2版. 北京：中国电力出版社，2005.
[12] 吴必信. 电力系统继电保护同步训练. 北京：中国电力出版社，2004.
[13] 贺家李，李永丽，等. 电力系统继电保护原理. 3版. 北京：中国电力出版社，2010.
[14] 韦刚. 电力系统分析要点与习题. 北京：中国电力出版社，2004.
[15] 杨淑英. 电力系统分析同步训练. 北京：中国电力出版社，2004.
[16] 张举. 微型机继电保护原理. 北京：中国水利水电出版社，2004.
[17] 许正亚. 发电厂继电保护整定计算及运行技术. 北京：中国水利水电出版社，2009.
[18] 黄梅，张海红. 电力系统自动装置同步训练. 北京：中国电力出版社，2003.
[19] 张明君，弭洪涛. 电力系统微机保护. 北京：冶金工业出版社，2002.
[20] 尹项根，曾克娥. 电力系统继电保护原理与应用. 武汉：华中科技大学出版社，2001.
[21] 国家电力调度通信中心. 电力系统继电保护实用技术问答. 2版. 北京：中国电力出版社，2000.
[22] 国家电力调度通信中心. 电力系统继电保护规定汇编. 2版. 北京：中国电力出版社，2000.
[23] 许正亚. 电力系统继电保护（上、下册）. 北京：中国电力出版社，1996.
[24] 刘万顺. 电力系统故障分析习题集. 北京：水利电力出版社，1994.
[25] 黄玉琤. 继电保护习题集. 北京：水利电力出版社，1993.
[26] 崔家佩，孟庆炎，等. 电力系统继电保护与安全自动装置整定计算. 北京：中国电力出版社，1993.
[27] 赵畹君. 高压直流输电工程技术. 北京：中国电力出版社，2004.
[28] 汤广福. 基于电压源换流器的高压直流输电技术. 北京：中国电力出版社，2010.
[29] 徐政. 柔性直流输电系统. 2版. 北京：机械工业出版社，2016.